W0088649

Katja Hofmann

Sponsoring

Inhalt

Sponsoring. Katja Hofmann
Copyright © 2010 WILEY-VCH Verlag GmbH & Co. KGaA, Weinheim
ISBN: 978-3-527-50507-4

Danksagung

Wir sind für nichts so dankbar wie für Dankbarkeit.

Marie von Ebner-Eschenbach

Das Schreiben dieses Buches und der damit einhergehende Druck hat von meinem Umfeld viel Verständnis erfordert. Auch dafür, dass das Buch inhaltlich entstehen konnte, sind viele Menschen mit verantwortlich, daher möchte ich einige von Ihnen erwähnen:

Zu diesem Buch haben meine Kunden wertvolle Ergebnisse geliefert – die Menschen mit denen ich all die Jahre im Sponsoring und Coaching zusammengearbeitet habe; meine Geschäftspartner, Frau Sabine Asgodom, meine Freunde, Claus Abert, Michael Hofmann, Ariane Rödel, die mir Kraft und Unterstützung gegeben haben.

Mein besonderer Dank gilt meinem Partner René, der mir viel Verständnis und Rückhalt gegeben hat und dafür gesorgt hat, dass unser Alltag funktionierte, wenn ich wieder im Schreiben »abgetaucht« bin; meiner Tochter Kim-Aileen, die die Sonne in meinem Leben ist, und unseren Hunden Jonas und Coco, die immer beim Schreiben dabei waren und mir Ruhe und Aufmunterung gaben.

Dank auch an die Lektorin Juliane Schmalfuß vom Verlag Wiley-VCH, die mit ihrer hervorragenden Arbeit dazu beigetragen hat, dass dieses innovative Werk entstehen konnte. Herrn Markus Wester für das professionelle Know-how und den Glauben, dass jetzt genau die richtige Zeit ist, kleine und mittelständische Unternehmen mit solch einem Social-Business-Konzept zukunftsfähig zu machen.

Sponsoring. Katja Hofmann
Copyright © 2010 WILEY-VCH Verlag GmbH & Co. KGaA, Weinheim
ISBN: 978-3-527-50507-4

Ich bedanke mich bei meinen Lesern aufrichtig und aus ganzem Herzen für ihr Interesse an diesem Buch, ihren Wunsch die Welt noch ein bisschen besser zu machen, ihr persönliches Interesse daran, immer ein bisschen besser zu werden und für ihr Wirken.

Ihre Katja Hofmann

Bitte Platz nehmen

Gute Unternehmen machen Werbung, exzellente lassen positiv über sich sprechen!

Dieser Titel ist bewusst gewählt, denn es gibt viele exzellente Personen, Unternehmen und Leistungen von denen noch immer zu wenige potenzielle Kunden wissen, als dass man von einem exzellenten Unternehmenserfolg sprechen könnte. Ich bin überzeugt, dass die aktuelle Wirtschaftskrise Unternehmen und Menschen vor Lernaufgaben stellt und eine Haltungsänderung weiterhilft.

Exzellent zu sein heißt:

- Unzufriedenheit ernst nehmen und etwas verändern;
- Verantwortung übernehmen;
- Neues wagen, sich zeigen und handeln.

Und es kann heißen:

- Ich möchte in meiner Region einen ausgezeichneten Ruf genießen,
- wirtschaftlich überaus erfolgreich sein,
- finanziell unabhängig sein,
- ein Arbeitsfeld für mich und meine Mitarbeiter schaffen, in dem wir Erfüllung finden,
- größte Anerkennung und Wertschätzung genießen.

Was bedeutet das Wort »exzellent« für *Sie*? Was wünschen *Sie* sich?

Dieses Buch ist aus der Praxis für die Praxis geschrieben. Die von mir aufgezeigten Strategien für Ihren Unternehmenserfolg sind leicht verständlich und ich verzichte bewusst auf komplizierte Marketingsprache und Fachausdrücke. Sie erhalten praxiserprobte Erfahrungen und Tipps. In diesem Buch geht es darum, wie Sie

Sponsoring. Katja Hofmann
Copyright © 2010 WILEY-VCH Verlag GmbH & Co. KGaA, Weinheim
ISBN: 978-3-527-50507-4

Schritt für Schritt eine ganz persönliche Erfolgsstrategie für Ihr Unternehmen umsetzen. Sie werden aus all den Schilderungen ersehen: Egal, welchen Beruf Sie ausüben und in welcher Branche Sie tätig sind – sich über das eigene Marketing Gedanken zu machen, lohnt sich. Ich zeige Ihnen an vielen Beispielen und Erfahrungsberichten, wie attraktiv es ist, Sponsoring gezielt und erfolgreich zu betreiben

Sie erhalten Wissen aus erster Hand. Ich bin selbst erfolgreiche Unternehmerin und Trainerin. Ich unterstütze Unternehmen, Prominente und Vereine dabei, Ihre Wirkung nach Innen und Außen mit kreativen Marketingstrategien zu erhöhen. In führenden Positionen in der Wirtschaft und im Sportmarketing habe ich über zwölf Jahre sowohl Unternehmen studiert, die erfolgreich sind, sowie Unternehmen, die mit den Resultaten ihres Sponsoring-Engagements unzufrieden sind. Das brachte mich dazu, die Gründe für Sponsoring-Erfolg zu erforschen und nach Lösungsmöglichkeiten zu suchen. Im Laufe der Jahre habe ich ein eigenes Erfolgsprogramm entwickelt: die 7 KMU-Erfolgsgrundlagen für Marketingstrategien. Die Sponsoring-Strategien sind in der täglichen Praxis entstanden und immer wieder verfeinert worden, bis sie optimal auf die Bedürfnisse und Anforderungen von Unternehmen angepasst waren.

Ich biete Ihnen in diesem Buch etwas Revolutionäres: Ich beweise, dass es sich lohnt Gutes zu tun!

Dieses Buch wird ein starker Impuls für Sie sein – um darüber nachzudenken, wie Sie kreative Marketingstrategien abseits der klassischen Werbung einsetzen können und ein »Social Entrepreneur« werden.

Als Unternehmerin spreche ich darüber, sich zu vermarkten. Ich werde Ihnen anhand meines eigenen Beispiels vor Augen führen, welche Rolle Selbst-Marketing in meinem Leben vor und nach der Gründung meines Unternehmens gespielt hat. Anhand guter und schlechter Erfahrungen werde ich Ihnen die sieben Erfolgsgrundlagen für cleveres Marketing nach der Hofmann-Methode verraten. Ich werde Fallbeispiele aus dem Unternehmerleben darstellen, die ich erstmals für Sie aufgeschrieben habe. Ich werde Ihnen den realen Aufwand von Marketingmaßnahmen aufzeigen, in Kosten, Zeit und Energie, ebenso die Möglichkeiten und auch die Grenzen des Marketings. Ich möchte Ihnen Mut machen, Öffentlichkeits- und Pressearbeit aktiv und gezielt zu betreiben, unabhängig von Ihrer Unternehmensgröße. Zusätzlich biete ich Ihnen darüber hinausgehende kostenlose Downloads auf meiner Homepage www.kmu-hofmann.de.

Sie finden in diesem Buch Beispiele von vier großartigen Unternehmen, die in ähnlichen Situationen waren wie Sie selbst: die zum Beispiel neue Kunden gewinnen wollten, Wege suchten, um Öffentlichkeitsarbeit und Presseveröffentlichungen zu erhalten, ihre Bekanntheit und ihr Image verbessern wollten, die Sinn in Ihrer Arbeit suchten oder ihre laufenden Sponsoring-Aktivitäten umwandeln wollten, um mit ihren Aufwendungen einen Gewinn zu erzielen.

Die Fallbeispiele beschreiben den Zeitaufwand, die Möglichkeiten und Grenzen sowie die Wirkung im Innen und Außen. Sponsoring ist eine mittelfristig ausgerichtete Marketingstrategie und wirkt nicht als schnelles Modul, um sofort neue Kunden zu gewinnen.

Haben Sie bereits mit Sponsoring zu tun gehabt? Wie war dies bisher bei Ihnen? Haben Sie Ihr wohltätiges Engagement als Marketing genutzt? Haben Sie dadurch neue Kunden gewonnen?

Sie erkennen, unter welchen Bedingungen Sponsoring erfolgreich ist. Wie Sie sogar im Nachhinein bereits getätigte Sponsoringaktivitäten in gewinnbringende Marketingstrategien umwandeln. Zudem erfahren Sie als Unternehmer, wie Sie Sponsoringaktionen am besten nutzen und durch Pressearbeit und Wettbewerbe ausbauen. Sie erhalten Tipps, wie Sie dabei am besten vorgehen. Sie werden feststellen, wie viel Freude es macht, dies im eigenen Unternehmen erfolgreich umzusetzen, damit Sie den Unternehmenserfolg haben, den Sie sich wünschen.

Doch wie schafft man es, andere positiv über einen sprechen zu lassen und so das Image gezielt aufzubauen, neue Kunden zu gewinnen, höhere Preise zu erzielen, Nachfrage zu schaffen? Das passiert nicht einfach, sondern muss durch professionelles Marketing und Selbst-PR erarbeitet werden. Spitzensportler und große Konzerne beschäftigen ein eigenes Marketingteam, die ein beträchtliches Budget in die Hand nehmen, um neue Produkte einzuführen, den Marktwert zu steigern und Pressearbeit zu betreiben, um Meinungen und sogar das Kaufverhalten von Menschen zu beeinflussen. Diese Art von Marketing und Sponsoring erfolgt nach völlig anderen Konzepten und Bedürfnissen und ist nicht übertragbar auf kleine Unternehmen. Und es kommt dazu, dass viele Selbstständige, kleine und mittelständische Unternehmen denken: »Öffentlichkeitsarbeit – das ist doch nur etwas für die Großen« und damit wichtige Chancen nicht nutzen. Diesen Luxus des Zauderns und Kleindenkens können wir uns heute nicht mehr erlauben. Bei zunehmendem Preisdruck und Wettbewerb am Markt reicht eine gute Leistung von Unternehmen alleine nicht mehr aus. Gerade als Gründer, Selbstständige, kleine Unternehmen und Vereine können Sie Kunden und Medien nicht mit bloßen Fakten zu Ihrem Unternehmen überzeugen, sondern vor allem auch mit Ihrer Persönlichkeit und Ihrer persönlichen Geschichte.

Untersuchungen von IBM haben ergeben, dass die eigentliche Leistung nur 10 Prozent am Erfolg ausmacht. Die entscheidenden 90 Prozent sind Selbstdarstellung und Kontakte. Als ich dies vor Jahren zum ersten Mal gehört habe, war ich schockiert, denn in meiner Erziehung und Wertvorstellung war Leistung die Nummer Eins.

Haben Sie sich schon mal gefragt, warum Ihr Kollege befördert wurde oder Ihr Konkurrent, der teurer ist als Sie und schlechtere Maschinen hat, den Auftrag erhalten hat? Warum verkauft die amerikanische Fast-Food-Kette die meisten Burger und nicht Ihre Lieblingsbude um die Ecke, die sogar Fleisch aus artgerechter Tierhaltung verwendet und wo es viel besser schmeckt?

Die Welt wartet nicht auf Sie! Sie müssen schon etwas tun, um wahrgenommen zu werden und außergewöhnlich erfolgreich zu sein. Produkte und Dienstleistungen werden immer ähnlicher und mithilfe des Internets einfach vergleichbar. Wieso soll also der Kunde bei Ihnen kaufen?

Meine Marketing- und Sponsoringstrategien sind eine echte Alternative und Ergänzung zur herkömmlichen Werbung und auch für Vereine und Organisationen wertvoll.

Die Gesellschaft braucht Vereine, und ehrenamtliche Mitarbeiter leisten einen wichtigen Beitrag für uns alle. Doch Vereine können sich oft allein mit öffentlichen Mitteln und Mitgliedsbeiträgen nicht finanzieren und sind daher auf Spenden oder Sponsoring von Unternehmen angewiesen. Wenn Sie als Vereinsmitglied, Vorstand oder Ehrenamtlicher verstehen, wie Unternehmer denken, was diese von Ihnen benötigen und wie Sie ihnen genau das bieten, dann wird Sponsoring mit einfachen Mitteln für beide Seite gewinnbringend. Denn nur, wenn Sie diese entscheidende Zielgruppe richtig verstehen, wird es Ihnen gelingen, eine gewinnbringende Partnerschaft einzugehen, statt als Bittsteller aufzutreten.

Doch wie machen Sie sich marktfähig als Verein? Finden Sie zugkräftige Aktionen für Ihre Sponsoringaktivitäten und formulieren Sie diese so, dass sie für die Unternehmer gewinnbringend sind. Damit sorgen Sie dafür, dass Ihre Sponsoringanfrage nicht wie die vieler anderer Vereine im Unternehmenspapierkorb landet.

Vor allem möchte ich Ihnen beweisen, dass es sich lohnt Gutes zu tun und darüber zu sprechen. Sie werden erfahren, wie Sie Ihre Bekanntheit erhöhen, Ihr Image noch verbessern, Sinn und Erfüllung finden und ordentlich Geld verdienen.

Es zahlt sich aus, wenn andere positiv über Sie sprechen, denn das ist glaubwürdiger als jede Werbeanzeige!

Experten sagen, wir leben in einer »Ökonomie der Aufmerksamkeit«: Den eigentlichen Wert stellt die Aufmerksamkeit dar, die ein Unternehmen, eine Person oder ein Verein erhält. Seien Sie sich bewusst, dass Ihnen die durch erfolgreiche Selbst-PR gewonnene Glaubwürdigkeit einen entscheidenden Wettbewerbsvorteil verschafft – denn Glaubwürdigkeit ist die Grundlage jeder erfolgreichen Geschäftsbeziehung.

Dieses Buch zeigt Ihnen, wie Sie Ihr Ziel erreichen:

- Sie werden erleben, wie es Ihnen gelingt, sich in Ihrem Markt erfolgreich zu positionieren und gute Aufträge zu erhalten.
- Sie werden erfahren, wie Sie sich durch gezielte Selbst-PR einen Namen machen, zum Experten werden und höhere Preise erzielen.
- Sie erhalten praxiserprobtes Fachwissen, wie Sie ein neues Produkt oder eine Dienstleistung in der Kundenzielgruppe bekannt machen.
- Sie erfahren, wie Sie mit ein paar Kniffen bereits getätigte Sponsoringaktionen in lohnende Geschäfte auf Gegenseitigkeit verwandeln.
- Sie werden erkennen, wie Sie Ihren Mitarbeitern einen Grund geben, stolz und motiviert zur Arbeit zu gehen, und

wie Sie die Attraktivität Ihres Unternehmens für Bewerber erhöhen.

- Sie spüren die Kraft eines Ziels, das Unternehmer und Mitarbeiter an einem Strang ziehen lässt und motivierend wirkt.
- Ihre Arbeit macht Spaß und gibt Sinn! Sie werden es selbst erleben.
- Sie werden begeistert sein, wenn Sie erfahren, wie Sie Ihr Unternehmen bekannter machen, öffentliche Anerkennung erhalten und wie Ihr Firmennamen positiv in der Presse genannt wird.
- Als Existenzgründer erhalten Sie wertvolle Tipps, wie Sie sich neue Kunden aufbauen.
- Als Verein, Organisation oder Ehrenamtlicher erfahren Sie, wie Unternehmen denken und was diese von Ihnen brauchen. Es wird Ihnen gelingen, sie zu Partnern zu machen – statt Bittsteller zu sein.
- Sie erfahren, wie Sie sich als Verein marktfähig machen und zugkräftige Aktionen für Ihre Sponsoringaktivitäten finden.
- Sie sind mittendrin – und helfen, die Welt ein bisschen besser zu machen.

Zum Schluss habe ich noch eine Bitte an Sie: Arbeiten Sie mit diesem Buch. Notieren oder markieren Sie alle Ideen, die auf Sie passen und die Sie für sich nutzen möchten und vor allem: Setzen Sie sie um!

Denn wie sagte schon Johann Wolfgang von Goethe:

Es ist nicht genug, zu wissen, man muss auch anwenden;
es ist nicht genug zu wollen, man muss auch tun.

In diesem Sinne: Gehen Sie mit mir mit vielen cleveren Ideen im Gepäck auf die Reise zu Ihrer erfolgreichen Marketingstrategie mit Sponsoring.

Ich würde mich sehr freuen, wenn Sie mich unter info@kmu-hofmann.de an Ihren Reiseberichten, Ihren Erfolgen und Erfahrungen teilhaben lassen.

Herzlichen Dank. Und jetzt schnallen Sie sich an: Es geht los.

1
Unternehmen im neuen Zeitalter

1.1 Bequem wird es nicht mehr – das neue Unternehmenszeitalter hat bereits begonnen

Die Welt dreht sich und momentan haben einige das Gefühl, wir drehen uns nicht nur um die Sonne, sondern fahren Achterbahn im Sonnensystem. Alles ist in Bewegung. Brancheneinsteiger mit innovativen Ideen haben die Möglichkeit, so schnell wie kaum jemals zuvor in den Markt einzutreten. In einer Umfrage des Marktforschungsinstituts Gallup und des Strategieexperten Gary Hamel wurden 500 Topmanager befragt: Wer konnte in seiner Branche in den letzten zehn Jahren Veränderungen am besten nutzen? Raten Sie doch mal. Genau! Die Neueinsteiger! Nicht der größere Konkurrent, der mit den besten Maschinen – ... ohje, ein unerfahrener Neuling! Und oft schauen Branchenerfahrene mit einem milden Lächeln auf die »Unerfahrenen« herab. Die Banken geben den Großen die Kredite. Doch genau die, die noch »grün hinter den Ohren« sind, haben Projekte nicht besser umgesetzt als die alten Hasen, sondern sie haben »neu gedacht« und Spielregeln verändert!

Es sind die Quereinsteiger, die Innovationen nutzen, die noch unerkannt am Rande des Marktes sitzen. So verloren zum Beispiel lokale Reisebüros einen Großteil ihrer Kunden, da Internetanbieter massenhaft auf den Markt drängten. Jetzt buchen Kunden bequem und zu jeder Tageszeit über das Internet kostengünstig ihren Wunschurlaub. Öffnungszeiten, Anfahrts- und Parkplatzprobleme wurden abgeschafft.

Ortsansässige Handwerker hatten früher einen festen Kundenstamm am Ort, heute wird zum Beispiel über MyHammer (www.my-hammer.de) auch Handwerkern aus anderen Regionen

Sponsoring. Katja Hofmann
Copyright © 2010 WILEY-VCH Verlag GmbH & Co. KGaA, Weinheim
ISBN: 978-3-527-50507-4

die Gelegenheit geboten, kostengünstig ihre Dienstleistung anzubieten und ihren Kundenradius zu vergrößern.

Große Unternehmen, die über Generationen ein Fels in der Brandung waren, bei denen Arbeitskräfte über mehrere Generationen einen sicheren Job hatten – diese wanken und kippen. Was ist denn bloß los?

Wir brauchen Mut, über neue Wege nachzudenken, darüber zu sprechen und voneinander zu lernen. Unternehmen sind verunsichert, wenn sie merken, dass alte Wege nicht mehr funktionieren, obwohl sie noch immer gleiche Qualität und gleichen Service bieten. Sie können so nicht überleben, denn Aufträge brechen weg und die Bank sitzt ihnen im Nacken. Sie spüren instinktiv, dass sie neue Wege benötigen. Doch welche?

Neulich erhielt ich einen Anruf von einem aufgebrachten Unternehmer aus Düsseldorf, der mir Folgendes berichtete: »Ich bin jetzt seit 18 Jahren im Geschäft und habe das ganz alleine aufgebaut. Wir gehören zu den führenden Unternehmen und unsere Auftragsbücher waren voll. Durch die hohe Auftragslage lag unsere Anforderung darin, dass wir oft gar nicht wussten, wie wir dies ohne Unmengen von Überstunden der Mitarbeiter bewältigen. Vor zwei Jahren haben wir sogar ein eigenes Firmengebäude gekauft und sind mit den Maschinen dort eingezogen und jetzt« – er macht eine kleine Pause, schluckt und fährt mit heiserer Stimme fort – »ist es wie verhext. Durch die Wirtschaftskrise bestellen die einfach geringere Stückzahlen und einige Kunden sind bereits in Konkurs. Ich habe schon die Kosten gesenkt, aber die Fixkosten laufen mir einfach davon. Die Bankrate frisst uns auf und ich habe langsam keine Kraft mehr. Doch irgendetwas muss geschehen, sonst kann ich meinen Laden jetzt zuschließen und die Mitarbeiter nach Hause schicken.«

Die Wirtschaftskrise allein ist bestimmt nicht dafür verantwortlich. Es sind mehrere Komponenten, die zusammenkommen, auch wenn dies die Unternehmer nicht gerne hören und ich mich damit nicht gerade beliebt mache. Doch es geht nicht darum, nur Nettes zu sagen, sondern Wege in den Erfolg zu finden. Denn welche Führungskraft oder welcher Unternehmer gibt schon gerne Führungsfehler oder verpasste Chancen zu?

Doch genau hier liegt auch das Potenzial zur Veränderung. Hätten wir nur die Wirtschaftskrise als alleinigen »Schuldigen«, dann könnten wir an unserer Situation ja nichts verändern. Doch so haben wir Möglichkeiten, neue Wege zu gehen. Das zeigt, dass nichts gefährlicher ist als die Kombination von Erfolg und Selbstgefälligkeit, denn dies verführt uns dazu, uns mit dem Ist-Zustand zufriedenzugeben.

Jetzt in einer Krise ist der Weg für Neues offen. Wenn ich mit Unternehmen arbeite, geht es um das Finden der neuen Wege, gezielte Unternehmenspositionierung, kreative Marketingstrategien und das Entwickeln von Unternehmenskommunikation.

Ein einmaliges Sponsoring im Fußballverein des Kindes macht sicher noch keine Wende im Unternehmenserfolg aus. Es geht um mehr. Um viel mehr. Es geht um die bewusste Entscheidung, das Unternehmen in die Nutzenmaximierung zu führen und dies als Marketingstrategie zu nutzen sowie Potenziale in der Öffentlichkeitsarbeit, in der Presse und in der Zusammenarbeit mit Mitarbeitern zu fördern und einzusetzen.

Immer wieder berate ich Unternehmen, die bereits gesellschaftliche Verantwortung übernehmen. Allerdings wird das Sponsoring bei ihnen oft aus dem Bauch heraus getätigt und sie suchen nach Ansätzen, die vielschichtiger wirken. Viele Unternehmen können es sich jetzt aufgrund der wirtschaftlichen Rahmenbedingungen nicht mehr erlauben, Geld auszugeben, ohne ökonomisch und wirtschaftlich einen Nutzen zu erzielen.

Und andere Unternehmer haben zwar eine gute Auftragslage, fühlen sich aber ausgebrannt und fragen nach dem Sinn ihres ganzen »Malochens«. Sie möchten erfüllt sein von ihrer Arbeit und auch sie spüren instinktiv, dass sie neue Wege benötigen.

Es ist die Frage nach dem Mehr, die uns Menschen antreibt. Das Potenzial in der gegenwärtigen Unternehmensentwicklung liegt jedoch nicht in der Gewinnmaximierung (immer noch mehr besitzen, Gier), sondern in der Nutzenmaximierung (was bringt mir das?).

»Der Gewinn ist Maßstab, nicht das Ziel eines Unternehmens.«

Hans L. Merkle, deutscher Topmanager

Jene Unternehmen, die verstehen, Ihr Ziel auf Nutzenmaximierung auszurichten, werden die Schlüsselunternehmen der Zukunft sein.

Dalai Lama sagt zur aktuellen Wirtschaftkrise:
»Ich bin ganz sicher, dass es auch in der Krise eine Chance gibt. Wir haben weltpolitisch eine völlig neue Situation. Die Leute waren zu lange auf das Geld fixiert. Das ist die wahre Ursache der Krise. Geistige Werte und vor allem Werte einer glücklichen Familie, kamen viel zu kurz. Die Finanzkrise lehrt uns Bescheidenheit. In einer Krise kann viel Neues entstehen und es kann viel Überflüssiges gehen. Auf jeden Fall ist es eine spannende Zeit.
Ich bin überzeugt, hinter der Geldkrise steckt eine Wertekrise.«

(Quelle: Interview Franz Alt mit dem Dalai Lama aus dem Buch Gute Geschäfte, *Berlin 2009)*

Die großen Weichen in der Geschichte der Menschheit wurden immer in Zeiten der Krise gestellt. Jetzt ist der Zeitpunkt, unsere Wirtschaft auf sinnvolle und motivierende Ziele auszurichten. Krisen haben im Leben zumindest immer ein Gutes: Sie bieten mehr denn je die Chance, ausgetretene Pfade zu verlassen und neue Wege zu suchen. Es ist höchste Zeit für eine neue Wirtschaftsethik. Doch dazu später mehr.

Schauen wir uns an, was die Wissenschaft sagt: Wir leben im Zeitalter der Informationsgesellschaft, einer »Ökonomie der Aufmerksamkeit«. Der eigentliche Wert eines Unternehmens ergibt sich aus der Aufmerksamkeit, die es erhält.

Die Bedeutung der Unternehmenskommunikation hat sich verändert, durch die neuen wirschaftlichen Rahmenbedingungen:

1. deutliche Verschärfung des Wettbewerbs,
2. stetig wachsendes Güterangebot,
3. hoher Sättigungsgrad,
4. Informationsüberlastung der Konsumenten,
5. Unsicherheit der Arbeitsplätze.

Beschweren Sie sich doch bei der Globalisierung!

Wer denkt, dass Deutschland noch das Land der Vordenker ist, der irrt.

China gilt als Land der nachholenden Modernisierung, doch bei den Technologien der Zukunft will es von Anfang an vorne mitspielen. China setzt auf erneuerbare Energie und startete eine große Subventionsinitiative für Solarkraftwerke. Bis 2020 will China mindestens 20 Gigawatt aus Sonnenenergie gewinnen – fast zweihundertmal so viel wie heute.

Die chinesische Regierung ist äußerst zielgerichtet und will damit drei Dinge erreichen:

- Sie hilft der einheimischen Industrie durch die Wirtschaftskrise,
- sie erschließt chinesischen Unternehmen Weltmarktchancen in einer künftigen Schlüsselindustrie und
- sie unterstreicht ihren Willen zum Engagement für den Klimaschutz.

Für China ist dies nicht nur ein enormer Wachstumsschub mitten in der Krise, sondern auch ein völlig neuer Markt.

Dass die ausländische Konkurrenz derzeit noch tief in der Krise steckt, kommt den Chinesen dabei auf jeden Fall äußerst gelegen. China schult bereits den Nachwuchs; Studenten lernen Solarfahrzeuge kennen. An Universitäten und Forschungsinstituten sind Tausende Wissenschaftler mit der Entwicklung von Solaranlagen beschäftigt, um das ganze Land zum Vorzeigeprojekt für Klimaschutzbemühungen zu machen.

Verstehen Sie mich nicht falsch, es geht nicht darum, ein Loblieb auf China zu singen. Wir kommen jedoch nicht an der Tatsache vorbei, dass die chinesische Wirtschaft und Regierung klare Ziele hat und noch mehr Marktanteile gewinnen wird.

Dazu sind zu viele Arbeitsplätze von Deutschland aus nach Indien, China, Tschechien oder in andere Regionen verlagert worden. Aufgrund der geringen Lohnkosten und der gut ausgebildeten Arbeiter stellt das eine lohnende Investition für Unternehmen dar. Dazu sagt Heinrich von Pierer, deutscher Manager bei der Siemens AG: »Für den Lohn eines deutschen Ingenieurs bekomme ich sechs chinesische Ingenieure. Aber während der Deutsche 1600 Stunden im Jahr arbeitet, arbeiten die Chinesen jeweils 2000 Stunden« (www.wirtschaftszitate).

Wir können jetzt jammern oder wütend aufstampfen und protestieren. Wir können auch fordern, dass die Arbeitsplätze nach Deutschland gehören. Doch ob es uns gefällt oder nicht, die Entwicklung können wir nicht mehr aufhalten.

Daher: *Beschweren Sie sich doch einfach bei der Globalisierung!*

Und was machen wir in Deutschland? Wir errichten Museen für die Erfolge der Vergangenheit. Schauen wir uns doch unser Steckenpferd an: die deutsche Autoindustrie. Wenn wir Deutschen auf etwas stolz sein durften, dann doch auf unsere Automarken – Mercedes, VW, Porsche, ... Welch klangvolle Namen! Und auch im Ausland schielte man neidisch auf unseren Erfolg. Wir haben den Autos ganze Museen in neuen und extravaganten Bauwerken gewidmet, wie zum Beispiel das Mercedes- und das Porsche-Museum in Stuttgart, und haben dabei gar nicht gemerkt, dass diese Autokonzerne ihre Autos tatsächlich in Museen verstauben ließen. Sie haben nicht angemessen auf den Markt reagiert. Stattdessen haben Ingenieure selbst den Zigarettenanzünder zum Designobjekt gemacht und neue Lichteffekte in und am Auto entwickelt. Doch dies ging am Bedarf der Zukunft vorbei. Denn was wir als Gesellschaft wirklich brauchen, ist eine Möglichkeit, kostenbewusst und endlich ohne schlechtes Öko-Gewissen Auto zu fahren. Irgendwann ist es mit der Steigerung von Geschwindigkeit und Luxus vorbei. Die Kunden wollen mehr. Toyota ist diesem Anspruch mit dem Hybridauto Prius gerecht geworden. In Hollywood genießt das Toyota-Modell inzwischen Kultstatus. Kaliforniens Gouverneur Arnold Schwarzenegger bekannte sich ebenso offen zum Prius wie der Leinwand-Star Leonardo DiCaprio oder der Musiker Sting. Marktforscher gehen davon aus, dass der Hybrid-Absatz in den USA von derzeit 210000 binnen sieben Jahren auf 780000 Autos zulegt (*Berliner Zeitung* vom 11.1.06).

Um die Wirtschaft wieder anzukurbeln, hat die Regierung eine Abwrackprämie für alte Autos in Millionenhöhe für unsere ohnehin schon marode Autoindustrie bereitgestellt. Unsere Autobranche hat schlicht verpasst, zukunftsfähige Autos zu entwickeln. Denn die Deutschen laufen bei der Hybrid-Technologie hinterher.

Die entscheidende Frage ist, ob wir damit nicht nur die Entwicklung angehalten und ein Pflaster auf die Wunde geklebt haben, statt klug in Zukunftsmärkte zu investieren. Was wir jedoch tun müssen, ist, uns mit unserer Wirtschaft einer international wettbewerbsfähigen Industrie zu stellen.

Dieses Buch nimmt Sie mit auf eine Reise: Sie begehen neue Wege und profitieren von Ideen von Unternehmen, die mit einer neuen Wirtschaftsethik überaus erfolgreich sind. Sie werden sehen, dass es auch anders geht, in der Wirtschaft, im Management und im Marketing. Es geht darum, den Gewinn zu erkennen, der sich daraus ergibt Gutes zu tun, dass es Spaß macht zu arbeiten und wir einen Sinn in unserem Handeln spüren. Das wirklich beherrschende Thema ist, dass es möglich ist, eine Tätigkeit auszuüben, die uns Erfüllung gibt *und* uns wirtschaftlich erfolgreich sein lässt. Es geht darum, Möglichkeiten und Chancen zu nutzen, um aus dieser Zeit gestärkt hervorzugehen.

Der Naturforscher Charles Darwin, steuert ein überaus passendes Zitat bei: »Nicht die stärksten oder die intelligentesten Spezies werden überleben, sondern diejenigen, die sich am schnellsten anpassen.«

Die Heuschreckenmentalität der Unternehmen schadet der Welt

»Sie können einen Kunden langfristig nicht betrügen«, davon ist der »Vater der Baumärkte«, OBI-Gründer Manfred Maus, überzeugt und beklagt den Werteverfall im Management (*Stuttgarter Zeitung*, April 2009). Wenn wir als Kunde Leistungen versprochen bekommen, die nachher nicht möglich sind, weil Verkäufer die Verkaufsprovision einstecken wollen, dann ist dies Betrug. Wenn wir als Kunde unserem Finanzberater oder unserer Hausbank vertrauen und nachher unsere Altersvorsorge durch den Kursverlust verspielt wurde, dann schadet dieses Verhalten der gesamten Gesellschaft. Solange Konzerne, Reisen und Wettbewerbe ausschreiben und Mitarbeiter anhalten Produkte zu verkaufen, damit sie einen persönlichen Vorteil haben, dann ist dies keine Beratung.

Der Kunde ist Ware. Mittel zum Zweck, zur persönlichen Bereicherung.

Durch die öffentlichen Debatten über Managergehälter in Millionenhöhe sind sich viele Menschen Umfragen zufolge über Folgendes im Klaren: Sie vertrauen Unternehmen und Managern nicht mehr. Wie die Veröffentlichung der Vergütung der Dax-Vorstände 2008 zeigt, haben die Vorstandschefs der 30 größten deutschen Aktiengesellschaften durchschnittlich 3,85 Millionen Euro verdient. Siemens-Chef Peter Löscher war Spitzenverdiener im Dax mit 10,96 Millionen Euro, gefolgt von RWE-Chef Jürgen Großmann mit 9,06 Millionen Euro. Dieter Zetsche von Daimler hatte eine vergleichsweise »bescheidene« Jahresvergütung in Höhe von 5,7 Millionen Euro (*Stuttgarter Zeitung* am 3. 4. 09).

Viele Arbeitnehmer fühlen sich wertlos und austauschbar und der Glaubenssatz »Wenn es dem Unternehmen gut geht, geht es dem Arbeitnehmer gut« hat schon lange seine Gültigkeit verloren. In manchen Branchen, in denen Menschen mit langen Arbeitszeiten und körperlichem Einsatz tätig sind, besteht ein besonders ungerechtes Lohngefüge (beispielsweise in Pflegeberufen, im Friseurhandwerk oder im Einzelhandel). Von diesen Löhnen kann kaum jemand würdig leben (es sei denn, er ist Lebenskünstler oder wohnt bei den Eltern). Dadurch entsteht eine große Diskrepanz. Und dass diese berufliche Perspektive kein Anreiz für Jugendliche im Allgemeinen ist, oder gar für Schüler mit einer kürzeren Schulzeit, wie Hauptschüler, ist verständlich.

Doch wenn wir umdenken und Leistung bezahlen statt Ausbildung, dann würden wir für motivierte Menschen echte Chancen schaffen.

Unsere Gymnasien sind zu voll, klagen die Schulen und finden kaum Lehrer, während Hauptschulen schon zusammengelegt werden, weil die Klassen so klein sind. Klar, als verantwortungsvolle Eltern versuchen wir unsere Kinder bereits im Mutterleib mit Musik zu fördern, noch vor dem Besuch des Kindergartens die erste Fremdsprache spielerisch zu vermitteln und dann später mit Privatschulen oder teurer Nachhilfe den Kindern den Weg zum Abitur zu ermöglichen.

Doch die Frage, die sich stellt, ist: Sind Kinder an einer Hauptschule weniger wert?

Sind Pflegekräfte in Altenheimen weniger wert als »Antreiber« und Führungskräfte in Wirtschaftsunternehmen?

Legt man die Vergütung in unserem System zugrunde, ist dies offensichtlich so.

Doch ich finde, wir alle brauchen die gedankliche Freiheit, über neue Perspektiven und Systeme nachzudenken. Lassen Sie uns doch folgendes Gedankenexperiment machen. Stellen Sie sich vor: Unternehmenserfolg ohne Chef. Eine Unternehmenskultur, in der wir uns die Potenziale der Mitarbeiter zunutze machen und Stärken fördern, in der wir aber auch mehr Flexibilität in der Arbeitszeit geben und Selbstentfaltung am Arbeitsplatz. in der Corporate Social Responsibility (gesellschaftliche Verantwortung) nicht nur eine Absichtserklärung ist, sondern eine selbstverständlich praktizierte Tatsache im Bereich Umweltschutz und Familienfreundlichkeit. Eine Unternehmenskultur, in der alle – von der Sekretärin bis zum Abteilungsleiter – den gleichen Lohn bekommen und es keine festen Arbeitszeiten gibt. Unvorstellbar, wirtschaftlich nicht erfolgreich und in der Praxis nicht umsetzbar? Bevor Sie jetzt noch weiter den Kopf schütteln – es gibt diese Unternehmen in Deutschland bereits. Unsere Wirtschaft ist knallharter Wettbewerb und hat ein enormes Innovationstempo – und solch eine Unternehmensführung ist längst kein Einzelfall mehr. Immer mehr Unternehmen erkennen, dass das Aufbrechen von festgefahrenen Strukturen, Hierarchien und Regeln nicht nur zu mehr Zufriedenheit führt, sondern auch zu mehr Effizienz, Umsatz und Gewinn und ich spreche hier aus eigener Erfahrung mit meinem Unternehmen.

1.2 Neue effektive Wege in der Wirtschaft und im Marketing

Ein Zukunftsunternehmen mit einem Entrepreneursystem

Meine Vorstellung ist die Perspektive eines Zukunftsunternehmens mit einem Entrepreneursystem. Dieses lässt sich folgendermaßen charakterisieren:

In diesem Unternehmen wirken alle am Erfolg mit und es ist jeder Mitarbeiter – und ich meine wirklich jeden Mitarbeiter, der auf der Lohnliste des Unternehmens steht: Geschäftsführung, Verkauf, Buchhaltung, Reinigungskraft, Fahrer, Hausmeister, … – am Erfolg beteiligt.

Der Unternehmer gibt Ziele vor – Fixkosten, Investitionen plus Gewinn und Rücklagen. Dies wird auf jede Abteilung umgelegt und jede Abteilung wird am Unternehmenserfolg beteiligt, nicht nur der Vertrieb, auch die Buchhaltung oder die Fertigung. Jede Abteilung erhält Ziele und die Freiheit, diese zu erreichen. Die Kontrollen und Überwachungen von Mitarbeitern, die in Unternehmen immense Summe verschlingen und ganze Abteilungen beschäftigen, würden eingespart. Stattdessen bleibt die Ausrichtung konstruktiv auf der Zielerreichung.

So hat beispielsweise die Projektabteilung das Ziel, bis zu einem Meeting mit dem Kunden X in einer Woche die Entwicklung eines Produktes vorzustellen. Wie die Abteilung dies innerhalb des Teams aufteilt, plant und zeitlich koordiniert, liegt in ihrer Verantwortung. Fängt eine Mitarbeiterin erst um 11 Uhr an zu arbeiten, da sie mit ihrem Kind zum Arzt muss, liegt die Entscheidung bei der Abteilung. Maßgeblich ist, dass das Ziel geschafft wird. Kommt das Projekt beim Kunden zum Abschluss, hat die Projektabteilung das Ziel erreicht und erhält einen gewissen Prozentsatz vom Unternehmenserfolg.

Genauso erhält der Hausmeister motivierende Ziele, die sich über die Sicht der Kunden und der Mitarbeiter widerspiegeln, die das Unternehmen betreten. Entsteht ein »Wohlfühlfaktor« beispielsweise durch gepflegten Rasen, funktionierende Brunnen, saubere Wege, funktionierende Fenster und Klimaanlage? Auch er erhält eine Beteiligung am Unternehmenserfolg, da seine Arbeit im Gesamtkreislauf des Unternehmens wichtig und entscheidend ist. Wäre dies nicht so, dann müsste die logische Folge sein, dass die Position aus der Wirtschaftsvergütung wegfällt und sein Job gestrichen wird.

Auf diese Weise würde ein Lohnsystem geschaffen, das auf Leistung ausgelegt ist und nicht auf »Das habe ich mal gelernt« oder »Eben gut verhandelt beim Einstellungsgespräch«. Auch die viel diskutierten Lohnunterschiede zwischen Mann und Frau (eine Frau verdient durchschnittlich 21 Prozent weniger als ein Mann in gleicher Position) würden wegfallen. Das was zählt, ist dann die Leistung.

Ich bin überzeugt, dass dies zwar kein bequemes System wäre, in dem Mitarbeiter weiter in der Komfortzone des Jammerns über den unfairen Chef, ihre Perspektivenlosigkeit, das geringe Gehalt und auch die fehlende Verantwortlichkeit für den Misserfolg des Unternehmens verharren und sich ausruhen könnten, aber es wäre ein produktives System.

Ein kompletter Perspektivenwechsel ist dazu nötig und ich bin mir sicher, dass dies ein Weg aus der Wirtschaftskrise ist. Es ist ein klares, faires und zielgerichtetes System, das unsere Wirtschaft in Deutschland insgesamt nach vorne bringen würde. Viele Unternehmen wünschen sich, dass Mitarbeiter mehr Verantwortung für Ihr Handeln übernehmen und viele Mitarbeiter beklagen, dass sie gerne mehr Freiheiten hätten und endlich mal Verantwortung übernehmen dürfen. Voilà, hier ist die Chance dazu!

Hier bietet sich auch die Chance von dem Schubladendenken abzulassen: von »Das traue ich denen gar nicht zu« hin zu einer Weiterentwicklung und zu einer Unternehmensführung für das neue Wirtschaftszeitalter.

Es gilt, Führungskräfte als Entrepreneurs zu verstehen, die Potenziale entdecken und fördern, die motivieren, Ziele setzen und Freiräume lassen, in dem Sie an Fähigkeiten glauben statt Mitarbeiter kleinzuhalten, aus Angst jemand könnte besser sein.

Genauso sind Mitarbeiter Entrepreneurs, die bereit sind, für Ihr Handeln Verantwortung zu übernehmen, die entwickeln und mitwirken; die nicht wie Unmündige behandelt und misstrauisch kontrolliert werden, sondern deren Meinung und Arbeit wichtig ist; die klare Ziele und einen Sinn in ihrer Arbeit sehen.

Führungskräfte, die es verstehen Ziele zu setzen und die Rahmenbedingungen zu regeln und zu unterstützen, dass Mitarbeiter leistungsstark und motiviert sind, sind die Erfolgspotenziale von Zukunftsunternehmen und unserer Wirtschaft.

**Was brauchen Mitarbeiter,
um sich am Arbeitsplatz wohl zu fühlen?**

1. Aufgaben (40 Prozent)
2. Gehalt (38 Prozent)
3. Sicherheit am Arbeitsplatz (29 Prozent)
4. Vereinbarkeit von Beruf und Familie (17 Prozent)
5. Persönlichkeit des Vorgesetzten (14 Prozent)
6. Karrierechancen (13 Prozent)
7. Sozialleistungen (11 Prozent)
8. Unternehmenskultur (9 Prozent)
9. Weiterbildung (8 Prozent)

Quelle: Das Magazin *Die Bank* berichtete mit Bezug auf Mittelstand Direkt und den Arbeitsklima-Index, den die Personalberatung Job AG herausgibt.

Werteorientierte Mitarbeiterführung ist mehr als Sozialklimbim

Das Aspen Institute und die Unternehmensberatung Booz Allen
Hamilton haben herausgefunden: Gelebte Unternehmenswerte und
überdurchschnittlicher finanzieller Erfolg stehen in gegenseitiger
Verbindung. Achten Sie aber darauf, dass Ihre Werte praktikabel
für den Alltag sind.

Wenn eine Führungskraft Angst hat, neigt Sie dazu, Mitarbeiter
stärker zu kontrollieren. Kontrolle ist aber das Gegenteil von Motivation. Wichtig ist, mit kleinen Aufgaben zu beginnen, um das
Loslassen zu trainieren, wenn Führungskräfte Verantwortung übertragen. Wenn Mitarbeiter selbstständig Probleme lösen, motiviert
sie dies zur Spitzenleistung. Daher: Trauen Sie Ihren Mitarbeitern
etwas zu, geben Sie Ihnen neue Herausforderungen. Ehrgeizige
Mitarbeiter laufen zu Höchstformen auf, wenn Ihnen anspruchsvolle Projekte und Aufgaben zugetraut werden und Sie an Lösungen mitarbeiten. In diesem Zusammenhang stellt sich eine wichtige Frage: Müssen starre Arbeitszeiten wirklich sein?

Ist die festgeschriebene Bürozeit von 8 bis 17 Uhr wirklich noch
notwendig? Oder können flexiblere Arbeitszeiten nicht eine größere Produktivität hervorrufen, indem sie den Mitarbeitern die
Möglichkeit geben, Beruf und Privatleben besser zu vereinen.

> Wenn Du ein Schiff bauen willst, so trommle nicht Männer zusammen, um Holz zu beschaffen, Werkzeuge vorzubereiten, Aufgaben zu vergeben und die Arbeit einzuteilen, sondern lehre die Männer die Sehnsucht nach dem weiten endlosen Meer.
>
> *Antoine de Saint-Exupéry*
> *(Quelle: www.worte-projekt.de)*

- Das heißt: Geben Sie als Führungskraft Ziele und Perspektiven vor. Wer weiß, wohin er will, ist motiviert und will Leistung bringen. Das ist genau der Unterschied zwischen Motivation, die von außen kommt, und echter Motivation, die im Innern entsteht.
- Leben Sie Wertschätzung: Halten Sie getroffene Vereinbarungen ein, informieren Sie rechtzeitig – und reden Sie miteinander.

Werfen wir zusammen einen Blick in die Zukunft, auf das Konsumverhalten unserer Kunden von morgen. Was wird von uns als Unternehmen gefordert? Wo liegen Zukunftschancen und Absatzmärkte?

Die Otto Group Trendstudie 2009 *Die Zukunft des ethischen Konsums* gibt einen Ausblick, wie sich das Konsumverhalten bis ins Jahr 2014 in Deutschland entwickeln wird. Trotz der Wirtschaftskrise wird sich ethischer Konsum weiter positiv entwickeln und zum Fortschrittsmotor von morgen werden. Bio-, Fair- und regionale Produkte boomen. Konsumenten sind deutlich stärker bereit, für diese Produkte einen höheren Preis zu zahlen. Frauen mit einem höheren Bildungsstand und der Altersgruppe von 48 bis 67 ist ethischer Konsum besonders wichtig. Sechs von zehn Deutschen sehen ökologische und verantwortungsvoll handelnde Unternehmen als Gewinner der aktuellen Wirtschaftskrise an.

Was aber ist ethischer Konsum? Welche Möglichkeiten eröffnet er für uns in der Wirtschaft und im Marketing? Die Konsumenten werden noch mehr Wert auf soziale und ökologische Kriterien legen. Sie wollen Ihre Einkaufsmacht nutzen, um eine nachhaltige und gerechte Wirtschaft zu unterstützen. Dem liegen aber auch ganz egoistische Gründe zugrunde: Sich selbst etwas Gutes tun zu wollen und gesünder einzukaufen heißt auch, sich beim Konsumieren wohl zu fühlen und sich selbst zu verwöhnen.

Das heißt also klima- und umweltfreundliche Angebote, die Unterstützung der regionalen Wirtschaft, gute Arbeitsbedingungen, biologische Materialien und Inhaltsstoffe sind die Werte der Zukunft. Konsumenten erwarten, dass Unternehmen Verantwortung übernehmen.

Auch Prominente übernehmen eine Vorbildfunktion: Brad Pitt baut in New Orleans Öko-Häuser für die Armen und auch Julia Roberts lebt in einem Öko-Haus. Der Elektro-Sportwagen TESLA lässt auch Promis und Wohlhabende ohne schlechtes Ökogewissen und mit Vorbildfunktion Auto fahren.

Wichtig für die Zukunft ist laut der Trendstudie die Einbindung des Kunden. Die Commerzbank und Penny machen es vor. Sie haben einen Kundenbeirat mit ausgewählten Kunden. Tchibo bindet Kunden über die Initiative »Tchibo Ideas« in die Ideenfindung des Unternehmens mit ein. Um die energetische Sanierung eines Geschäfts in Berlin zu ermöglichen, kauften Kunden an einem Samstag im Juni 2009 gezielt in einem Laden in Berlin ein: der erste *Carrotmob*, also eine »Karottenmeute«, die Hunderte von Menschen in Geschäfte bestellt, die versprechen, die Umwelt am stärksten zu schonen. Dahinter steht das Anliegen, Politik mit dem Einkaufswagen zu machen.

Politik, Wirtschaft und Gesellschaft sind im 21. Jahrhundert noch mehr gefordert, stärker zusammenzuarbeiten. Nur ist es wichtig, dass wir nicht darauf warten, dass der andere den ersten Schritt macht, um soziale Ungleichheit oder Umweltthemen anzugehen. Wir selbst müssen hier und heute den ersten Schritt machen für eine erfolgreiche Zukunft.

Was wir benötigen, um ein erfolgreiches Zukunftsunternehmen zu sein, ist nicht allein der große Schritt nach vorne, sondern auch der Schritt zur Seite. Weg von alten Pfaden, die in Sackgassen führen, hinein in neue Entwicklungen, wo Ihr Mut und Ihr Scharfsinn gefragt sind. Denn in genau diesen Zeiten offenbart sich, was wir wirklich können und welche Fähigkeiten wir haben.

Und eigentlich ist es ganz einfach: Wir brauchen uns doch selbst nur mal zuzuhören. Hören wir auf das, was uns treibt, auf das, was unser Herz sagt und unser Verstand mit seinem Geschäftssinn.

Die Zeit ist reif!

1.3 Werden Sie ein Sinnfinder?

Es findet ein Umdenkprozess statt. Ich nenne ihn die Evolution des Menschen in eine höhere Entwicklung. Der Trend zu immer mehr Konsum und »Geiz ist geil« verliert seinen Glanz. Wir entwickeln uns von einer Gesellschaft der Gewinnmaximierung (immer noch mehr – Gier) zu einer Nutzenmaximierung (den höchsten Nutzen erzielen – Sinn). Die Menschen suchen nach mehr: nach einem Sinn in ihrem Tun.

Ist es Ihnen auch schon so gegangen, dass Sie am Monatsende gemerkt haben, dass schon wieder ein Monat, ein Sommer, ein Jahr Ihrer Lebenszeit verstrichen ist? Für den nächsten Monat, das nächste Jahr nehmen Sie sich vor, Ihre Ziele anzugehen, Ihre Träume zu verwirklichen.

Als es mir immer häufiger so gegangen ist, dass ich mit dem Jetzt nicht glücklich war und auf die Zukunft geschielt und gehofft habe, dass ich dann endlich Zeit habe, ein bestimmtes Projekt mache oder mich beruflich verändere. Ab dem Moment habe ich angefangen, meine Zeit als etwas sehr Wertvolles wahrzunehmen. Ich habe den Entschluss gefasst, meine Lebenszeit mit Dingen zu verbringen, die für mich Sinn ergeben. Ich empfand es als quälend, nur bis zum Abend oder Wochenende hinzuarbeiten. Ich wollte jeden Tag mit einer Tätigkeit verbringen, die vielen Menschen Nutzen und mir Sinn bringt. So wurde ich zum Egoisten, mit dem Ziel, meine Lebenszeit damit zu erfüllen, die Welt noch ein bisschen lebenswerter zu machen.

In meiner Familie hat man schon immer durchgehalten. Das Leben ist schließlich kein Zuckerschlecken! Und ich denke, dass der Wunsch nach Mehr gar nicht da war oder schneller unterdrückt wurde, da man meinte, überhaupt nicht die Möglichkeiten zu haben. In der Nachkriegsgeneration war eben das reine Überleben angesagt. Jede Generation hat andere Ansprüche an ihr Leben.

Ich stellte mir auch die Frage, bin ich unnormal, latent unzufrieden, will ich zu viel? Doch in Gesprächen mit einigen Unternehmern, Managern und Führungskräften stellte ich fest, dass es vielen so geht. Interessant ist, dass es immer mehr Menschen gibt, denen es nicht reicht, nur materiell erfolgreich zu sein. Mit einer

Geschäftseröffnung oder -übernahme kämpfen sie für ihren Erfolg; mit viel Fleiß und Löwenmut stellen sie ihr Unternehmen auf die Beine. Dann stellen sie Mitarbeiter ein, ziehen vielleicht in ein schöneres Firmengebäude, fahren einen großen Wagen und haben ein schönes Haus – alles ist erreicht. Und jetzt kommt der Punkt, an dem entweder die Gier entsteht oder eine Leere. Doch in beiden Fällen fehlt oft der Sinn, die Suche nach der Befriedigung.

> Wenn wir nur für das Geld und den Gewinn arbeiten,
> bauen wir uns ein Gefängnis und schließen uns wie Klausner ein.
> Geld ist nur Schlacke und kann nichts schaffen, was das Leben lebenswert macht.
>
> *Antoine de Saint-Exupéry*, Wind, Sand und Sterne

Der Mensch wird nicht dazu geboren, nur zu leben und dann zu sterben, sondern um eine Spur zu hinterlassen, einen Weg zu ebnen für die Generationen nach ihm, sein Leben mit dem zu füllen, was ihm Befriedigung und Freude gibt. Wenn Sie den Mut haben, nach Wegen zu suchen, die neu sind für Ihr Umfeld, dann erwarten Sie keine Jubelrufe.

Als ich die Entscheidung, mich beruflich zu verändern, meiner Familie und meinem Umfeld mitgeteilt habe, konnte kaum jemand meine Arbeit verstehen. Und als ich auch noch sagte, mein Ziel sei, in der Gesellschaft damit für alle etwas Positives zu bewirken, folgte ein einheitliches Stirnrunzeln. Ich möchte als Querdenker mit einer kritischen Außenansicht Impulsgeber sein und praktische Vorschläge einbringen, die Menschen und Unternehmen Erfolgsmöglichkeiten bieten. Diese Ideen haben Unternehmen schon sehr erfolgreich angewandt, mit dem Ergebnis, dass es die Unternehmen aus der Kurzarbeit geführt hat, sie mehr Freude im Alltag hatten, öffentliche Anerkennung erhielten und Arbeitsplätze sicherten. In Kapitel 12 erfahren Sie, wie Unternehmen dies erreicht haben. Ich schildere in Erfahrungsberichten die Kosten und den Nutzen dieser Form des Marketings.

1.4 Wodurch zeichnet sich ein exzellentes Unternehmen aus: die Schlüsselunternehmen der Zukunft

Ein exzellenter Unternehmer ist, wer erstens an sich und seine Sache glaubt und zweitens das Notwendige dafür tut.

Ein Unternehmen, das nicht auf Gewinnmaximierung ausgerichtet ist, sondern auf Nutzenmaximierung bietet auch einen hohen Nutzen für die Gesellschaft und übernimmt ein neues Leitbild.

Diese Schlüsselunternehmen der Zukunft arbeiten auch gewinnorientiert und wirtschaftlich, doch ein Hauptteil des Gewinns bleibt im Unternehmen und wird für soziale Zwecke eingesetzt. Es geht nicht darum, Verzicht zu leben. Vielmehr sollen Sinn, Emotion und wirtschaftliche Vorteile in einem übergeordneten, intelligenteren Ansatz verbunden werden.

»Unternehmen sind dazu da, Güter und Dienstleistungen anzubieten, die die Menschen brauchen, zu einem Preis, den sie bereit sind zu zahlen. Die Mitarbeiter wollen wissen, warum es ihre Firma gibt, sie brauchen einen Sinn. Rendite allein reicht nicht«, sagt Managementvordenker Charles Handy im Interview mit dem *Manager Magazin* (10/2009).

Was wollen Sie selbst? Was hat Ihr Unternehmen, das der Welt einen Nutzen bringt? Oder sagen Sie es wie James Bond: Die Welt ist nicht genug. Vielleicht haben Sie auch das Ziel, Ihren Kunden vor Ort einen Nutzen zu bieten oder als Unternehmer/in zufrieden zu sein und so Ihren Mitarbeitern ein Vorbild zu sein?

Doch wie – und mit welcher Lösung kann die Wirtschaft dazu beitragen? Humanere Werte und Ziele werden zu den stärksten ökonomischen Antriebskräften. Kurzfristiger Erfolg lässt sich sicher über unethisches Handeln herstellen, aber um langfristig am Markt erfolgreich zu sein, gilt noch immer: Ehrlich währt am längsten.

Trendforscher wie Matthias Horx nennen Konsumenten, die sich achtsam und gut informiert jene Produkte und Dienstleistungen aussuchen, die ihren strengen Kriterien von ökologischer und sozialer Nachhaltigkeit entsprechen, *Lohas*. Dies steht für »Livestyle of Health and Sustainability«, also in etwa Ausrichtung der Lebensweise auf Gesundheit und Nachhaltigkeit. Sie kultivieren ein Credo des »Weniger aber besser« und verändern damit Wirtschaft und Gesellschaft. In den USA gehören etwa 28 Prozent der Bürger bereits zu den bewussten Konsumenten, in Deutschland liegt der Anteil gegenwärtig bei circa 15 Prozent.

Seit Anfang der 1990er-Jahre wird von der Öffentlichkeit die Forderung an die Unternehmen herangetragen, gesellschaftliche Verantwortung zu übernehmen. Der Begriff Corporate Social Responsibility (CSR) wurde geprägt.

Obwohl er noch nie in klassische Werbung investiert hat, verzeichnet Hermann Bühlbecker, Alleingesellschafter und Geschäftsführer der Aachener Printen- und Schokoladenfabrik Henry Lambertz GmbH & Co. KG, mit seinem Unternehmen ein stetes Wachstum. Das war nicht immer so. Als er 1976 als Neffe ins Unternehmen einstieg, bewegt sich die Firma Lambertz an der Existenzgrenze. Er stellte das Unternehmen auf völlig neue Füße und betreibt nun Corporate Social Responsibility per excellence. Der Träger des Bundesverdienstkreuzes am Bande ist stark engagiert im Sportsponsoring, so zum Beispiel beim CHIO in Aachen, dem so genannten Weltfest des Pferdesports, und beim Tennis. Herr Bühlbecker ist Netzwerker in Perfektion. Er kennt zahlreiche Prominenten aus Politik, Mode, Management und dem Hochadel. Als Prinz Charles im Mai 2009 den Deutschen Nachhaltigkeitspreis in Berlin im Deutschen Historischen Museum verliehen bekam, verließen die Gäste den Event mit einer Keksdose von Lambertz im Gepäck. Darüber hinaus ist er auch Komiteemitglied der Benefizgala *Cinema against Aids* unter der Leitung von Sharon Stone in Cannes und er engagiert sich in der Clinton Global Initiative.

Was ihm all das bringt? Er ist in sämtlichen Medien vertreten, in der Tages-, Wirtschafts- und Regenbogenpresse ebenso wie in Hörfunk und Fernsehen. Allein im Jahr 2008 wurde er in 317 TV-Beiträgen erwähnt. Das Unternehmen selbst erzielte mit dieser Strategie mit seinen insgesamt 3500 Mitarbeitern im selben Jahr einen Gesamtumsatz von 506,8 Millionen Euro.

Sie produzieren keine Kekse und kennen auch Prinz Charles nicht persönlich? Das brauchen Sie auch nicht, um erfolgreich Corporate Social Responsibility für Ihr Unternehmen zu betreiben. Wie Sie Ihren Marktwert als Experte steigern und erfolgreich PR für Ihr Unternehmen machen, besprechen wir in Kapitel 6 Schritt für Schritt.

1.5 Der vorausschauenden Unternehmerpersönlichkeit gehört die Zukunft

Immer wieder heißt es, die Gesellschaft habe ein Autoritätsproblem, doch das eigentliche Problem sind fehlende Vorbilder. Bereits in der Kindheit lernen wir uns anzupassen. Eigene Meinungen und Widersprüche ecken an, erst in der Familie, dann in der Schule und später im Betrieb. Kritik kann in vielen Unternehmen in Deutschland die Karriere kosten. Und damit werden in der Wirtschaft wertvolle Innovationen und viel Geld täglich verschenkt.

Solange Unternehmer nicht lernen, ihr Ego in den Hintergrund zu stellen und Machtspielchen abzustellen, so lange werden unsere Wirtschaft und unser Lebensstandard nicht weiter wachsen, denn unsere Wirtschaftsituation ist das Ergebnis langer Spielejahre. Es wird Zeit, dass wir nicht nur Unternehmer heißen, sondern auch etwas unternehmen und zwar zum Wohle des Ziels, für das wir ursprünglich angetreten sind. Wenn es uns um das Erreichen einer Aufgabe, eines Zieles geht, dann geht es nicht um Macht oder darum besser zu sein, es geht um viel mehr!

Die Unternehmen der neuen Generation sind bei potenziellen Bewerbern gefragt. In diesen Zukunftsunternehmen arbeiten die klügsten Köpfe, denn hier ist Entwicklung und Freiheit möglich. Die besten Führungskräfte haben Anziehungskraft genug, um ihre Mitarbeiter nicht in geistige Ketten zu legen. Gute Teams haben erstens einen Beweggrund und zweitens einen Anführer.

Deutschland braucht Führungskräfte, die Mitarbeiter fördern und Potenziale erkennen. Es ist doch völlig unsinnig, kreative, intelligente Menschen zu stoppen, in dem man sie in stupide Arbeit drängt.

Wir brauchen Unternehmen, die Sinngeber sind für die Lebenszeit, in die wir investieren. Wir brauchen Leitbilder, die Antworten geben auf drängende Fragen der Ökonomie und Umwelt, und die Teil eines fairen Wirtschaftssystems sind. Wir brauchen Unternehmen, die sich gesellschaftlich engagieren, die mit uns zusammen die Zukunft gestalten.

Muhammad Yunus hat in Bangladesch seine Idee der Mikrokredite unter dem Motto »Kredite statt Almosen« eingeführt und dafür im Jahr 2006 den Friedensnobelpreis erhalten. Er will Wege aus der Armut finden, in dem er Kleinstkredite für Arme in Indien vergibt, damit sie sich mit dem Geld selbstständig machen können. Er erklärt, wie er seinen Erfolg begründet: »Wenn Sie Vertrauen in die Fähigkeit der Menschen haben, motivieren Sie diese. Ich vertraue den Menschen. Ich respektiere Ihre Würde. Vertrauen schafft Motivation« (*Die Armut besiegen*, 2008).

Wir wollen wieder Unternehmerpersönlichkeiten, die sich gesellschaftlich engagieren, denen wir vertrauen können. Sie dürfen Fehler machen, nur sollen sie dazu stehen.

Des Menschen größte Angst – die Angst vor Veränderung

»Die Paradoxie des Erfolges ist, dass das, was dich zum Erfolg gebracht hat, dich nicht erfolgreich bleiben lässt«, so Charles Handy, Wirtschafts- und Sozialphilosoph sowie Autor.

Doch wir träumen so gerne von der ewigen Liebe, den immer glücklichen Kindern, dem dauerhaften beruflichen Erfolg – doch dies ist eine sehr romantische Vorstellung. Das Leben stellt uns immer neue Aufgaben, und zwar um zu wachsen, uns weiterzuentwickeln und damit das Leben spannend bleibt.

Als ich meine Entscheidung getroffen hatte, meine Managerstelle samt des komfortablen Einkommens aufzugeben, hatte ich förmlich »Überlebensangst«. In einer solchen Situation hat sich ein Fixkostenapparat aufgebaut, der nicht von heute auf morgen verschwindet. Außerdem ist man an gewisse Annehmlichkeiten gewöhnt. Einen sicheren Job zu kündigen, um etwas mit »mehr Sinn« zu tun, wirkt für viele völlig verrückt und lebensfremd. Doch für mich war der Weg des Loslassens genau der richtige; für andere kann auch ein zusätzlicher sinngebender Aspekt innerhalb ihres gewohnten beruflichen Umfelds der richtige Weg zum Erfolg sein.

Die eigentliche Krankheit unserer Zeit ist die tief sitzende Angst vor neuen Ideen und Veränderungen, denn: Nichts ist gefährlicher als die Bequemlichkeit.

Unser Leben ist ein Auf und Ab und nichts ist gefährlicher als der Erfolg, der träge macht. Er verführt dazu, sich nicht selbstkritisch genug zu hinterfragen. Und die Verlockung der Bequemlichkeit und Selbstzufriedenheit siegt. Wer sich selbst für erfolgreich hält, den Blick für die immer schnelleren Veränderungen am Markt nicht öffnet und nicht bereit ist, Kreativität und Ideen zu entwickeln und sich anzustrengen, der kann sich selbst ruinieren.

Toyota-Vorstand Katsuaki Watanabe sagt: »Arroganz und Selbstzufriedenheit sind die Krankheiten jedes Unternehmens.« Hat er Recht?

In meiner Arbeit habe ich immer wieder mit Unternehmern zu tun, die den spürbaren Veränderungen hilflos gegenüberstehen. Seit Jahren sind sie mit ihren Abläufen, Produkten und treuen Kunden sehr erfolgreich gewesen und es fällt oft schwer loszulassen und zu akzeptieren, dass die alten Zeiten nicht mehr wiederkommen. Mir sagte der Inhaber einer Handelsagentur für Druckprodukte, der seit über 20 Jahren im Geschäft ist, er kenne den Markt nicht mehr. Jahrzehntelang habe alles funktioniert; Bestandskunden und sein hohes fachliches Know-how haben ausgereicht, um erfolgreich zu sein. Doch in Zeiten des Sparzwangs holen Kunden Alternativangebote ein und Firmen in Deutschland können mit den hohen Lohn- und Maschinenkosten mit den niedrigen Preisen in Tschechien nicht mithalten. Er stellte fest, dass er dringend neue Kunden brauche, da alte treue Kunden zum Teil in Konkurs sind und Produkte schlicht nicht mehr benötigt werden.

Wenn ich in Unternehmen sage, dass sie in der glücklichen Lage waren, dass Ihnen die Kunden wie gebratene Tauben in den Mund geflogen sind und sie nichts anderes machen mussten, als den Mund aufzumachen, ernte ich oft erstmal Empörung. Ich meine auch nicht, dass nicht alle fleißig gearbeitet hätten, doch sie haben nicht gelernt innovativ zu denken, neue Wege zu gehen. Die Wissenschaftler nennen dies den »Kompetenzpfand«, wenn man weiterhin Erfolgskonzepte von gestern bemüht. Doch jetzt sind die »drei Hs« gefragt: Herz, Hirn und Hand. Ärmel hochkrempeln und Wege finden, wie es jetzt funktioniert. Wir können uns den Luxus stehen zu bleiben nicht mehr erlauben.

Doch nicht nur kleine Unternehmen verharren in der vermeintlichen Sicherheitszone. Das deutsche Wirtschaftswunderunternehmen Grundig hat jahrelang komplett ausgeblendet, was um es herum los war. Ein Vorstand nach dem anderen wechselte und wer über eine günstigere Produktion im Ausland auch nur laut nachdachte, war in Gefahr seinen Arbeitsplatz zu verlieren. Die Grundig AG als deutsches Unternehmen wollte in Deutschland produzieren. Und Max Grundig sah sich selbst als erfolgreich. Doch wie sollten die Lohnkosten in Deutschland mit denen in China konkurrieren? 2003 hat der Insolvenzverwalter das endgültige Aus für den Elektrohersteller verkündet. Heute hat ein türkischer Billigproduzent die Handelsmarke gekauft. Ob man das gutheißt oder nicht: Die Globalisierung ist da.

Märkte verändern sich und es ist wichtig neue Chancen zu erkennen und zu nutzen.

Bevor Sie weiter lesen: Nehmen Sie sich doch kurz Zeit und beantworten Sie diese Fragen ganz ehrlich, nur für sich selbst:

Sind Sie glücklich mit Ihrer Arbeit?
Handeln Sie auch immer zu Ihrem eigenen Besten und folgen Ihrem Gewissen?
Fühlen Sie sich bereichert von dem, was Sie tun?
Ergibt Ihre Arbeit für Sie einen Sinn?

Konnten Sie alle Fragen mit Ja beantworten, dann sind Sie ein *kluger Egoist*. Denn wer selbst motiviert ist, kann auch andere motivieren. Haben Sie überwiegend mit Nein geantwortet, dann haben Sie Lebenspotenzial und können sich auf weitere Ideen und Anregungen freuen.

1.6 Wie werden wir in Zukunft werben?

Wie wir schon gesehen haben, haben sich die wirtschaftlichen und gesellschaftlichen Rahmenbedingungen in den letzten Jahren verändert. Wir benötigen neue Ideen und Wege, um uns und unser Angebot zu präsentieren und vom Wettbewerb abzugrenzen.

Auch von kleinen und mittelständischen Unternehmen wird von der Bevölkerung immer mehr *eine neue gesellschaftliche Verantwortung gefordert*. Mitarbeiter arbeiten motivierter und effizienter, wenn sie ihre Arbeit als sinnvoll erachten. Kunden schätzen Werte wie umweltfreundliche und ökologische Produktion.

Somit ist die Marketing-Kommunikation von Unternehmen nicht nur die Förderung des Verkaufs über klassische Werbeformen wie Flyer, Prospekte, Aktionen und Preisangebote, sondern ein strategischer Erfolgsfaktor für die authentische und positive Wahrnehmung.

Die Zeiten haben sich auch in der Werbung und der Unternehmenskommunikation gewandelt. Nach Manfred Bruhn, dem Inhaber des Lehrstuhls für Marketing und Unternehmensführung an der Universität Basel, kann die Entwicklung in fünf Phasen dargestellt werden (»Markenpolitik – ›State of the Art‹« in: *Die Betriebswirtschaft* Nr. 2/2003):

- 1950 – *Phase der unsystematischen Kommunikation*: Mangel und Nachholbedarf nach dem Zweiten Weltkrieg machten denjenigen erfolgreich, der liefern konnte.
- 1960 – *Phase der Produktkommunikation*: Der Wettbewerb nahm zu; Werbung und Verkaufsförderung wurden entwickelt und gewannen an Bedeutung.
- 1970 – *Phase der Zielgruppenkommunikation*: Der Nutzen des Kunden stand im Mittelpunkt und die Kommunikation wurde an den Zielgruppen ausgerichtet.
- 1980 – *Phase der Wettbewerbskommunikation*: Strategisches Marketing waren die Herausforderungen für die Werbung. Der ultimative Vorteil (»unique selling proposition«) sollte dem Kunden vermittelt werden. Events, Sponsoring, Direktmarketing wurden eingesetzt.
- 1990 – *Phase des Kommunikationswettbewerbs und der integrierten Kommunikation*: Die dynamische Veränderung in den Bereichen Ökologie und Technologie sowie der Wertewandel führte dazu, dass die Kommunikation und das Marketing von Unternehmen mit widerspruchsfreien und glaubwürdigen Auftritten die Anforderungen an die Werbung von heute stellt.

Dieses Buch will nicht nur zum Nachdenken über neue Ideen anregen. Es will den Startschuss für eine neue soziale Bewegung in der Wirtschaft setzen und dabei Unternehmen Mut und Ideen liefern, zeitgemäß und innovativ zu werben, um die Kunden von morgen für sich zu gewinnen.

1.7 Soziales und Wirtschaft – die perfekte Ehe für KMUs

Wirtschaft und Ethik, wie passt das zusammen? Wie Feuer und Eis oder eher wie Pech und Schwefel? Aristoteles begründete die Ethik als eigenständige philosophische Disziplin, deren Aufgabe es ist, Richtlinien für gutes und schlechtes Handeln aufzustellen. Jedoch bestehen die Zielsetzungen von Unternehmen in profitablem Wachstum und Wohlstandsmehrung.

Wie passen diese beiden unterschiedlichen Ansätze zusammen?

Es ist die perfekte Ehe! Wieso? Was ist an dieser Verbindung perfekt? In erfolgreichen Partnerschaften oder Ehen hat man festgestellt, dass diese dauerhaft glücklicher sind, wenn bei den Partnern gleiche Interessen oder Werte vorhanden sind. Um dauerhaft wirtschaftliches Wachstum zu erreichen, müssen die Wechselbeziehungen zwischen Ökologie, Gesellschaft und Wirtschaft beachtet werden. Um eine hohe Lebensqualität erreichen zu können, sind eine Schonung der natürlichen Ressourcen und soziale Aspekte wichtig.

Ein Wirtschaftsunternehmen hat das Ziel Gewinne zu erwirtschaften, das ist klar. Doch die Entwicklung geht dahin, dass es bald nicht mehr reicht, Gewinnmaximierung zu erzielen. Menschen entwickeln sich, und die Entwicklung der Zukunft geht auch für Unternehmen in die Richtung einer Nutzenmaximierung. Der Wunsch etwas Sinnvolles zu tun, wächst bei den Menschen.

Wohin uns die übergroße Gier geführt hat, können wir anhand unserer aktuellen Wirtschaftslage sehen. Gerade in der Wirtschaftskrise können die Mittelständler die Gunst der Stunde nutzen: Denn der Mittelstand zeigt Flexibilität und hat in den vergangenen Jahren 2,5 Millionen Arbeitsplätze geschaffen, während große Konzerne im selben Zeitraum ihre Belegschaft um die gleiche Zahl reduziert haben, sagt Mario Ohoven, Präsident des Bundesverbandes mittelständischer Wirtschaft. Einzelunternehmer und Mittelständler beißen auch in wirtschaftlich schwierigen Zeiten die Zähne zusammen, um Arbeitsplätze so lange wie möglich zu halten, während angestellte Vorstände schneller bereit sind, Teile der Belegschaft oder Produktionsstätten zu schließen. Die Europäische Kommission hat die Förderung kleiner und mittlerer Unternehmen zum Kerngeschäft ihrer Binnenmarktpolitik erklärt.

Ich bin überzeugt, dass der Mittelstand noch weiter an Bedeutung gewinnt, denn er ist das Rückgrat unserer Wirtschaft (KfW Mittelstandspanel 2003–2008):

- 99,96 Prozent aller Unternehmen sind Mittelständler.
- Sie beschäftigen etwa zwei Drittel aller Erwerbstätigen, das sind 26,8 Millionen Menschen.
- Sie bilden 1,3 Millionen junge Menschen aus, das sind 70 Prozent aller Auszubildenden.
- Kleinunternehmen mit weniger als zehn Mitarbeitern stellen gut ein Drittel (35 Prozent) der Arbeitsplätze zur Verfügung.

Daher lohnt es sich, dass wir uns der Bedeutung seiner Größe bewusst werden und lernen umzudenken, Marketingstrategien für KMUs zu entwickeln, die uns mit Stolz erfüllen. Und es geht darum, dass Unternehmen so erfolgreich am Markt sind, dass die Wirtschaftskraft und die Arbeitsplätze in Deutschland erhalten und ausgebaut werden.

Unsere Kunden sollen uns beauftragen, weil sie das Gefühl haben, dass wir hohen Nutzen für sie bieten, dass wir Sinnvolles tun, dass sie den besten Lieferanten ausgesucht haben, den sie überhaupt bekommen können.

Einer Befragung unter KMUs zu Tendenzen der Nachhaltigkeitsberichterstattung, die von Future e.V. und dem Institut für ökologische Wirtschaftsforschung 2009 in Berlin und Münster durchgeführt wurde, zeigt sich folgende Tendenz: Der Werteorientierung wird die höchste Relevanz zugewiesen. In den Themenbereichen Mitarbeiterinteressen und Produkte geben 81 Prozent an, aktiv den Anforderungen der Nachhaltigkeit zu entsprechen. Über die Durchführung ihrer Aktionen im Bereich der gesellschaftlichen Verantwortung kommunizieren 50 Prozent der Unternehmen, hierunter fallen unter anderem Sponsoringaktivitäten.

Sponsoring ist also wie Flirten auf »Unternehmerisch«:

- Machen Sie Lust auf Ihr Unternehmen!
- Sein Sie so attraktiv, dass potenzielle Kunden, selbst wenn sie Ihr Produkt gerade nicht brauchen, sich Ihr Unternehmen merken.

- Begeistern Sie Menschen, indem Sie sie überraschen. Schaffen Sie Kundenerlebnisse – so wird positiv über Sie gesprochen.
- Zeigen sie Herz und leben Sie Ihre Werte!
- Werben Sie für sich, indem Sie zum Vorbildunternehmen in Ihrer Region werden.

Und so ist für mich Sponsoring die perfekte Ehe für Unternehmen.

2
Klinkenputzen, oder: die Geschichte meines Erfolges

An einem sonnigen Maimorgen wachte ich auf und wusste, ich will frei sein, meine Ideen und Visionen verwirklichen und meine Arbeit mit Kreativität und Sinn erfüllen. Dies sprach sich wie ein Lauffeuer herum und alle Kunden kamen begeistert zu mir, sobald das Firmenschild »KMU« an der Eingangstür hing. Und von da an lebten ich und meine Kunden glücklich bis an unser Lebensende …

Klingt nach Märchen, ist ein Märchen. Denn so funktioniert es in der Wirtschaft nicht.

Ich biete Ihnen etwas Revolutionäres: Ich spreche als Unternehmerin und Frau darüber sich zu vermarkten. Ich werde Ihnen ehrlich beschreiben, warum und wie ich mein Marketing aufgebaut und zum Erfolg geführt habe. Und ich werde Ihnen zeigen, wie auch Sie dieses Vorgehen anwenden können, um erfolgreich zu sein.

Doch nun von Anfang an:

Eines Tages war meine Entscheidung klar und in jeder Faser meines Körper spürbar – und es war wirklich ein sonniger Maimorgen, als ich meine Entscheidung traf. Nach über 13 Jahren der Zusammenarbeit mit meinem Hauptkunden im Sportmarketing, für den ich die Ausbildung der Mitarbeiter in Vertrieb und Führungsposition entwickelte und durchführte und die Umsatzverantwortung trug, wurde ich körperlich immer häufiger krank. Ich fühlte mich ausgebrannt, denn ich konnte mich nicht weiterentwickeln. Meine Vorstellung von Menschenführung, Innovation und Erfolg deckten sich immer weniger mit denen der Geschäftsführung des Unternehmens und so wagte ich den Sprung ins Ungewisse. Ich wollte die Erfahrungen der 20 Jahre, in denen ich für Unternehmen ihre Marktposition verbessert habe, und die Erfolge, die ich miterlebt hatte, an Unternehmen weitergeben. Ich wollte

Sponsoring. Katja Hofmann
Copyright © 2010 WILEY-VCH Verlag GmbH & Co. KGaA, Weinheim
ISBN: 978-3-527-50507-4

beweisen, dass es sich lohnt Gutes zu tun und zeigen, wie Sponsoring zu einer hoch effizienten Marketingstrategie wird.

Als ich diesen Weg ging, ließ ich erstmal einen gut dotierten Managerposten zurück und dies sorgte in meinem Umfeld nicht gerade für Begeisterungsstürme. Im Gegenteil: Der gewohnte Lebensstil, die Annehmlichkeiten fielen weg. Und in ruhigen Minuten kam Angst. Was verlierst du? Was verändert sich? Doch auch wenn die Veränderungen groß waren, habe ich die Entscheidung aus ganzem Herzen bejaht.

In diesem Unternehmen war ich seit über zehn Jahren für die Gewinnmaximierung zuständig. Ich war am Aufbau und der Entwicklung des Unternehmens beteiligt. Hatten wir zunächst nur eine Büroetage, wuchs das Unternehmen so, dass wir innerhalb kurzer Zeit das ganze Gebäude mieten konnten. Ich führte über 30 Mitarbeiter, war für den Vertrieb und die Schulungen des Unternehmens zuständig. Dann wurden weitere Niederlassungen in Deutschland und ganz Europa eröffnet. Ich entwickelte Schulungskonzepte, die in allen Filialen eingesetzt wurden, und führte selbst die umsatzstärkste Niederlassung in Deutschland im Sportmarketing. Mittlerweile war das Unternehmen Marktführer. Doch es war nie genug für die Unternehmensleitung, das Ziel war immer noch mehr: noch mehr Umsatz, noch erfolgreichere Mitarbeiter, mehr Verkaufserfolg.

Immer neue Umsatzrekorde interessierten mich persönlich nicht mehr und ich langweilte mich. Es gab für mich gefühlsmäßig keine Herausforderung mehr. Ich hatte alles erreicht, was ich wollte und doch stellte sich keine wirkliche und dauerhafte Zufriedenheit ein. Ich suchte nach mehr, allerdings in ganz anderer Hinsicht: Ich wollte eine Tätigkeit mit Lebenssinn. Ich wollte nicht mehr tapfer durchhalten in meinem Leben, sondern die Verantwortung tragen und handeln.

Ich wusste zu diesem Zeitpunkt nicht, wohin mich das führen würde. Waren es vielleicht nur Fantastereien? Gab es das, was ich wollte, überhaupt? Und konnte ich damit erfolgreich sein?

Expertenwissen Sponsoring

Ich begann zu reflektieren: Was kann ich richtig gut und was macht mir Spaß? Was gibt mir Erfüllung? Worin bin ich Spezialistin? Was waren meine größten Erfolge in den letzten Jahren? Und dabei kam ich auf folgende Punkte: Ich habe mittelständische Unternehmen maßgeblich dabei unterstützt ihre Marktposition zu stärken oder Markführer zu werden. Aufgrund meiner langjährigen Erfahrung als Trainerin kann ich gut Potenziale bei Unternehmen und Menschen erkennen und bin in der Lage, hieraus Menschen und Unternehmen in ihrem Wachstum zu unterstützen. Durch meine Kreativität und Erfahrungen im Marketing und mit Menschen kann ich mich individuell auf Branchen und Unternehmen einstellen, um zielgerichtete Strategien im Innen und Außen einzuführen.

Seit 1999 habe ich Erfahrung im Sponsoring, entwickle Marketingkonzepte für kleine Vereine und auch Bundesligavereine, für Verbände wie den DBS (Deutscher Behindertensportverband) und Organisationen und habe für Agenturen Menschen ausgebildet, die diese Sponsoringkonzepte an die Unternehmen sehr erfolgreich »verkauft« haben. Doch es wurde mit der Zeit immer anstrengender und die Mitarbeiter mussten sehr viel Überzeugungsarbeit leisten, um gerade kleine und mittlere Unternehmen von der Geldausgabe zu überzeugen. Ich suchte nach Lösungen, durch die echter Nutzen entsteht, sogar Probleme gelöst werden können und die Unternehmen wieder Freude an ihrem Unternehmenserfolg haben. Das musste doch möglich sein, allerdings hatte ich erstmal nicht wirklich hilfreiche Ideen.

Dazu erkannte ich in den Unternehmen folgende Probleme:

- KMUs sind oft im Alltagsgeschäft völlig eingespannt; Chefs und Mitarbeiter arbeiten sehr häufig im Unternehmen statt am Unternehmen.
- Für den Besuch von Weiterbildungen, das Entwickeln von kreativen, innovativen Ideen wird weder Zeit noch Budget eingeplant.
- Es fehlen Zielsetzungen, Visionen und konkrete Planungen für die Zukunft.
- Mitarbeiter haben zu funktionieren, schließlich werden sie bezahlt – das wahre Potenzial von Mitarbeitern liegt brach.
- Es gibt niemanden, der verantwortlich ist für Marketing oder aber ein Mitarbeiter aus einem anderen Bereich »erbarmt« sich und schaltet lieblos irgendwelche Anzeigen – neue Ideen für Marketing fehlen.

- Es herrscht der Glaube vor, gutes Marketing sei teuer und bringe erst nach Jahren etwas, Öffentlichkeits- und Pressearbeit sei nur was für die Großen.
- In guten Zeiten glauben Unternehmen, es liefe einfach immer so weiter.
- Sponsoring wird nicht als Marketingstrategie gesehen.

In Gesprächen und im täglichen Umgang mit kleinen und mittelständischen Unternehmern und Mitarbeitern habe ich verstanden, wie wir den Anforderungen des Marktes am besten begegnen können: Wir müssen einfach nur schauen, wie es große Unternehmen machen und dann oft genau das Gegenteil davon probieren. Ich sehe meine Tätigkeit als eine Ideenschmiede für Innovationsentwicklung auf der Grundlage eines völlig brachliegenden Expertenwissens.

Wie ich das meine? Der Schlüssel zur Zukunft sind sinnstiftende Unternehmen, die Nutzenmaximierung statt Gewinnmaximierung anstreben. Die Gier, immer noch mehr haben zu wollen, wandelt sich in einen übergeordneten Anspruch, nämlich Nutzen mit seiner täglichen Arbeit zu erwirtschaften. Doch es muss auch eine kostenbewusste Marketingstrategie geben, wie gerade kleine und mittlere Unternehmen mit ihren Mitarbeitern, mit Herz, Hirn und Händen, ihre Selbst-PR so einsetzen, dass es ihren Unternehmenserfolg maßgeblich verbessert. Ich stellte mir die Frage, wie dies zu realisieren ist. In der Zusammenarbeit mit Unternehmen, die sich in einer Krise befanden, trat ich den Beweis an, dass mit einem Budget von 400 Euro eine Firma nach nur drei Monaten die Kurzarbeit abmelden konnte, da so viele neue Kunden und Aufträge gewonnen worden waren.

Diese Idee war im Kern sehr einfach – wie es wohl die meisten zukunftsweisenden, erfolgreichen Ideen sind: keine theoretischen Marketingtools, sondern schlicht sichtbarer und praktischer Nutzen, sodass die Unternehmen lernen, sich selbst am Schopf zu packen und auch aus schwierigen Situationen herauszuziehen. Der neue Blickwinkel, aus den Augen der Betroffenen, statt durch jene von Experten, die nur wenig praktischen Bezug zu den alltäglichen Anforderungen an kleine und mittlere Unternehmen haben, brachte viele weitere innovative Konzepte für den Weg zum Unternehmenserfolg.

Mit einfachen Impulsen habe ich eine grundlegende neue Kreativität in Unternehmen eingeführt und durchbreche oft das Hamsterrad des Alltags, das sie ja in die Krise geführt hat. Für KMUs müssen Veränderungen schnell vonstatten gehen, da ihnen die Bank oft im Nacken sitzt. Maßnahmen müssen also zeitnah wirken.

Insgesamt lässt sich sagen, ich vermittle den kleinen und mittelständischen Unternehmen lebenspraktisches Wissen, Werteorientierung, Kooperationsfähigkeit und unternehmerisches Zupacken für erfolgreiches Marketing. Aus meiner praktischen Erfahrung wusste ich, was für die kleinen Unternehmen interessant ist und was die häufigsten Fehler waren. Dieses Wissen wollte ich nun veröffentlichen. Die Menschen sollten davon erfahren und einen Nutzen daraus ziehen. Ich fing an zu recherchieren, und es zeigte sich, dass es im Buchhandel kein Buch über praxisorientierte Sponsoringstrategien für mittelständische und kleine Unternehmen gibt, das man auch versteht und das Lust macht zu lesen!

Sicherlich gibt es viele Bücher über Sponsoring von Marketingexperten und großen Unternehmen mit eigenen Marketingabteilungen und Sponsoringbudgets oft in Millionenhöhe. Doch Praxisanregungen, wie auch Unternehmen mit einem kleinen Budget eine große Wirkung erzielen, darüber fand ich nichts. Das konnte nur zwei Dinge bedeuten: Entweder hatte ich einen Marktvorteil oder eine Idee, die keiner will. Doch ich war überzeugt von dem Nutzen, den ich Unternehmen bieten konnte, und so waren bald meine Homepage, Visitenkarten und ein Logo erstellt.

Doch ich musste feststellen, dass die Welt nicht auf mich gewartet hat. Das beste Produkt, die nützlichste Idee muss erst einmal bekannt werden. Das weiß jeder Unternehmer. Doch wie?

Klinkenputzen oder Neukundengewinnung – innovativ, nur wie?

Ich suchte andere Wege als die klassische Kaltakquise. Das war für mich eine spannende Herausforderung und als ich mich auf den Weg machte, wusste ich nicht, ob meine Strategie wirklich zum Ziel führen würde.

Als Vertriebsleiterin waren mir alle B2B-Kontakte von Verkaufsförderung und Kundengewinnung (Flyer, E-Mail-Werbebriefe, Telefonakquise, Außendienst) vertraut, doch ich suchte nicht nach klassischen Wegen, sondern wollte ein anderes Level der Kundengewinnung, wie ich es nannte. Werbeanzeigen mit einem Slogan wie »Ich optimiere Ihr Sponsoring« wären nicht nur sehr teuer, sondern hätten auch zu große Streuverluste im Hinblick auf die zu erwartende Interessenresonanz, da das Thema für eine Anzeige viel zu komplex ist. Anfragen bei der IHK oder der Handwerkskammer, als Dozentin aufzutreten erwiesen sich als erfolglos, denn das Thema Marketing mit Schwerpunkt Sponsoring konnten Sie sich nicht vorstellen. Ich wurde auf die Warteliste gesetzt.

Als erfahrene Telefontrainerin, die weit über 2000 Menschen im aktiven Verkauf am Telefon geschult hat, wäre es für mich ein Leichtes gewesen, einen Leitfaden zu schreiben und munter Unternehmen anzurufen. Ich war jedoch der Meinung, dass dies bei diesem komplexen Thema kaum Erfolgsaussichten hätte. Und ich wollte kein Massengeschäft, sondern Qualität. Sonst wäre ich nur eine von vielen, die sich als Trainerin anbietet.

Ich dachte nach: Wie kann ich auf mich aufmerksam machen? Mein Thema ist nicht gewöhnlich – es handelt sich um Marketing mit der Kernkompetenz Sponsoring, welches ein wichtiges und effizientes Marketingtool ist.

Doch nicht alle Menschen waren meiner Meinung. Ich brauchte einen Expertenstatus und ich brauchte Öffentlichkeitsarbeit. Menschen sollten über kompetente Dritte über mich erfahren, das Thema sollte sie neugierig machen.

Dieser Gedanke ließ mich nicht mehr los. Ich wollte meine Ideen und Lösungen in die Welt bringen, Unternehmen und Menschen unterstützen und dieses Wissen in einem Buch für alle zugänglich machen und Presseartikel veröffentlichen. Zudem nahm ich mit meinem Ausbildungssystem über Marketing und Unternehmenskommunikation an Wettbewerben teil.

Ich ließ mich im Umgang mit der Presse ausbilden und im Schreiben von Pressartikeln, machte ein Medientraining und legte los. Der erste Presseartikel wurde im IHK Magazin veröffentlicht, danach folgten weitere und schon bald gingen die ersten Interviewanfragen zum Thema Sponsoring ein.

Bis dahin hatte ich noch keinen Cent verdient. Zu diesem Zeitpunkt hatte ich das Gefühl, es doch nicht zu schaffen. Doch schon ein halbes Jahr später fingen die Maßnahmen an zu wirken. Ich erhielt die ersten Anfragen für Vorträge. Unglaublich, wie viele

Menschen Artikel aus Fachzeitschriften aufbewahren und dann Monate später noch handeln. Dies also vorab zu Ihrer Information, falls Sie wie ich ein ungeduldiger Mensch sind.

Als Folge der Wettbewerbe, an denen ich teilgenommen hatte, wurde ich zu verschiedenen Preisverleihungen in ganz Deutschland eingeladen. Ich erhielt verschiedene Auszeichnungen, so wurde ich Preisträgerin des Mittelstandsprogramms, des Muwit-Weiterbildungsaward und wurde als »Spitzenfrau der Deutschen Wirtschaft« ausgezeichnet. Was so etwas bringt? Stolz auf die eigene Leistung, Anerkennung in der Presse, gute Öffentlichkeitsarbeit, Nennung auf verschiedenen Internetportalen, und mit etwas Glück auch ein Preisgeld.

Ich bin noch immer die gleiche Person mit dem gleichen Knowhow, nur werde ich jetzt von außen als Expertin wahrgenommen – das ist erfolgreiches Marketing. Es geht darum, es Ihnen etwas leichter zu machen, eine gute Unternehmensleistung erfolgreicher zu vermarkten.

Noch ein Tipp: In meinen Projekten geht immer ein Teil (wie eine freiwillige Kirchenspende) an einen gemeinnützigen Verein oder ein Projekt, so knüpfe ich weitere Kontakte und tue gleichzeitig Gutes.

Jetzt sind Sie dran: Dieses Buch nimmt Sie mit auf eine Reise. Es zeigt, wie Marketing auch funktionieren kann und dass es sich lohnt Gutes zu tun. Marketing in eigener Sache bedeutet, dass Sie eigenverantwortlich handeln und nicht darauf warten, dass jemand anderes Ihnen sagen muss, was Sie können und was Sie tun sollen. Es liegt an Ihnen, Ihr Leben und Ihre Arbeit zu gestalten. Und zwar in allen Bereichen.

Machen Sie etwas anderes, etwas Neues, weg von ausgetretenen Pfaden in der Werbung hin zu den Menschen, den Emotionen, Ihrer Kreativität, um dem Ganzen Sinn zu geben. Denn das ist die Anforderung unserer Zeit.

Wer die Menschen bewegt, bewegt die Wirtschaft.

Das größte Verbrechen, das wir gegen uns selbst verüben, ist nicht, dass wir unsere Schwächen leugnen und ablehnen, sondern, dass wir unsere Größe leugnen und ablehnen – weil sie uns erschreckt.

Nathaniel Branden,
amerikanischer Psychologe

3
Die Ist-Analyse:
der Nutzen der Unzufriedenheit

Der Erfinder Thomas Edison hatte Ideen wie am Fließband. Über 2000 Erfindungen und über 1000 Patente, zum Beispiel die Glühbirne, Telefon-Mikrofon, Filmprojektor, Dynamo, elektrische Eisenbahn zeugen noch heute davon. Wie machte er das bloß? War es Zufall? Oder war er einfach ein Genie? Vielleicht hatte er auch genug Geld?

1. Gute Ideen sind kein Zufall, sondern das Ergebnis von Planung und Handlung. Edison sagte: »Ich habe nie etwas Wertvolles zufällig getan. Meine Erfindungen sind nicht zufällig entstanden.«
2. Werden Sie unzufrieden. Edison war überzeugt; »Unzufriedenheit ist die erste Voraussetzung für Fortschritt.«

Ein selbstzufriedener Mitarbeiter, wird nicht seine Arbeit verbessern. Warum auch? Er ist ja fantastisch. Eine selbstzufriedene Unternehmensführung wird niemals ihre Unternehmenskommunikation infrage stellen. Warum auch? Ihr Führungsstil ist super.

Lange Zeit habe ich versucht, meine latente Unzufriedenheit zu »bekämpfen«. Ich habe Bücher gelesen und Seminare besucht, um »im Jetzt zufrieden zu sein«. Doch trotz aller Bemühungen drängte in mir immer etwas zur Veränderung: Ich bezeichne mich heute als Prozessoptimierer. Die Ergebnisse, die ich in Unternehmen schaffe und meine eigenen Erfolge sind die Folge meines Dranges zu optimieren.

In vielen psychologischen Persönlichkeitsmodellen wird die Behauptung aufgestellt, dass Schwächen in Wahrheit übertriebene Stärken sind. Es lohnt sich darüber nachzudenken.

Als Unternehmer oder Führungskraft stehen wir immer wieder vor Situationen, die es erfordern Entscheidungen zu treffen. Wir

Sponsoring. Katja Hofmann
Copyright © 2010 WILEY-VCH Verlag GmbH & Co. KGaA, Weinheim
ISBN: 978-3-527-50507-4

müssen immer wieder unsere eigenen gesetzten Grenzen über-
schreiten, wenn wir am Markt erfolgreich sein wollen.

Je mehr man schon weiß, desto mehr hat man noch zu lernen.
Mit dem Wissen nimmt das Nichtwissen in gleichem Grade zu
oder vielmehr das Wissen des Nichtwissens.

Friedrich Schlegel (1772–1829),
deutscher Schriftsteller

Also, seien Sie »entspannt« unzufrieden, denn nur dann verändern Sie etwas. Sollte also Ihre Werbung noch nicht den
gewünschten Erfolg gebracht haben, dann suchen Sie aktiv nach
Wegen, wie Sie Ihr Ziel der Neukundengewinnung, einen Expertenstatus, öffentliche Anerkennung oder mehr Umsatz erreichen.

Vielleicht symbolisiert diese Wirtschaftskrise genau diesen Umdenkprozess in Deutschland. Vielleicht waren wir alle gesättigt und
hatten Angst vor der Veränderung. Neue Wege zu gehen ist unbe-
quem und nun sind wir »gezwungen« etwas zu verändern. Über
den Schmerz zur Krise, über die Krise zum Aufbruch, über den
Aufbruch zur Suche, über die Suche zu neuen Wegen – und über
neue Wege zum Erfolg.

3.1 Wie haben Sie bisher Werbung gemacht?

Ohne Werbung Geschäfte zu machen ist so, als ob man einem Mädchen
im Dunkeln zuwinkt. Man weiß zwar was man will, aber sonst niemand.

Stuart Henderson Britt

Werbung ist ein zentrales Marketinginstrument, um die Zielgruppe und Kunden für das eigene Produkt oder die Dienstleistung zu gewinnen. Wie gehen Sie vor? Als ich mich 1999 selbstständig gemacht habe, hatte ich zwar ein Ziel, doch aus heutiger
Sicht war meine Werbestrategie nur halbherzig und wenig systematisch. Ich glaubte, dass mit Werbung auch viel Geld verschwen-
det wird. Anzeigen in den Zeitungen waren für Neugründer kaum
erschwinglich. Und ich suchte nach dem Mini-Max-Prinzip – mini-
maler Aufwand, maximaler Erfolg.

In der Marketingliteratur werden verschiedene Methoden herausgearbeitet, um das Werbebudget festzulegen. Eine davon ist die *Percentage-of-Sales-Methode*, zu Deutsch: Prozent-vom-Umsatz-Methode, bei der das Werbebudget vom geplanten oder auch vom Vorjahresumsatz abhängig gemacht wird. Durchschnittlich wendet man 10 bis 20 Prozent des Umsatzes für das Werbebudget auf. Allerdings beinhaltet diese Logik, dass man mit dem eingesetzten Budget den Erfolg proportional erhöht, was in der Praxis nicht zwangsläufig der Fall ist.

Doch grundsätzlich geht es darum, sich über seine Werbestrategie, das Budget und die Plattformen Gedanken zu machen, über die man seine Kunden ansprechen will. Die zentrale Frage lautet: Was will ich erreichen?

Vielleicht ist das der wichtigste Rat in diesem Kapitel: Wenn Sie mehr erreichen möchten, noch erfolgreicher und zufriedener in Ihrer Arbeit sein wollen, dann haben Sie Mut, alte Wege zu verlassen und neue zu beschreiten, das Ohr wieder stärker am Markt zu haben, statt sich im Alltagsgeschäft zu vergraben. Wir müssen uns die Zeit nehmen am Unternehmen zu arbeiten, statt nur im Unternehmen.

Daher empfiehlt sich die *Analyse des Ist-Zustandes*, wenn wir Strategien optimieren wollen. So wissen Sie, in welcher Ausgangsposition Sie sich befinden.

Checkliste: Ihre gegenwärtige Marketingstrategie

	Ja	Nein
Wir haben eine Werbe-/Marketingstrategie.	☐	☐
Wir haben eine/n Marketingverantwortlichen/-abteilung.	☐	☐
Wir haben ein geplantes Werbebudget.	☐	☐
Wir messen unseren Werbeerfolg.	☐	☐

In allen Punkten, in denen Sie mit einem »Nein« geantwortet haben, finden Sie einen Hinweis auf Möglichkeiten, Ihre Marketingstrategie zu optimieren. Haben Sie überwiegend mit »Ja« geantwortet, dann überlassen Sie nichts dem Zufall und haben Ihre Strategie gezielt geplant. Herzlichen Glückwunsch! Jetzt haben Sie noch die Möglichkeit zu prüfen, welche Maßnahmen in welcher

Höhe für Sie effizient sind, und wo eine Optimierung stattfinden könnte.

Checkliste: Ihre Marketingplattformen

	Ja	Nein	Budget
Wir haben eine Homepage.	☐	☐	_____
Wir haben Flyer.	☐	☐	_____
Alle Mitarbeiter mit Außenkontakt haben Visitenkarten.	☐	☐	_____
Wir machen Internetwerbung.	☐	☐	_____
Wir machen Werbeanzeigen.	☐	☐	_____
Wir machen Werbung auf unseren Firmen-Pkws.	☐	☐	_____
Wir machen Fernseh- oder Radiowerbung.	☐	☐	_____
Wir beschäftigen eine Werbeagentur.	☐	☐	_____
Wir machen Kinowerbung.	☐	☐	_____
Wir machen Verkaufsförderung, z. B. Aktionsstände.	☐	☐	_____
Wir gehen auf Messen.	☐	☐	_____
Wir haben einen Newsletter.	☐	☐	_____
Wir machen Mailings oder versenden Werbebriefe.	☐	☐	_____
Sonstiges: _____			_____

Mein Werbebudget pro Jahr gesamt: _____

Welche Werbekanäle nutzen Sie bereits, welche lassen Sie noch ungenutzt? Lenken Sie Ihre Aufmerksamkeit auch auf die Höhe des Budgets. Vielleicht sind Sie auch darüber gestolpert, dass Sie zwar ein hohes Werbebudget einsetzen, aber dies nur schwerpunktmäßig in zwei oder drei Werbeformen.

Die Sternfrage
Haben Sie schon Sponsoring gemacht, wenn ja, wie oft und bei
welchem Verein/welcher Organisation:

_____

_____

_____

_____

_____

_____

3.2 Wie erfolgreich war Ihre Werbung bisher?

Nachdem Sie analysiert haben, wie Sie bisher geworben haben,
machen Sie sich einmal Gedanken darüber, welchen Erfolg diese
Werbemaßnahmen hatten und ob Sie ihn verbessern können: Welche Werbebotschaft vermitteln Sie bereits? Erreichen Sie Ihre Zielgruppen? Wollen Sie eine neue Kundenzielgruppe erreichen?

Welche Kommunikationskonzepte haben Sie bisher eingesetzt?
- klassische Werbung,
- gezielte PR und Öffentlichkeitsarbeit,
- Verkaufsförderung, Online-/Direktmarketing,
- Sonderwerbeformen wie Guerilla- oder Life-Marketing,
- zielgruppenspezifisches Marketing für Senioren, Kinder
  et cetera,
- Events, Messen und Kundenveranstaltungen.

Egal was wir tun, entscheidend ist, dass unser Marketing letztlich zum Kaufen anregt, also den Umsatz fördert. In jedem Fall
gehört Werbung zu einem der vier zentralen Marketinginstrumente nach McCarthy (die berühmten »4 P« des Marketingmix): Pro-
duct (Produktgestaltung), Placement (Positionierung am Markt),
Price (Preisgestaltung) und Promotion (Werbung).

Welche Maßnahmen waren für Sie erfolgreich? Bitte notieren Sie, warum sie erfolgreich waren und welchen Betrag Sie für diese Werbung ausgegeben haben (Haben Sie zum Beispiel eine Direktmailingaktion gemacht, in dem Sie Ihren umsatzstärksten Kunden gewonnen haben, führen Sie Kosten wie Druck, Personal, und Porto auf.)

_____

_____

_____

_____

_____

_____

Was war für Sie nicht erfolgreich? Welches Budget haben Sie dafür eingesetzt?

_____

_____

_____

_____

_____

Falls Sie schon Sponsoring gemacht haben, haben Sie dies als Marketingstrategie gesehen? Wenn ja, war dies für Sie erfolgreich? Was war daran erfolgreich oder welche Auswirkungen hatte das Sponsoring auf Ihren Unternehmenserfolg?

_____

_____

_____

_____

_____

In welchen Zeitungen haben Sie bisher Werbung geschaltet? Können Sie diese für einen Presseartikel ansprechen?

_____

_____

_____

_____

_____

_____

Welchen Betrag können Sie einsparen?

_____

_____

_____

_____

_____

_____

Wie viel könnten Sie davon im Sponsoring einsetzen?

_____

_____

_____

_____

_____

_____

4
Die bewährten drei Warum-Fragen

4.1 Warum es wichtig ist, sein Unternehmen gezielt zu präsentieren, und Bescheidenheit am Erfolg vorbeiführt

»Deutschland ist voller Chancen«, sagte einst Bundeskanzlerin Angela Merkel in einer Regierungserklärung. Wie wahr! Doch die Kunst ist, Chancen zu erkennen und den Mut zu haben diese zu nutzen. Wie oft haben wir schon Chancen verstreichen lassen, weil wir zu bequem waren, Bedenken hatten. Ich habe in meinem Leben auf diese Art schon viel Geld verschenkt, das können wir uns heute nicht mehr erlauben.

Vor ein paar Jahren hatte ich den Auftrag, für einen Kunden ein Marketingkonzept für die Sponsorensuche von Special Olympics Deutschland e.V., der deutschen Unterorganisation der weltgrößten Sportbewegung für Menschen mit geistiger und Mehrfachbehinderung, zu erstellen. Es ging um einen großen Sportevent, der in der Europahalle in Karlsruhe stattfand.

Die Sponsoren wurden in der Halle auf einer Tafel veröffentlicht und Presse, Fernsehen waren vor Ort. Der Bürgermeister sowie der Fußballverein KSC waren Schirmherren und Botschafter der Veranstaltung.

Ein Finanzunternehmen hatte auf meinen Vorschlag hin diesen Event mit einem Sponsoring unterstützt und wurde zur offiziellen Eröffnungsveranstaltung zusammen mit den Prominenten eingeladen. In dem Unternehmen hatte jedoch keiner Zeit oder Interesse sich diesen Sportevent anzuschauen – und so wurden Möglichkeiten und bares Geld verschenkt.

Auf der Ehrentribüne der Sponsoren erhielt man schon bei einem kleinen Sponsorenbetrag einen Platz; es gab einen VIP-Raum,

Sponsoring. Katja Hofmann
Copyright © 2010 WILEY-VCH Verlag GmbH & Co. KGaA, Weinheim
ISBN: 978-3-527-50507-4

um Fotos mit den Gästen und Prominenten zu machen, außerdem war die Presse vor Ort und führte Interviews. Jede dieser Gelegenheiten wurde nicht genutzt und so fanden sich andere Unternehmen in den großen Tageszeitungen wieder und konnten tolle Berichte auf ihre jeweiligen Homepages stellen.

»Bescheidenheit ist eine Zier, doch weiter kommt man ohne ihr.« Das wusste der Volksmund schon lange.

Ein Kind hört britischen Studien zufolge pro Tag 412 negative, aber nur 37 positive Bemerkungen. Sätze wie »Du bist zu klein« oder »Stell dich nicht so dumm an« bremsen den Stolz auf die eigene Leistung aus. Diese Erziehung hinterlässt Spuren bis ins Berufsleben (*Critical Thinking About Critical Periods*).

Manche Unternehmer überleben mit einem Einkommen, das oft unter dem der staatlichen Leistungen für Arbeitslose liegt, statt sich zu positionieren und einen guten Preis für ihre Leistung zu erzielen. Wer allein durch Leistung überzeugen will, hat eben Pech, wenn keiner hinsieht. Manchmal nehmen wir uns keine Zeit, genau hinzusehen. In vielen kleinen Familienunternehmen gibt es keine »Marketingkultur« und keine gezielte Unternehmenskommunikation. Da gilt die Leistung als höchstes Gut.

Wenn mehr Kunden kommen sollen und Sie höhere Preise erzielen wollen, dann kann das daran liegen, dass Kunden sich für das angebotene Produkt oder die Dienstleistung nicht interessieren, dass der Preis oder die Qualität nicht stimmen, oder aber – was ich am häufigsten in Beratungen feststelle – daran, dass das Marketing die Kundenzielgruppe überhaupt nicht erreicht.

Suchen Sie nach Wegen, die kreativ sind, die Ihr Unternehmen präsentieren, aber den Kundennutzen in den Vordergrund stellen. Und nutzen Sie den Hinweis aus der Hirnforschung, dass wir Menschen nicht nur einen sachlichen Grund benötigen um zu agieren, sondern dass Gefühle zum Handeln führen. Beziehen Sie Lust und Emotionen, die Sie mit Ihrem Produkt auslösen, in Ihre kreative Ideenfindung mit ein.

Damit Ihnen die Kunden die Treue halten, ist es unabdingbar, dass Sie ihre Erwartungen erfüllen und oder gar übertreffen.

Jack Welch, ehemaliger CEO von General Electric

Kleine und mittelständische Unternehmen sollten vor Stolz nur so strotzen

Die KMUs sind das Rückgrat der Wirtschaft, sagen uns die Politiker immer wieder. Und seit auch viele große Konzerne wackeln, hat die Politik den Mittelstand noch stärker als Zielgruppe entdeckt. Und recht haben Sie damit, denn: Legt man die KMU-Definition des IfM Bonn zugrunde, so zählen 99,7 Prozent der Unternehmen zu den kleinen und mittleren Unternehmen. Sie erwirtschaften 37,5 Prozent aller Umsätze mit 70,5 Prozent aller Beschäftigten. Der Anteil der von ihnen bereitgestellten Ausbildungsplätze beläuft sich auf 83,1 Prozent. An der Nettowertschöpfung der Unternehmen halten sie einen Anteil von 47,3 Prozent (Quellen: Statistisches Bundesamt; Bundesagentur für Arbeit; Zentralverband des Deutschen Handwerks; Institut für Freie Berufe; Berechnungen des IfM Bonn, 08/2009).

Wow, oder? Eigentlich müssten wir vor Stolz strotzen. Doch viele Unternehmer sind eher bescheiden, wenn man sie darauf anspricht, welche Wichtigkeit sie für die gesamte Wirtschaft und das Leben in Deutschland haben.

Interessant in dem Zusammenhang ist auch eine Umfrage der *Financial Times Deutschland* und der Personalberatung LAB Lachner Aden Beyer & Company, die eine regelrechte Sehnsucht deutscher Manager nach dem Mittelstand ans Licht brachte: Jeder Zweite, der in einem Großkonzern beschäftigt ist, würde gern zu einem kleineren Unternehmen wechseln.

Warum? Fast alle befragten Manager nannten den Wunsch nach mehr Eigenverantwortung und kurzen Entscheidungswegen (je 97 Prozent) sowie nach mehr Innovationskraft (84 Prozent). »Großunternehmen haben damit in den vergangenen Jahren deutlich an Attraktivität verloren«, so das Fazit der Studie.

Warum es wichtig ist, den Kundennutzen als Marketingstrategie einzusetzen

Wenn wir erfolgreich sein wollen, müssen wir eine Strategie entwickeln, um zu zeigen, was wir können. Es geht um einen noch intelligenteren Weg in der Werbung. Den eigenen Wert so zu präsentieren, dass auch der ignoranteste Kunde aufmerkt, will gelernt sein.

Was spricht dagegen, auf der Homepage oder im Besprechungszimmer zu präsentieren, was man in letzter Zeit geleistet hat? Bei E-Mails und Briefen auch einen Hinweis auf das soziale Engagement in die Fußzeile zu setzen? Dass man vor der nächsten Kundenberatung eine Leistungsmappe erstellt, in der man Ideen und die Arbeits-Highlights des letzten Jahres sammelt? Dass man einem wichtigen Kunden, der sich lobend äußert, anspricht: »Das dürften neue Kunden ruhig auch mal erfahren. Darf ich Sie zitieren?« Prahler müssen fürchten, dass ihre Selbst-PR als Luftnummer durchschaut wird; echte Leistungsträger gewinnen!

Der Umsatz und Erfolg von erfolgreichen Unternehmen ist kein Zufall, sondern das Resultat jahrelanger, zielorientierter Vermarktungsstrategie und Öffentlichkeitsarbeit. Gerade kleine Unternehmen und Existenzgründer rechtfertigen in Beratungen ihr fehlendes Marketing damit, nicht viel Geld für Werbung zu haben. Doch darum geht es nicht. Es kommt nicht auf die Höhe des Budgets an, sondern darum, wirklich etwas zu erreichen. Und wenn das Budget klein ist, dann muss eben die Idee groß sein.

4.2 Warum Arbeiten glücklich machen darf

»Ich bin Unternehmer geworden, weil ich nicht für einen anderen Armleuchter arbeiten wollte. Freiheit ist für mich das entscheidende Wort«, sagte der Multidienstleister Peter Dussmann der *Welt am Sonntag* anlässlich des 40-jährigen Firmenbestehens.

In den USA ist das Streben nach Glück (*pursuit of happiness*) jedem Bürger verfassungsmäßig garantiert. Deshalb gibt es dort eine wissenschaftliche Richtung, die sich »Glücksforschung« nennt. Zu ihren Vertretern gehören die Professoren Ed Diener, David Myers und Martin Seligmann. Es ist nicht so, dass manche Leute mehr Glück haben als andere, erklärt Martin Seligmann von der Universität Pennsylvania. Die Erfolgreichen gehen nur anders mit den Ereignissen um. Sie hadern nicht lange: Warum passiert mir das? Warum muss das sein? Sondern sie fragen: Wozu ist das gut? Wie kann ich das Problem lösen? Was kann ich tun? Welche Möglichkeiten gibt es? Das heißt: Sie denken nicht problemorientiert, sie denken lösungsorientiert.

Wozu arbeiten?

»Erwerbstätigkeit mindert das Armutsrisiko.« Diese bahnbrechende Erkenntnis stammt vom Statistischen Bundesamt in einer Studie zum Armutsrisiko in Deutschland. Wow, doch darüber hinaus muss es doch noch andere Anreize zur Arbeit geben! Das statistische Bundesamt hat am 18. Mai 2009 den ersten Armutsgefährdungsbericht für Deutschland vorgelegt. Gemäß der Definition der Europäischen Union ist die Armutsgefährdungsquote der Anteil an der Bevölkerung, der mit weniger als 60 Prozent des mittleren Einkommens (Median) auskommen muss. Im Bundesschnitt liegt die Armutsgefährdungsquote bei 14,3 Prozent (Stand 2007).

Die Bundesagentur für Arbeit hat jahrelang zweistellige Milliardenbeträge für Bildungsmaßnahmen ausgegeben, ohne dass dies einen spürbaren Effekt auf die Arbeitslosenquote gehabt hätte. Immer häufiger werden jugendliche Verweigerer zum Gesellschaftsproblem, die lieber von Hartz-IV-Sätzen leben, als Fortbildungs-, Eingliederungsmaßnahmen oder einen schlecht bezahlten Job anzunehmen. Woran liegt es, dass Jugendliche scheinbar nicht den Ehrgeiz besitzen, etwas aus ihrem Leben machen zu wollen? Doch was ist überhaupt »etwas machen«? Bis Mittag schlafen und sich mit Freunden treffen oder in einem Job bis zur Rente durchhalten? Sie können weder von ihren Eltern, noch von der Schule, dem Arbeitgeber oder der Politik erwarten, dass sie ihnen einen Sinn in der Arbeit vermitteln. Den muss jeder von uns schon selbst finden. Wir müssen Verantwortung übernehmen und begreifen, dass das allermeiste in den eigenen Händen liegt.

Doch mal ehrlich, wie viele lohnende Vorbilder haben wir, die von sich sagen können: »Ich bin glücklich mit meiner Arbeit. Was ich tue, tue ich immer auch für mich. Durch das, was ich tue, bin ich reich. Ich würde alles noch einmal so machen. Meine Arbeit hat einen Sinn.«

Ist es das, was Sie von Ihrer Familie oder Ihrem Umfeld vorlebt bekommen haben? Ja? Dann meinen herzlichen Glückwunsch, Sie haben den Hauptgewinn gezogen. Falls nicht, dann haben Sie zumindest ab jetzt die Möglichkeit dazu, sich auf den Weg zu begeben.

Der Arbeitskick

Arbeit gibt uns mehr als den Lebensunterhalt; sie gibt uns das Leben.

Henry Ford (1863–1947),
amerikanischer Unternehmer

Glück entdeckten die Forscher nicht bei Faulenzern, sondern bei leidenschaftlichen Arbeitern. David Myers fand heraus: »Konzentrierte Aktivität mobilisiert das körpereigene Glückshormon Serotonin.« In anderen Worten: Unterforderung macht unglücklich. Wir können also endgültig mit dem Märchen aufräumen: Ein Couch-Potato ist auf Dauer nicht glücklich, das ist jetzt wissenschaftlich erwiesen.

Doch was macht uns bei der Arbeit glücklich? Die Kollegen, die Lohnzahlung am Monatsende, die Mittagspause? Für was sind wir denn mal angetreten? Warum haben wir eine Ausbildung gemacht, eine Karriere eingeschlagen, wofür strengen wir uns jeden Tag an? Für ein bisschen Anerkennung, das wir ohnehin nicht ausreichend erfahren? Oder ist in uns eine Sehnsucht, etwas auf der Welt zu bewirken, Fußspuren zu hinterlassen – und einfach glücklich zu sein?

Der Anspruch, eine erfüllende Arbeit auszuführen, Befriedigung zu spüren und etwas auf der Welt zu bewirken, wächst. Daher lohnt es sich, sein Unternehmen zukunftsfähig zu machen und das eigene Handeln in einen höheren Kontext zu stellen und dadurch *sinn-voll* zu arbeiten. Projekte zu finden, Menschen zu helfen und zusätzlich wirtschaftlich den Erfolg des Unternehmens zu erhöhen, führt nicht nur zu einem Arbeitskick, sondern zu sehr viel Freude am Unternehmenserfolg.

Deichmann musste auch erst Millionen von Schuhen verkaufen, um Schulen und Heime für Kinder zu finanzieren – oder drehen wir es um: Deichmann verkaufte auch Millionen von Schuhen damit, Schulen und Heime für Kinder zu finanzieren. Ein interessanter Gedanke, oder? Der ehemalige Unternehmenschef Horst-Heinrich Deichmann unternahm eine Bildungsreise nach Indien und eröffnete mit seiner Frau eine Schule, damit mittellose Kinder Bildung erhielten und den Kreislauf der Armut unterbrechen konnten. Die verschiedensten Medien berichteten mehrfach darüber. Dieses Vorgehen zahlte sich auf zweierlei Art aus: Sein soziales Engagement ließ ihn in den Augen der Kunden sympathisch erscheinen. Andererseits ließ er aber auch in Indien Schuhe preisgünstig produzieren. Sehr clever und sehr geschäftstüchtig!

Das zeigt, dass Erfolg nicht zufällig passiert. Es ist das Ergebnis folgerichtiger Entscheidungen.

Der Wachstums-Faktor

Es mag überraschen, doch Menschen, die glücklicher leben, machen es sich nicht bequem. Im Gegenteil: Sie verlassen immer wieder ihre Komfortzone, also den bekannten Bereich, der sicher scheint und in dem man immer wieder bestätigt wird. Martin Seligmann ist sogar überzeugt: »Wachstum findet außerhalb der Komfortzone statt.«

Wenn wir nicht lernen mit Rückschlägen umzugehen, dann entwickeln wir uns nicht. Zu groß ist dann die Versuchung, im Alten stecken zu bleiben. Inzwischen ist auch die Medizin der Meinung, dass einige Demenzerkrankungen damit zusammenhängen, dass unser Gehirn nicht genug gefordert wird. Somit benötigen wir also die Herausforderung. Sonst fehlt uns die Erfahrung der eigenen Stärke und der Überwindungskraft. Es kommt also nicht darauf an, wie oft wir scheitern, sondern wie oft wir wieder aufstehen. Und wenn wir ganz ehrlich zu uns selbst sind, dann haben wir nicht durch unsere Erfolge am meisten gelernt, sondern durch unsere Fehler, oder?

Bei der Entwicklung von neuen Ideen gibt es auch Rückschläge. Wenn Sie Ihr Marketing umstellen, voller Stolz Ihren Mitarbeitern präsentieren und dann merken, Ihre Idee kommt nicht an wie geplant – was tun?

Lassen Sie sich auf keinen Fall entmutigen. Bleiben Sie dran. Nehmen Sie Rückschläge als Ansporn zum Weitermachen! Gute Geschäftsstrategien sind nicht selten dadurch entstanden, dass eine vorausgegangene Idee nicht funktionierte und man deshalb nach Alternativen suchen musste. Auch können Projekte nach anfänglichen Schwierigkeiten – etwa weil die Zeit noch nicht reif ist – oft später erfolgreich werden.

Das Ziel-Programm

Die Forschung zeigt: Glückliche Menschen haben eine Vision. Sie haben etwas, wofür sie leben. Etwas, das sie morgens aus dem Bett springen lässt. Menschen, die einen Sinn im Leben sehen, die sich an verbindliche Wertvorstellungen halten, die vertrauen, sind gesünder und glücklicher.

Darum lohnt es sich, eine Arbeit zu tun, die wir als sinnvoll empfinden. So können wir sicher sein, unsere Lebenszeit effektiv einzusetzen und Freude zu spüren. Gleichzeitig führen diese Strategien auch in überaus wirtschaftlichen Erfolg.

Unternehmen, die in die Krise geraten sind, weil sie nicht wissen, wo im nächsten Monat die Aufträge herkommen, können sich so selbst am Schopf packen und neue, zeitgemäße Wege finden, um Kunden zu gewinnen.

Halten wir es wie der amerikanische Schriftsteller Mark Twain (1835–1910), der überzeugt war: »Je mehr Vergnügen du an deiner Arbeit hast, umso besser wird sie bezahlt.«

Wir erleben gerade das Ende der Gemütlichkeit für Deutschland. Wir sind keine Insel des Wohlstandes mehr. Und keine Partei, kein Arbeitgeber oder Staat wird uns eine sichere Zukunftsperspektive bieten. Wir müssen uns selbst bemühen, einen Weg für uns zu finden – der uns glücklich macht, weil er selbstbestimmt und sinnvoll ist.

4.3 Warum es sich lohnt, neue Wege zu gehen

Wenn man den unterschiedlichsten Diskussionsbeiträgen und Medienberichten zur Weltwirtschaftskrise folgt, so sind Meinungen vom absoluten Pessimismus bis hin zu einer optimistischen Einschätzung der Lage vertreten. Da diese Einschätzungen oft von der jeweiligen Interessenslage gesteuert sind, lohnt sich die Überlegung, inwieweit das einen selbst tatsächlich im täglichen Leben betrifft und welche Möglichkeiten man realistisch betrachtet hat.

Eine Studie der Boston Consulting Group (BCG) »Gegen den Strom« analysierte anhand des Unternehmensverhaltens in elf Branchen den Zusammenhang zwischen Werbeinvestition, Marktanteilsveränderung und Wertschaffung. In dieser Studie aus dem Jahr 2002 wird belegt, dass es in Krisenzeiten einen durchgängig positiven Wirkungszusammenhang gibt zwischen der Investition in Werbung, dem Zugewinn an Marktanteilen und der Steigerung des Unternehmenswerts. Die Studie gelangte zu folgender Schlussfolgerung: Wer in der Krise antizyklisch das Werbebudget erhöht, profitiert nachhaltig. Marktanteile sind jetzt leichter zu erobern und dadurch ist auch der Unternehmenswert schneller zu steigern.

Ihre Chancen nutzen

Dass die Zeiten härter werden, steht fest! Die Turbulenzen, die wir gerade erleben, lassen oft keine andere Möglichkeit mehr zu, als neue Wege zu beschreiten. In vielen Branchen – so zum Beispiel in der Banken- oder der Automobilbranche – funktionieren die alten Rezepte nicht mehr. Und genau das ist eine Chance für Sie, neuen Wind in die Unternehmenskommunikation nach außen und innen zu bringen, sich auf seine Stärken zu konzentrieren, als Team gemeinsam am Erfolg zu arbeiten und sich am Markt neu auszurichten.

Goethe nannte es seine »Häutung«: Wenn er zu viel Erfolg hatte, musste er fliehen und etwas Neues beginnen, um nicht an der Langeweile des Erfolgs zu ersticken. Nutzen Sie also die momentane Unzufriedenheit als Antrieb. Die besten Chancen haben Führungskräfte, die jetzt die Gelegenheit ergreifen, ihr Unternehmen langfristig erfolgreich auszurichten.

1. Das Richtige richtig tun

Erfolgreich sein bedeutet in erster Linie, wirtschaftlich erfolgreich zu sein, einen Sinn und Freude in der Arbeit zu haben.

Erfolgreicher durch eine klare Unternehmenspositionierung und deren Vermarktung. Erfolgreicher durch Neukundengewinnung, begeisterte Bestandskunden, hohe Effizienz und wirksame Marketinginstrumente. Der Schlüssel zur Erreichung dieser Aufgaben sind motivierte und qualifizierte Mitarbeiter – allem voran aber die zielgerichtete gute Führung, die ein motiviertes, positives Klima schafft und es gerade in schwierigen Zeiten versteht, die richtigen Strategien einzusetzen.

Im Leben haben wir immer wieder gute und schlechte Zeiten, wir müssen in den schwachen Zeiten daran glauben, dass wieder starke kommen. Wenn weniger Aufträge abgewickelt werden müssen, dann sollten wir die gewonnene Zeit klug investieren. Es geht darum, dass wir notwendige Veränderungen jetzt anpacken. Am wichtigsten ist das Handeln.

Wenn die Zeiten hart sind, sollten wir lernen nicht mit den Wölfen zu heulen und solidarisch zu jammern. Dies ist vielleicht zunächst einmal ein angenehmes Gefühl, da wir Gemeinschaft verspüren. Doch wer möchte schon mit einem erfolglosen Unternehmen Geschäfte machen? Auch wenn es hart ist, behalten Sie Ihre Sorgen für sich und besprechen Sie Strategien mit Freunden oder der Familie. Wichtig ist, dass wir ehrlich mit den Mitarbeitern kommunizieren, aber gleichzeitig hoffnungsvoll. Informieren Sie darüber, was die nächsten Schritte sind, um wieder auf die Erfolgsspur zu kommen. Sicher sind Dumpingpreise keine gute Lösung. Denn damit ziehen wir die Schlinge nur noch enger und ein wirtschaftliches Arbeiten ist mittelfristig nicht mehr möglich.

Auch als Bittsteller werden wir nicht erfolgreich Kunden gewinnen. »Bitte, ich brauche diesen Auftrag«, erinnert eher an die Menschen, die mit einem Schild in der Fußgängerzone sitzen.

Nutzen Sie stattdessen die Zeit, um effizient und positiv am Unternehmen zu arbeiten. Vertrauen Sie sich selbst und Ihren Mitarbeitern: Bündeln Sie die Stärken Ihres Unternehmens. Holen Sie sich auch externe Hilfe zur Unterstützung und Umsetzung Ihrer Veränderungspläne. Nehmen Sie die Herausforderung an!

»Strategie bleibt Strategie, egal, ob das Unternehmen groß ist oder klein ist«, sagte einer der es wohl wissen muss – Jack Welch der ehemalige CEO von General Electric, der auch in Deutschland als einer der einflussreichsten Vordenker gilt.

2. Erhöhen Sie Ihre Wettbewerbsfähigkeit durch Ideen

Wurden Ihre innovativen Ideen in den letzten Jahren abgelehnt? Waren Ihre Vorschläge zu aufwendig oder quergedacht? Passten sie nicht in die alten Muster des Unternehmens? Gab es tausendundeinen Grund, warum sie (wahrscheinlich) nicht funktionierten? Dann nutzen Sie jetzt Ihre Chance! Jetzt ist die richtige Zeit. Denn die Erfahrung zeigt: Am ehesten ist die Unternehmensleitung für neue Ideen offen, wenn die Umsätze sinken, Kunden wegfallen und Gespräche mit der Bank anstehen. Jetzt ist der ideale Zeitpunkt, um neuen Anlauf zu nehmen. Also nur Mut zu neuen Ideen.

Ein Unternehmer im Elastomerbereich hat vor sieben Jahren das mittelständische Unternehmen übernommen, mit Maschinen, Mitarbeitern und einem großen und treuen Kundenstamm. Es war wie im Schlaraffenland, die Kunden bestellten von selbst, man musste nur ans Telefon gehen oder die E-Mails mit den Bestellungen abfragen. Das Unternehmen genoss schließlich einen guten Ruf. Die Bank servierte ihre Kreditangebote auf dem Silbertablett. Und man konnte als Kunde wirklich dankbar sein, wenn dieses Unternehmen einen belieferte. Namhafte Kunden aus ganz Deutschland reihten sich auf der Kundenliste.

Dann kam für den Unternehmer der Einbruch in der Automobilindustrie und die ersten Kunden fielen weg oder bestellten drastisch weniger. Und als zweite Veränderung kam der Wettbewerb mit großen Schritten. Der technische Vorsprung wurde von der Konkurrenz eingeholt, die schneller und flexibler liefern konnte – und somit liefen viele weitere Kunden weg. Mittlerweile überstiegen die Lohn- und Maschinenkosten die Einnahmen. Löhne wurden unregelmäßig gezahlt und bei einigen Lieferanten durfte nur noch auf Vorkasse eingekauft werden.

Der Unternehmer macht einfach weiter wie in den Vorjahren und bekniete seine Lieferanten und Mitarbeiter trotz fehlender oder unregelmäßiger Zahlung weiter zu arbeiten. Die Möglichkeit, jetzt neue Wege einzuschlagen, ließ er ungenutzt verstreichen. Es gab keine Neukundengewinnung, kein Marketing und keine gezielte Unternehmenspositionierung – es gab nur das Festhalten am Alten. Die Auswirkungen der verpassten Chance zur Entwicklung bekamen er und seine Mitarbeiter zu spüren, als ein paar Monate später die Insolvenz angemeldet werden musste.

Jetzt sollte die Chance auf etwas Neues genutzt werden. Nach dem Motto: »Probieren Sie es, wir haben keine Alternative.«

Genau diese Worte benutze auch ein Unternehmer, der mich engagierte, nicht weil er überzeugt war, dass die Umstellung seines Marketings mit Sponsoringstrategien ihn wieder in schwarze Zahlen führen könnte. Sondern weil er mich empfohlen bekommen hatte und er einfach keine andere Wahl mehr hatte. Er brauchte neue Wege, um sein langjähriges Team nicht entlassen zu müssen und nachts wieder schlafen zu können.

Der Markt hatte sich verändert und er schwamm im Mittelpreissegment. Es gab einerseits Konkurrenten, die viel günstiger waren als er, und andererseits Spezialisten, die viel teurer waren als er. Was ihm fehlte, war höhere Bekanntheit, denn er musste neue Kunden gewinnen. Wir erarbeiteten eine klare Positionierung – wer er war, was die Kunden von ihm erwarten konnten und wieso er nicht derjenige mit den Niedrigpreisen war.

Nach mehreren Gesprächen mit ihm und mit den Mitarbeitern war die Strategie für mich klar. Als ich ihm das Konzept vorlegte, dass ich als außerordentlich passend empfand, schaute er mich mit müden Augen an und sagte: »Wir haben nichts mehr zu verlieren, machen Sie mal.« Er glaubte nicht, dass das, was ich vorhatte, schnell den benötigten Erfolg bringen würde. Doch er hatte seine Mitarbeiter völlig unterschätzt. Die Ideen und Energie seiner Mitarbeiter führten dazu, dass nach vier Monaten die Kurzarbeit abgemeldet werden konnte, er nachts wieder schlief und die Bank völlig überrascht und voll des Lobes für das auch finanziell sichtbare Ergebnis war.

3. Es reicht nicht, einfach nur gut zu sein

Heute reicht es als Unternehmen nicht mehr, einfach nur gut zu sein, davon gibt es zu viele. Wir benötigen Wege, um durch die Informationsüberlastung hindurch zu dringen, um beim Kunden anzukommen.

Das Ziel besteht darin, durch die Nutzung verschiedener Kommunikationsaktivitäten Synergieeffekte zu erzeugen. Hans Raffée, ein deutscher Wirtschaftswissenschaftler und Marketing-Experte, nennt als Ziele der integrierten Marketing-Kommunikation (*Integrierte Kommunikation in Werbeforschung und Praxis*, Nr. 3/1991):

- Differenzierung und Profilierung am Markt;
- Schaffung von Identifikationspotenzialen auch bei den Mitarbeitern;
- Schaffung von Akzeptanz, Mobilisierung von Kooperationspotenzialen bei unternehmensexternen und -internen Zielgruppen, auch im gesellschaftlichen Umfeld.

Durch hohe Streuverluste und weitgehende Ähnlichkeit bei den Werbemitteln und Botschaften stehen wir als Unternehmen vor einer Herausforderung. Welche Kommunikationsform setzen wir ein, damit wir eine zielgerichtete Ansprache haben? Sponsoring ist ein idealer Weg, um mit Emotionen und Glaubwürdigkeit Zielgruppen zu erreichen. Investieren Sie Ihre geballte Kreativität in »Ihr Erfolgsrezept« und folgen Sie Philip Rosenthal, dem deutschen Unternehmer, der sagte: »Wer aufhört besser zu werden, hat aufgehört gut zu sein.«

Diese Philosophie auf die Gestaltung Ihrer Marketings zu übertragen bedeutet:

- Gutes zu tun und Verantwortung für die Gesellschaft zu übernehmen;
- darüber zu reden und das Image des Unternehmens durch Werte aus dem Sponsoring anzureichern;
- »Sinn-voll« zu arbeiten und damit Mitarbeiter zu motivieren;
- Bekanntheit zu erhöhen und Kunden anzuziehen.

Nicht die Höhe des Budgets bestimmt über den Erfolg des Marketings, sondern die Idee. Neue kreative Wege zu finden, ist das Ziel. Boeing hat es mit der Gründung der »Ideen-Guerilla« erfolgreich vorgemacht: Ihre Aufgabe war es, Lösungen zu finden, um die Kosten für den Flugzeugbau zu senken. Es gab für diese Ideen-Guerilla kein Budget. Trotzdem oder gerade deshalb kamen die Ingenieure auf ungewöhnliche Lösungen: So wurden Flugzeugsitze ab dem Jahr 2001 mit einem Heuladegerät eingebaut – es war billiger und besser. Nur hatte vorher niemand auf einem Bauernhof nach einer Lösung gesucht.

4. Die Wirksamkeit der klassischen Werbung nimmt ab

Klassische Werbung ist (bald) tot, sagen die Verfechter von Online-Marketing und Guerilla-Marketing. Klassische Werbung ist zukunftsfähig, argumentieren vor allem die Vermarkter klassischer Werbung, wie Verlage von Zeitschriften und Zeitungen, Fernsehsender und Media-Agenturen.

Was stimmt denn nun? Wie gut wirkt klassische Werbung heute? Um diese Frage zu beantworten, hat die Advertising Research Foundation insgesamt 388 Studien aus den Jahren 1990 bis 2008 von sieben verschiedenen Marktforschungsagenturen analysiert und ausgewertet. Die Ergebnisse der Untersuchung sprechen eine ziemlich eindeutige Sprache: 22 bis 30 Prozent der Mundpropaganda über Marken entstehen direkt aufgrund von klassischer Werbung. Das heißt, für große und wenig spezifische Zielgruppen (»Jedermann«) ist klassische Werbung nach wie vor sinnvoll.

Allerdings benötigen wir darüber hinausgehende Werbeformen. Denn der Verlauf von Direct-Response-Werbekampagnen ist oft nicht nur enttäuschend, sondern auch sehr teuer. Denn eines der größten Probleme klassischer Werbemaßnahmen sind die meist großen Streuverluste. Konsumenten sind mit Werbung und Information überlastet.

Das heißt, je spezieller unser Angebot und je kleiner die angesprochene Zielgruppe ist, desto eher sind Individualmarketing und Sponsoring die Mittel der Wahl. Die Unternehmen, die ausschließlich auf das althergebrachte Schema der klassischen Werbung setzen, werden die Kunden immer weniger erreichen. Es lohnt sich also zu überlegen, welche zukunftsweisenden, vielleicht auch arbeitsintensiveren Marketingmaßnahmen wir einsetzen. Die Zeiten, in denen es gereicht hat, eine hübsche Anzeige zu kreieren und diese abdrucken zu lassen, sind vorbei. Es ist wichtig, dass wir unseren Kunden zuhören, Emotionen bieten und mehr liefern, als sie erwarten und sie ehrlich wertschätzen.

Insgesamt ändert sich meiner Beobachtung nach die inhaltliche Ausrichtung der klassischen Werbung zunehmend. Präsent zu sein in der örtlichen Zeitung mit einer Werbeanzeige ist als Teil des Marketing-Mix der Zukunft für mich weiter gut vorstellbar; eine rein informelle Botschaft für ein austauschbares Produkt oder eine Dienstleistung reicht meiner Einschätzung nach nicht aus.

Der Aufbau von Image, Sympathie und Kundenbegeisterung wird immer wichtiger, um sich am Markt zu positionieren. Wir brauchen anfass- und erfahrbares Marketing. Daher ist für mich Sponsoring ideal.

»Der Kunde vergleicht uns mit der Konkurrenz und stuft uns entweder als besser oder schlechter ein. Das geht nicht sehr wissenschaftlich vor sich, ist jedoch verheerend für den, der dabei schlechter abschneidet.« Dieses Zitat stammt von Jack Welch. Um seine Aussage nachzuprüfen, lade ich Sie zu einem kleinen Gedankenexperiment ein:

Bitte stellen Sie sich das Unternehmen x und das Unternehmen xy vor. Unternehmen x hat ein größeres Leistungsangebot als Unternehmen xy. Bei beiden Unternehmen fragen Sie an und holen sich Angebote ein. Die Preise sind gleich. Wo kaufen Sie ein?

Sie entscheiden sich für x mit dem größeren Leistungsangebot? Logisch, ergibt ja auch Sinn. Doch Sie könnten auch ganz anders entscheiden – und das passiert häufig in der Praxis. Wieso? Firma xy hat sich und das geringere Leistungsangebot in ein so gutes Licht gerückt, dass Sie als Kunde es so positiv wahrgenommen haben und dort kaufen.

Fazit dieses Gedankenexperimentes ist: Es geht nicht allein darum, die Leistungsfähigkeit Ihres Unternehmens zu verbessern, sondern Ihre Unternehmenskommunikation im Innen und Außen darauf auszurichten, damit dies auch Ihre Kundenzielgruppe weiß. Diese Aufmerksamkeit Ihrer potenziellen Kunden können Sie auf unterschiedliche Weise gewinnen. Sponsoring ist eine sehr sympathische Form, um sich in dem Bewusstsein zu verankern. Dabei wird es maßgeblich auf Ihre Kreativität beziehungsweise die Ideen Ihrer Mitarbeiter oder Berater ankommen.

5. Sie motivieren Ihr Team

»Mitarbeiter sind der wichtigste Schlüssel zum Erfolg von Unternehmen.« – Wie oft haben wir das schon gehört oder in Unternehmensphilosophien gelesen. Sind es nur leere Worte oder steckt hier wirklich das Hoffnungspotenzial von Unternehmen?

Die Kunst ist, dass Führungskräfte in Deutschland lernen, dieses Potenzial freizusetzen. Dazu benötigen wir eine konstruktive und positive Grundstimmung im Unternehmen. Fairness und die klare Darlegung von Zielen sind die Voraussetzungen, diese Prozesse zu öffnen. Wir benötigen Führungskräfte, die bereit sind zuzulassen, dass Mitarbeiter besser sind als sie. Wir benötigen Führungskräfte, die nicht im Egoismus steckenbleiben, sondern deren Ziel der Unternehmenserfolg ist und die dafür auch Anerkennung erhalten.

Denn oft stecken in Unternehmen ungenutzte Potenziale für Wettbewerbsvorteile und Umsatzerhöhung. Denn ob nach innen oder nach außen gerichtet – Mitarbeiter kennen einerseits die Abläufe, Produkte und Dienstleistungen des Unternehmens, sowie andererseits auch die Wünsche und Anforderungen der Kunden sehr genau. Ihre Motivation, bei Neuentwicklungen maßgeblich beteiligt zu sein, ist eine wichtige Voraussetzung für den Unternehmenserfolg. Dies zu fördern ist die Aufgabe der Führung in den Unternehmen.

Als ich einmal bei einem Teammeeting dabei war, fiel mein Blick auf eine Mitarbeiterin, die mit gesenktem Blick, verschränkten Armen die Rede Ihres Chefs anhörte. Ich war über diese Haltung irritiert, denn ich hatte sie als eine sehr motivierte und vor Ideen sprühende Mitarbeiterin kennengelernt. Und die anderen Mitarbeiter lauschten sehr gespannt seinen Ausführungen und nickten anerkennend zu seinen Ideen. Was war denn hier los? Für mich nahm diese Mitarbeiterin eine sehr wichtige Rolle in dem Unternehmen ein. Nach dem Meeting sprach ich sie darauf an und war erstaunt, als ich in ihre Augen sah, die vor Wut funkelten. Was war passiert? Ihr Chef hatte sie vor dem Meeting in sein Büro gerufen und zu einer Problemstellung im Ablauf befragt. Nachdem sie sich Gedanken über die Lösung gemacht hatte und ihm sehr detailliert eine Strategie vorstellte, reagierte er ihr gegenüber mit den Worten: »Ihre Ansätze sind ja nicht schlecht, es ist allerdings noch nicht ganz ausgereift. Ich werde mir darüber noch Gedanken machen.« Und genau diese Lösung – ihre Lösung! – präsentierte er jetzt auf dem Meeting als seine eigene Idee. Jetzt verstand ich ihre Haltung – und sah hinter der Wut die Enttäuschung und die Traurigkeit über die Hilflosigkeit ihrer Situation.

Diesen Luxus des Egoismus von Führungskräften können wir uns in Zeiten der Krise in Deutschland nicht mehr erlauben!

Noch ein letzter Satz zum Loslassen alter Gewohnheiten: Untersuchungen von dem Leben erfolgreicher Kreativer zeigt, dass die meisten von ihnen in Krisen auch das Positive gesehen haben. Als sein Labor in Flammen stand und die Arbeit vieler Jahrzehnte vom Feuer vernichtet wurde, kommentierte Thomas Edison nüchtern: »Endlich sind wir den alten Krempel los.«

Ganz konkret bedeutet das für den eigenen Weg: Wenn das, was ich bisher getan habe, mich nicht dahin gebracht hat, wohin ich will, dann helfen neue Gedanken, um neue Wege zu finden.

Indem wir neue Gedanken denken, können wir auch Neues tun.

5
Kluge Marketingstrategien für die Selbst-PR

5.1 Erfolg passiert nicht zufällig

Erfolg, der über Nacht kommt, ist von langer Hand geplant

Und wer darauf wartet entdeckt zu werden, indem er still dasitzt und wartet, wird vermutlich verhungern beziehungsweise im Unternehmenskontext Mitarbeiter entlassen, nachts schlecht schlafen, Geldsorgen haben, an sich selbst zweifeln und schließlich Insolvenz anmelden. Und dann haben endlich alle Recht gehabt, die gesagt haben, in der heutigen Zeit ist es ein zu großes Risiko, sich selbstständig machen.

Nein, das wird Ihnen nicht passieren! Es ist genau die richtige Zeit jetzt selbstständig zu sein, nur haben sich jetzt die Anforderungen verändert und wir benötigen neue Strategien. Und es ist genau die richtige Zeit, um als Führungskraft durchzustarten und Aufstiegschancen zu ergreifen.

Nach dem letzten Weltkrieg hat es gereicht, ein Geschäft aufzumachen, denn der Bedarf der Menschen nach Produkten und Dienstleistungen war ja da. Heute gibt es fast jedes Produkt schon und es ist für die meisten Menschen dank Internet schnell vergleichbar.

Auch um auf sich aufmerksam zu machen und Kunden zu gewinnen, haben sich die Zeiten geändert. Hat es früher gereicht, ein Firmenschild an die Tür zu nageln, um zu zeigen, dass man jetzt der Klempner am Ort ist (den nächsten gab es nämlich erst 12 Kilometer weiter), dann reicht das heute nicht mehr.

Meine Steuerberaterin ist bei Gesprächen mit Klienten und Firmenneugründern immer wieder erstaunt, dass zwar ein Businessplan geschrieben ist, aber ein Budget und eine Strategie für Marke-

Sponsoring. Katja Hofmann
Copyright © 2010 WILEY-VCH Verlag GmbH & Co. KGaA, Weinheim
ISBN: 978-3-527-50507-4

ting völlig fehlen. Dies kommt auch in der Existenzgründerberatung oft zu kurz. Oder es fehlt an Wissen, welche Ideen und vor allem kostengünstige Strategien den Unternehmen nutzen.

Dagegen wird die Finanzierung des Geschäftskonzeptes oft in allen Einzelheiten geklärt. Der Businessplan dient oft nur dazu, die Kredite von der Bank zu erhalten. Wie jedoch die gezielte Positionierung am Markt, das innovative Marketing, die Kundengewinnung aussehen soll, bleibt dem Existenzgründer überlassen. Und so können sie bald die Pleitegeier kreisen sehen. 20 Prozent der Gründungen scheitern bereits innerhalb der ersten drei Jahre. Bis zu 50 Prozent geben nach fünf Jahren auf, berichtet das Gründermagazin *StartingUp*. Wenn wir uns die Zahl der Geschäftsaufgaben ansehen, dann lässt dies für mich keinen Zweifel offen, dass es sich für den einzelnen Unternehmer und gesamtwirtschaftlich für Deutschland lohnt, über die Selbst-PR und Marketing Gedanken zu machen.

Betrachten wir das Beispiel der Selbst-PR in der Druckindustrie: Die Druckindustrie besteht zum größten Teil aus Kleinbetrieben, die schon über Generationen am Markt sind. Und dieser Markt ist hart umkämpft. Abwerbepraxis gehört wie das tägliche Preisdumping zum Alltag. Wenn Kunden fehlen, dann sollte man in Marketing investieren, um die eigenen Stärken und den besonderen Nutzen der Unternehmensleistung herauszuarbeiten und diese der Kundenzielgruppe kommunizieren. Das ist in der Theorie logisch. Doch die Praxis sieht ganz anders aus. Gezielt Selbst-PR zu betreiben, ist allerdings nicht Teil der Mentalität der Branche, über die man sagen kann: »Leiste viel, aber rede nicht darüber«. Zu groß auch die Bescheidenheit, öffentlich auf die eigenen Stärken aufmerksam zu machen – so stirbt man lieber einen stillen Tod in den einzelnen Betrieben. Dabei leistet die deutsche Druckindustrie viel: Der Umsatz lag 2008 bei 24,6 Milliarden Euro, bei insgesamt mehr als 172 000 Beschäftigten. Das sind beinahe doppelt so viele wie in der Pharmaindustrie. Und doch melden immer mehr kleine Druckbetriebe Insolvenz an. Eine gute Außendarstellung, professionelles Marketing oder gar konsequente PR-Arbeit findet man selten.

Wie wichtig es ist, in Kundenbindung zu investieren, wird deutlich, wenn wir die Dialogstudie 2020 von Transcom Deutschland sehen: Unternehmen machen heute 80 Prozent ihres Umsatzes mit Stammkunden, sie verlieren aber durchschnittlich 43 Prozent ihrer Stammkunden in nur drei Jahren. Das heißt, Marketing ist überlebensnotwendig und Desinteresse oder fehlendes Know-how kostet Arbeitsplätze. Der Markt wird härter und gerade im Niedrigpreissegment ist man absolut austauschbar, deshalb ist das Kreieren des Alleinstellungsmerkmals so wichtig.

Natürlich – Marketing kostet Zeit und Geld, und der Nutzen zeigt sich erst auf längere Sicht. Stattdessen wird maximal in neue Maschinen investiert. Nur wird vergessen, dass diese Maschinen keine neuen Kunden mit produzieren. Wenn die Branche über Jahrzehnte ohne Marketing und Öffentlichkeitsarbeit ausgekommen ist, dann ist dies für heute nicht mehr gültig. Denn Kunden haben ihr Kaufverhalten geändert und holen Gegenangebote ein und bestellen bei verschiedenen Lieferanten. Die Zeiten der »bequemen Kundentreue« sind vorbei, in der Kunden einmal gewonnen werden und dann über Jahre blieben. Wir müssen immer wieder werben und immer wieder unsere Kunden für uns gewinnen.

Wie schaffen wir es nun, dass positiv über uns gesprochen wird und wir neue Kunden gewinnen?

Hier ist eigenes Handeln gefragt. Außer Sie sind Spitzensportler oder haben einen großen Konzern und beschäftigen ein vielköpfiges PR- und Marketingteam. Wenn Ihnen dann noch ein Budget in Millionenhöhe zur Verfügung steht, um neue Produkte einzuführen, den Marktwert zu steigern und Pressearbeit zu betreiben, dann beeinflussen Sie sicher Meinungen und sogar das Kaufverhalten von Menschen. Falls Sie zu dieser Kategorie gehören und Sie dieses Buch trotzdem gekauft oder geschenkt bekommen haben, dann freue ich mich, wenn die »Großen« lernen, effektiver zu investieren und zu erkennen, dass teure Marketingstrategien nicht immer auch die klügsten sind.

Ich gehe jedoch davon aus, dass Sie Geld für dieses Buch ausgegeben haben, um zu erfahren, wie Sie mit einem kleinen Budget mit cleveren Erfolgsstrategien eine große Wirkung erzielen, oder?

Wenn Sie als »Lebensunternehmer« etwas erreichen wollen, Ihre Stärken ausleben, Ihre Ideen umsetzen wollen, dann brauchen Sie den Mut, Ihre Meinung zu vertreten, sich zu zeigen und eine große

Portion gesundes Selbstwertgefühl. Und Sie müssen lernen, dass Sie nicht jedermanns Liebling sind. Wie sagte schon Franz-Josef Strauß: »Everbody's darling is everybody's depp.« Wie wahr!

Noch ein besonderer Appell an alle Frauen: Wir müssen lernen unseren Wert zu vermarkten! Die Lohnunterschiede zwischen Männern und Frauen sind in Deutschland besonders stark. Frauen verdienen in der Wirtschaft 23 Prozent weniger als männliche Kollegen, wie das Statistische Bundesamt ermittelte. Nur in Zypern, den Niederlanden und der Slowakei ist der Unterschied noch größer. Woran liegt es, dass wir in Deutschland zu den Schlusslichtern im EU-Durchschnitt gehören? Trauen wir uns nicht zu sagen, was wir wollen oder haben wir nicht gelernt, selbstverständlich zu fordern? Und wollen wir Verantwortung in Führungspositionen überhaupt übernehmen? Um Wege aus der Krise zu finden, müssen wir Dinge anders machen als bisher – klar, sonst erreichen wir ja das gleiche Ergebnis. Frauen haben Fähigkeiten, die der Wirtschaft jetzt sehr gut tun. Sie denken vernetzter, ihre Empathie ist stärker ausgeprägt. Dies sind Fähigkeiten, die in Zeiten der Wirtschaftskrise in Unternehmen besonders gefragt sind. Und wir müssen lernen uns zu trauen und auch Fehler zu machen. Selbst-PR ist eine Brücke dazu, Führungspositionen aktiv einzunehmen.

Je mehr Menschen wir von unseren Stärken und dem Nutzen unseres Angebots überzeugen, umso größer wird die Chance, dass wir Aufträge oder ein interessantes Jobangebot erhalten.

Deshalb lautet der Grundsatz: Keine falsche Bescheidenheit! Erkennen Sie, was Sie können, und zeigen Sie, was Sie können! Kommunizieren Sie einzig- und nicht artig!

Welch geniale Idee, Erfindung oder Dienstleistung Sie auch immer haben, wenn die anderen diese nicht bemerken, enden Sie in diesem Leben als unerkanntes Genie.

Wussten Sie, dass Unternehmen oder »Erfinder« mit Veröffentlichungen berühmt geworden sind und Anerkennung dafür erhielten, obwohl sie diese Erfindung gar nicht als erste gemacht haben? Doch sie haben es verstanden sich zu präsentieren, Kontakte zu nutzen und geschickte Strategien zu entwickeln, um sich überzeugend darzustellen.

Vielleicht ist es Ihnen auch schon passiert, dass Ihr Chef oder ein Kollege auf einem Meeting eine Ihrer Ideen als seine verkauft hat, nachdem Sie sie vorher mit ihm besprochen hatten? Dann werden Sie ab jetzt mit Ihrer Strategie erreichen, dass Sie Ihre Angst vor dem Erfolg überwinden werden.

Untersuchungen von IBM haben ergeben, dass die Leistung nur 10 Prozent am Erfolg ausmacht. Viel wichtiger sind Selbstdarstellung und Kontakte. Als ich dies vor Jahren zum ersten Mal gehört habe, war ich schockiert, denn in meiner Wertvorstellung und Erziehung war Leistung die Nummer eins. Ein Tabu in meiner Erziehung war es, als Aufschneider zu gelten – auf sich selbst stolz zu sein und dies womöglich auch noch laut zu äußern.

Dieses Buch soll Ihnen Mut machen stolz zu sein auf Ihr Unternehmen, Ihre Arbeitsleistung, Ihre Erfolge, Ihre Hilfsbereitschaft und Ihr tägliches Engagement. Es bietet Unterstützung, Ihre Einzigartigkeit auch nach außen professionell und gewinnbringend zu vertreten.

Bei meiner Arbeit lernte ich eine junge Mitarbeiterin kennen, die nicht durch Geschäftsinteresse überzeugte, sondern dadurch, dass sie es verstand, sich beim Chef in Szene zu setzen und Dinge, die ihm wichtig waren, auszuführen (und nur diese). Sie betrieb aktiv und mit ihrem obersten Ziel Selbst-PR für sich. Auf Nachfragen, wie sie diese Selbst-PR erlernt hat, erklärte sie ihr Vorgehen wie folgt: Ihr Vater habe sie schon als kleines Mädchen immer nach vorne in die erste Reihe geschoben und sie gelehrt, sich zu zeigen, wenn sie etwas erreichen wolle. Am Anfang war ihr dies unangenehm, doch später fing sie an, es zu genießen. Sie erreichte damit tatsächlich eine Führungsposition im Unternehmen. Schade für das Unternehmen und den Chef, dass sie weiter ihr persönliches Ziel über das Unternehmensziel stellte. So war wirklicher Erfolg für das Unternehmen nicht zu erreichen. Sie bevorzugte Mitarbeiter, die sie offenkundig bewunderten und die für sie angenehm waren. Das Interesse des Unternehmens stellte sie hinten an oder war auch schlicht mit der Aufgabe überfordert. Da das Unternehmen inhabergeführt war und schnelle Entscheidungswege hatte, fiel bereits nach kurzer Zeit auf, dass sie nicht die Fähigkeiten hatte diese Position auszufüllen. Um weiteren Schaden vom Unternehmen abzuwenden, wurde sie kurze Zeit später wieder heruntergestuft. Allerdings: Ohne ihre Selbst-PR wäre sie immer noch in der gleichen Position als Schreibkraft wie vor Jahren.

Mit einer Selbst-PR, die nur auf das eigene Ego ausgerichtet ist, kommt man weiter, als wenn man gar keine Selbst-PR betreibt. Doch ich spreche von glaubwürdiger und sympathischer Selbst-PR, die dauerhaft den Weg nach ganz oben ermöglicht, die Kontakte ermöglicht und Türen öffnet.

Lassen Sie positiv über sich sprechen

Wie schafft man es, dass man sich nicht nur selbst der eigenen Stärken bewusst ist, sondern dass für andere (Kunden, Geschäftspartner, Mitarbeiter) die positive Ausstrahlung Ihres Geschäftes und Ihrer exzellenten Leistung wahrnehmbar wird.

Denken wir doch darüber nach, wie wir für den Kunden ein Gesamterlebnis schaffen – und das gilt für jedes Unternehmen, jede Abteilung und jeden Mitarbeiter. Wenn Sie Erlebnisse schaffen, spricht dies mehrere Sinne an und Kunden können sich erinnern und verknüpfen dies mit einem positiven Gefühl. Daher ist Sponsoring ein sehr kluger Schachzug für Unternehmen. Die Hirnforschung hat wissenschaftlich nachgewiesen, dass es keine Entscheidung gibt, die nicht wesentlich von Emotionen gesteuert ist.

Kleines Budget braucht große Ideen

Sie merken, es lohnt sich und ist überlebensnotwendig, sich über die eigene Selbst-PR Gedanken zu machen. Und wenn Sie denken, dass effektives Marketing ein Budget von Tausenden von Euro erfordert, dann werden Sie verblüfft sein, dass gute Ideen nicht immer viel kosten müssen, um eine große Wirkung für Sie zu erzielen.

- *Ein Bäcker schenkt dem Kunden des letzten Einkaufs am Tag die Brötchen.*
  In Düsseldorf kam ein Bäcker auf eine kleine, aber sehr sympathische und vor allem werbewirksame Idee. Der letzte Kunde am Abend erhält seinen Einkauf gratis. Dies sorgte für wahre Mund-Propaganda im Umkreis.
- *Hundebesitzer und Fußballfans aufgepasst!*
  Die Europameisterschaft 2008 nutzte ein Hundesportgeschäft in Hamburg mit einer besonderen Idee für Hundebesitzer:

Der Inhaber hatte selbst Trikots für die Vierbeiner entworfen. Die Hunde liefen mit »Lukas Dogolski« und »Bastian Hundsteiger« in Hamburgs Straßen herum. Das beliebteste Trikot war »Michael Ballhund«. Diese Idee sorgte für Gesprächsstoff bei der Bevölkerung und die Medien berichteten. In der Folge war das Lager innerhalb kurzer Zeit leer und der Inhaber selbst überrascht: »Ich war überhaupt nicht auf den Ansturm vorbereitet.« Er landete mit seiner Idee einen Volltreffer.

5.2 Wo stehen Sie?
Innere Klarheit mit den 12 Kompass-Fragen

Ihr Inneres ist die Grundlage für eine authentische Selbst-PR, daher helfen folgende Fragen zu erkennen, wo Sie gerade stehen:

1. **Was war die größte Leistung, der größte Erfolg in Ihrem Leben?**
   Auf was sind Sie besonders stolz, was zaubert Ihnen immer noch ein Lächeln in Ihr Gesicht, wenn Sie daran denken? Was hat Sie damals angetrieben? Welche Gefühle hat dies in Ihnen ausgelöst? Was können Sie davon lernen, um Ihr angepeiltes Ziel zu erreichen?

   _____

   _____

   _____

   _____

   _____

   _____

2. **Was war die größte Leistung, der größte Erfolg heute oder diese Woche?**
   Es gibt immer einen – vielleicht ist es heute eben nur der kleine Erfolg, dass Sie heute einen neuen Kunden gewonnen haben. Oder Sie haben diese Woche Ihr Projekt sehr erfolgreich abgeschlossen. Freuen Sie sich über Ihre Leistungen und Erfolge. Was können Sie daraus lernen? Oder können Sie sich gar steigern? Wie?

_____

_____

_____

_____

_____

_____

3. Mit wem sollten Sie sich mal wieder treffen oder reden?
Das können auf der einen Seite Geschäftskontakte sein, das
heißt: Netzwerken. Auf der anderen Seite, wann haben Sie
das letzte Mal gute Freude getroffen? Auch hier steckt viel
Positives und wenn der Stress im Alltag wächst, verliert man
solche Beziehungen leicht aus dem Blickfeld. Fragen Sie Ihre
Freunde doch mal, was sie an Ihnen schätzen. Denn hier stecken wahre Ratgeber.

_____

_____

_____

_____

_____

_____

4. Wie kommen Sie zu neuer Kraft?
Was stresst Sie? Was können Sie anders machen? Vielleicht
früher aufstehen oder Sie entscheiden sich, sich weniger zu
ärgern. Wenn das alles nicht hilft, dann verändern Sie Ihre
Situation und finden Sie Kraftorte, zum Beispiel bei einem
Waldspaziergang, beim Joggen, beim Lachen mit den Kindern, beim Herumtollen mit den Hunden …

_____

_____

_____

_____

_____

_____

5. Warum tun Sie diese Arbeit?

Hat Ihre tägliche Arbeit für Sie Sinn? Macht sie Ihnen Freude? Wer profitiert davon? Ob Sie selbstständig sind oder angestellt, wenn die einzige Motivation ist, Geld zu verdienen, dann werden schnell Frust oder eine innere Leere und Unzufriedenheit entstehen. Geld reicht als Motivation nicht aus, sondern es geht um die Gefühle dahinter. Wie wollen Sie sich fühlen? Frei, unabhängig, anerkannt? Wie können Sie Ihr Tun auf noch sinnvollere Ziele abstellen? Wer die Antworten auf diese Fragen kennt, ist zufriedener oder bekommt auch Klarheit, etwas zu verändern.

_____

_____

_____

_____

_____

_____

6. Welche Probleme lösen Sie mit Ihrem Tun?

Welchen Nutzen schaffen Sie, mit dem, was Sie tun? Hilft das Ihren Kunden? Hilft es Ihnen? Die Antwort auf diese Frage bringt Sie selbst und das Unternehmen weiter.

_____

_____

_____

_____

_____

7. Was möchten Sie verändern/verbessern?

Was müsste anders sein, damit Sie sich besser fühlen oder ein besseres Ergebnis erzielen? Die Frage soll helfen, konstruktiv selbstkritisch zu bleiben und Potenziale für Wachstum zu entwickeln. Das können Arbeitsabläufe, die Selbst-PR im Unternehmen oder das Mitarbeitergespräch sein.

_____

_____

_____

_____

_____

_____

8. Haben Sie Ziele in Ihrem Leben, für die es sich lohnt, sich zu engagieren?

Wenn ja, welche? Viele Menschen haben keine Ziele. Um ein selbstbestimmtes Leben zu führen, ist es jedoch wichtig, sich darüber Gedanken zu machen, was man will (zum Beispiel sich gesund zu ernähren, 5 neue Mitarbeiter einzustellen, 30 neue Kunden zu gewinnen …). Nur zu sagen, man will erfolgreich oder glücklich sein, ist kein Ziel, sondern die Folge aus einem Ziel oder einer Einstellung. Was benötigen Sie, damit Sie glücklich sind? Was muss erreicht sein, damit Sie sich glücklich fühlen?

_____

_____

_____

_____

_____

_____

9. Warum ist Ihnen dieses Ziel so wichtig?

Was treibt Sie an? Welche Gefühle würden damit befriedigt: mehr Selbstwert, Freiheit, finanzielle Sicherheit, Anerkennung?

_____

_____

_____

_____

_____

_____

10. Sind Sie Ihren Zielen nähergekommen?

Manchmal sieht man den Wald vor lauter Bäumen nicht. Das heißt, dass Sie Teilschritte auf Ihrem großen Weg erreicht haben und auch dies achten sollten. Oft geht dies im hektischen Alltag unter. So lohnt die Frage: Bin ich noch auf meinem Weg? Welche Teilschritte habe ich erreicht?

_____

_____

_____

_____

_____

_____

11. Was müssten Sie tun, um diesem Ziel näherzukommen?

Was sind die nächsten Schritte, die Sie Ihrem Ziel näherbringen? Und sind Sie bereit, den Preis dafür zu zahlen? Zeit zu investieren?

_____

_____

_____

_____

_____

_____

12. Was können Sie tun, um einen anderen Menschen zu unterstützen oder eine Lösung für ein gesellschaftliches Thema zu finden?

Nachdem Sie sich in vielen Fragen auf sich selbst fokussiert haben, lohnt es sich auch, sich auf andere zu konzentrieren. Das hilft, ein Stück aus seinem Leben zu treten, um eine andere Sicht zu erhalten und nicht nur für sich selbst Problemlöser zu sein. Haben Sie einem Mitarbeiter freigegeben, weil er private Probleme hatte? Sich Zeit genommen, Ihren Kunden zuzuhören, ihn wertgeschätzt und aus ganzem Herzen danke gesagt? Für das Kind der Nachbarin mitgekocht, weil es den Schlüssel vergessen hatte und vor der Tür saß?

Anderen zu helfen schafft Freude und Freunde und obendrein helfen Sie, die Welt ein bisschen besser zu machen.

5.3 Dornröschen und das tapfere Schneiderlein im 21. Jahrhundert

Ich habe zwei Grundtypen von Menschen erkannt:

Den ersten Typ nenne ich *tapferes Schneiderlein*. Es handelt sich um Menschen, die aus einer Mücke eine Heldentat machen und dafür oft nur begeistertes Kopfnicken und bewundernde Blicke ernten, wenn sie in der Hierarchie höher stehen, also Vorgesetzte oder Kunden sind. Diese Schneiderlein (Frauen wie Männer) reden ohne Punkt und Komma. Über die Segeltour, die Frauen, die sie umgeben, die geschäftlichen Erfolge, dass sie nie nur auch eine Kaltakquise gemacht haben (diese Glückskinder!) und ihr Problem darin besteht, dass sie gar nicht wissen, wie sie die ganzen Aufträge abarbeiten sollen und laut ihrer Sekretärin erst wieder in einem halben Jahr Zeit haben. Glückwunsch, falls Sie so jemanden als Tischnachbar an einer Feier haben oder dies Ihr Kunde ist. Eine Idee, die ich dann immer im Kopf habe, ist von einem Kinderhilfswerk Orden basteln zu lassen und ihn dann dieser Person feierlich zu verleihen. Vielleicht hätte man dann endlich auch kurz die Chance zu sprechen und sie/er hört zu. Bisher habe ich das aber noch nicht in die Tat umgesetzt – Sie wissen schon, meine Erziehung! Vielleicht sind Sie ja mutiger.

Und es gibt die anderen, die *Dornröschen,* die zurückhaltend sind. Erst wenn man sich die Mühe macht, mit ihnen zu sprechen und immer wieder Fragen stellt, erkennt man welches Potenzial und welch interessanter Mensch dahintersteckt. Diese Personen warten darauf, entdeckt zu werden und versuchen durch Leistung zu überzeugen. Perfektionismus und eine hohe Anforderung an sich selbst steckt oft dahinter. Sätze wie »Eigenlob stinkt« oder »Schuster bleib bei deinen Leisten« haben sie als Kind geprägt, das Gefühl, nicht gut genug zu sein. Wenn man sie lobt, dann sagen sie häufig Sätze wie: »Ist doch gar nichts Besonderes, ich habe doch nur meine Aufgabe gemacht« und öffentliche Anerkennung ist ihnen peinlich. Da man im Alltag sich häufig zu wenig Zeit nimmt, interessante Menschen, Mitarbeiter, Geschäftspartner wirklich zu entdecken und ihnen zuzuhören, werden ihre Chancen und Potenziale nicht genutzt, weil sie nicht erkannt werden. Das ist schade und hier steckt für Unternehmen wichtiges Wachstumspotenzial in den eigenen Reihen. Dies zu erkennen und Talente zu fördern, ist wie Dornröschen aus dem Schlaf zu wecken, damit alles zum Leben erwacht.

5.4 Die Königinnenstrategie der Selbst-PR

2009 war das Vertrauen der Konsumenten in die Wirtschaft auf dem niedrigsten Stand seit 1985 (*Economic Sentiment Indicator* der EU Kommission 2009). 78 Prozent der Konsumenten vertrauen bei ihrer Kaufentscheidung auf Empfehlungen von Konsumenten (*Otto Group Trendstudie 2009: Die Zukunft des ethischen Konsums*). Das heißt in anderen Worten, dass die klassische Werbung an Glaubwürdigkeit massiv verloren hat und eine Selbstdarstellung von Unternehmen bei Kunden auch nicht effizient wirkt. Wir brauchen also eine wirklich clevere Strategie, um intelligente Selbst-PR zu betreiben. Ich nenne sie die *Königinnenstrategie*:

Die effektivste und glaubwürdigste Strategie ist, dass andere positiv über Sie sprechen. »Andere« sind Ihre Mitarbeiter, Kunden, Geschäftspartner, Netzwerke, Presse und Medien. Mundpropaganda auszulösen ist die glaubwürdigste Werbung für Sie. Wenn andere positiv über Sie sprechen, dann beherrschen Sie die Königinnenstrategie der Selbst-PR.

Es gibt drei Möglichkeiten, Mundpropaganda auszulösen:

1. Sie übertreffen die Erwartungen der Zielgruppe.
2. Sie bieten Überraschung, Emotion und einen ungewöhnlichen Nutzen.
3. Sie positionieren sich in den Köpfen Ihrer Zielgruppe kontinuierlich, indem Sie etwas bieten, das einzigartig ist oder sonst nicht am Markt zu bekommen ist.

Fällt es Ihnen leicht, über sich selbst und Ihre Arbeit positiv zu sprechen?

Den meisten Menschen fällt es immer noch sehr schwer, sich selbst ins rechte Licht zu rücken und so lassen sie lieber mal die anderen reden. Sie trauen sich in einer Besprechung nicht, ihre Idee vorzuschlagen und ärgern sich dann, wenn ein Kollege die gleiche Idee hat und diese einbringt und viel Lob erntet. Oft liegt das daran, dass sie sich selbst nicht anerkennen. Sie halten sich für zu alt, zu unerfahren, für zu unbegabt und so weiter. Das, was sie leisten, ist für sie selbstverständlich. Es fehlt die Erkenntnis, welchen Anteil sie durch ihre Leistung an bestimmten Erfolgen haben.

Es gibt immer einen Grund, alles beim Alten zu lassen. Oft lässt die Angst vor dem Versagen oder Scheitern uns nicht handeln. Obwohl wir wissen, dass wir Kunden ansprechen müssten, im Meeting unsere Idee einbringen sollten, et cetera halten wir uns zurück. Dies führt in die »Bescheidenheitsfalle« und zum Karriereknick. Besonders in Zeiten der Krise wächst die Konkurrenz und die professionelle Selbst-PR wird zur überlebensnotwendigen Strategie für den Aufstieg. Denn welcher Chef macht sich die Mühe, genau hinzuschauen und Schützenhilfe zu leisten, dem Bescheidenen zuzutrauen, ein Projekt eigenverantwortlich zu leiten oder ein Team zu führen?

Die Angeber und Aufschneider haben einen Vorteil: Sie trauen sich (fast) alles zu. Und wirken damit erst einmal kompetent. Wer von anderen wirklich als kompetent wahrgenommen werden will, der muss seine Stärken und Fähigkeiten kennen. Doch genau das fällt uns oft so schwer. Fremd- und Selbsteinschätzung weichen oft deutlich voneinander ab. Experten sprechen von Betriebsblindheit des eigenen Systems.

Viele Menschen kennen das Gefühl, dass sie die Welt als ungerecht empfinden. Andere ziehen an ihnen vorbei, obwohl sie selbst viel bessere Leistungen erbringen. Als Unternehmer können Sie sich den Luxus der ungenutzten Selbst-PR im neuen Unternehmenszeitalter einfach nicht mehr leisten. Wir brauchen exzellente Leistung, wir brauchen aber genauso exzellentes Marketing.

Vor einem halben Jahr hat ein Geschäftsführer seine Verwaltungsangestellte gefragt, ob sie sich zutraut, die Stelle des Abteilungsleiters zu übernehmen, der im Juni das Unternehmen verlässt. Ihre Erfahrung und ihre Persönlichkeit passen zur Stelle wie die Faust auf das Auge. Sie war seine persönliche Assistentin, hat Fortbildungskurse belegt und kennt das Unternehmen seit Jahren. Es lockt ein größeres Renommee und mehr Einkommen. Die 29-Jährige extrovertierte, hübsche Frau fühlte sich sehr geschmeichelt und nahm sofort das Angebot an. Und nun hat die Kollegin im Vertrieb den Salat. Denn auf diese Stelle arbeitete sie seit Jahren hin. Sie hat die Akzeptanz der Mitarbeiter, die Sozialkompetenz, Mitarbeiter erfolgreich zu führen und ein exzellentes Fachwissen. Sie war überzeugt, dass ihre Leistung ausreicht und der Geschäftsleitung auffallen müsste. Schließlich war sie es, die Überstunden gemacht hat und Projekte zum erfolgreichen Abschluss gebracht hat. Als die verdutzte Vertriebsmitarbeiterin den Mut fasst und den Chef auf die Stelle anspricht, bekam sie zur Antwort: »Ich wusste gar nicht, dass Sie sich für die Stelle interessieren. Das, was Sie machen, ist ja gut, nur dass Sie sich bei Mitarbeitern durchsetzen können, das bezweifle ich.« Ihr Weltbild war erschüttert, denn genau die Kommunikationsfähigkeit und das Fingerspitzengefühl mit Menschen umgehen zu können, hielt die Vertrieblerin für ihre Stärke. Sie war verunsichert. So fragte sie sich, ob die verzerrte Wahrnehmung an ihr oder an den anderen liegt.

Viele Menschen sind in Bezug auf sich selbst ›betriebsblind‹

Fachliches Know-how allein reicht nicht, um auf andere kompetent zu wirken. Sie vernachlässigte Ihre Selbst-PR, was die junge Kollegin dagegen exzellent beherrschte. Doch wie gelangt man zu einer realistischen Selbsteinschätzung, wenn die Karriere erst einmal Kopf steht?

Zunächst ist es wichtig, zu erkennen, wie wichtig das Marketing in eigener Sache ist und dann daran zu arbeiten, das Selbst- und Fremdbild in Einklang zu bringen.

Die Vertriebsmitarbeiterin hat die Stelle dann übrigens ein halbes Jahr später erhalten. Die Verwaltungsangestellte konnte zwar kurzfristig punkten, doch die wirkliche Arbeit und Verantwortung als Abteilungsleiterin hatte sie völlig unterschätzt. Sie hatte bei den Mitarbeitern zwar Positionskompetenz, doch keine wirkliche Führungskompetenz erlangt. Und so hatte die Vertriebsmitarbeiterin ihre Erfahrung und die Zeit genutzt, um an ihrer Positionierung und Selbst-PR mit mir zu arbeiten.

Fazit: Um langfristig erfolgreich zu sein, ist es wichtig, exzellente Leistung mit einer gezielten Selbst-PR zu vereinen. Nur exzellente Selbst-PR reicht nicht aus für dauerhaften Erfolg.

Checkliste

Hier ist eine gute Übung für mehr Scharfblick. Notieren Sie:

Was können Sie besonders gut?

_____

_____

_____

_____

_____

Was bieten Sie, was anderen weiterhelfen kann?

_____

_____

_____

_____

_____

Was macht Sie einzigartig?

_____

_____

_____

_____

_____

_____

Die beste Erfolgsstrategie: Tun

Denn die beste Idee bringt nichts, wenn Sie nicht umgesetzt wird.

Im Seminar fällt es manchem Teilnehmer schwer, der Gruppe von seinen Stärken zu berichten. Gehören Sie auch zu den Menschen, die lieber nicht zu hochstapeln und denen es sogar unangenehm ist, offen über Stärken und Einzigartigkeiten zu sprechen, weil Sie sich dann als »Angeber« empfinden. Wieso fällt es uns schwer, andere auf uns und unsere Leistung aufmerksam zu machen?

Vielleicht weil wir nicht wie diese unangenehm sich selbst beweihräuchernden Menschen wirken wollen, die sich über andere stellen. Oft hindert uns jedoch falsche Bescheidenheit daran, auf unseren Anteil am Gelingen eines Projekts hinzuweisen. Wenn ich mit Teilnehmern im Coaching spreche, dann sagen Sie mir: »Das war das gute Team«, »Ich habe ja gar nichts Besonderes gemacht« oder »Das ist doch selbstverständlich«. Es geht darum, dass wir uns selbst achten, unsere Leistung souverän präsentieren können und uns über Lob ehrlich freuen. Dann haben wir es nicht nötig, andere kleinzumachen, zu verunsichern oder in der ständigen Angst zu leben, dass andere besser sein könnten als man selbst.

Im Seminar mache ich dann Folgendes, mit verblüffendem Erfolg. Probieren Sie es mal aus, es macht wirklich Freude: Berichten Sie einem Bekannten (gut ist, wenn jemand Sie noch nicht gut kennt) – im Seminar ist dies der Sitznachbarn – von Ihren Stärken und was Sie in Ihrem Beruf sehr gut können. Er schreibt dies mit und berichtet dann den Anwesenden über Ihre positiven Seiten.

Sie werden überrascht sein, welche Gefühle dieses Referat in Ihnen auslöst. Stolz, Freude, Bestätigung, Verwunderung – auf jeden Fall sitzen nachher alle aufrecht und die oft zusammengefallenen Schultern sind gestreckt und die Augen leuchten. Es ist ein tolles Gefühl, wenn ein anderer positiv über einen spricht.

Genau darum geht es – wir werden zusammen Strategien entwickeln, die dazu führen, dass Ihre Kunden und Geschäftspartner von Ihrer Einzigartigkeit berichten und sie den cleversten Weg der Umsatzsteigerung erfahren.

5.5 Machen Sie sich richtig interessant, schließlich sind Sie es

»Kluge Selbst-PR ist, die Angst vor dem Erfolg zu überwinden!«

Es gibt tatsächlich so etwas wie die Angst vor dem Erfolg. Die Wissenschaft hat sogar einen Namen dafür: *Methatesiophobie,* die Angst vor Veränderungen und die Sorge, trotz allem nicht zufrieden zu sein.

Was passiert in uns? Schauen wir uns die Gefühle an, die dahinterstecken.

Es ist Morgen und Sie frühstücken. Sie schlürfen Ihren Kaffee, die Katze liegt auf Ihrem Schoß und sie schlagen genüsslich den Wirtschaftsteil Ihrer Zeitung auf. Auf einem großen Foto lächeln Sie sich selbst entgegen. Das Foto zeigt Sie mit Prominenz aus Politik und Management bei einer Preisverleihung. Der Ministerpräsident übergibt Ihnen einen Pokal für Ihre Verdienste in der Region und Ihre Vorbildfunktion für die Wirtschaft. »Unternehmer par excellence« lautet die große Überschrift, die über Ihrem Foto prangt. »Der Erfolg von Herrn/Frau X ist das Ergebnis von unternehmerischem Talent, Innovation, Ausdauer und außergewöhnlichem Marketing.«

Es wird über Ihre Erfolgsgeschichte berichtet. Sogar Mitarbeiter sind in dem Artikel befragt worden und Sie werden für Ihre Erfolge und Führung gelobt. Auf der Fahrt in Ihr Geschäft freuen Sie sich auf den Tag, machen Pläne, was Sie heute tun wollen und Sie freuen sich, Ihre Mitarbeiter zu sehen und mit Ihnen gemeinsam etwas zu schaffen. Beim Eintritt werden Sie freundlich empfangen und Sie spüren auch die ehrliche Wertschätzung Ihrer Mitarbeiter. Sie nehmen eine sehr konstruktive und positive Grundstimmung wahr, in dem gemeinsam Ziele erreicht werden. Schwierigkeiten lösen Sie mit Respekt und Zielorientierung.

Sie und Ihr erfolgreiches Unternehmen erhalten Anerkennung und Lob bei Wettbewerben, die klügsten Köpfe der Region arbeiten bei Ihnen, Mitarbeiter bewerben sich auch ohne Stellenausschreibungen, Geschäftskontakte entstehen und Kunden sind begeistert, Ihre Umsätze wachsen und Sie werden mit Ihrem Namen bekannt. Ihr Ansehen wächst im Einzugsgebiet. In diesen guten Zeiten werden Sie bei Ihrer Bank oder in einem ortsansässigen Restaurant mit Namen angesprochen und erhalten auch ohne Reservierung Ihren Lieblingstisch beim Italiener. Sie erhalten Einladungen zu »wichtigen« Veranstaltungen, bei denen Sie als Ehrengast dabei sein sollen. Die Presse fragt nach Interviews. Wenn sogar Ihr Friseur mit Ihnen ein Foto machen will und dies im Salon aushängt, dann wissen Sie – Sie sind bekannt und berühmt.

Fühlt sich das gut an? Für die meisten von uns ist das eine wunderbare Vorstellung.

Gleichzeitig setzt es uns aber auch unter Druck. Mit jedem Erfolgserlebnis steigen gleichzeitig die Ansprüche an sich selbst. Wie lange wird man es schaffen? Kommen vielleicht auch Schattenseiten ans Licht? Angst schleicht sich ein, dass das, was bisher an Know-how ausreichte, nun vielleicht nicht mehr reicht. Alte, lieb gewonnene Gewohnheiten (im gemeinsamen Tal des Jammerns ist es so gemeinschaftlich gemütlich) muss man ablegen, Neues lernen. Erfolg legt einen womöglich sogar fest, in ein bestimmtes Verhalten oder eine Rolle. Und dann die Erziehung … Wir wissen ja: »Schuster bleib bei deinen Leisten« oder »Lieber den Spatz in der Hand, als die Taube auf dem Dach.« Je höher wir aufsteigen, desto tiefer können wir fallen. Und desto einsamer können wir werden. Beim Aufstieg gibt es eben nicht nur Freunde und Fans, die zur Seite stehen und gönnen – es gibt auch die Neider.

All dieses Wenn und Aber kann dafür sorgen, dass Menschen zwar davon träumen, endlich Marktführer zu werden, einen Bestseller zu schreiben, sich selbstständig zu machen, richtig wirtschaftlich erfolgreich zu sein oder berühmt zu werden. Aber den ersten Schritt wagen sie nicht, denn das erfordert vielleicht Konsequenzen, die sie nicht abschätzen können. Mit wachsendem Erfolg steigt die Verantwortung. Die eigenen Entscheidungen haben nicht mehr nur Einfluss auf das eigene Leben, sondern zunehmend auf das von anderen, weil man Führungskraft ist, Mitarbeiter hat oder eine Vorbildfunktion in der Gesellschaft einnimmt.

Was uns Angst macht vor dem Erfolg ist, dass wir nicht wissen, wie es sich anfühlt und ob wir dann wirklich glücklicher sind. Es fehlt das klare Bild davon, was Erfolg überhaupt ausmacht.

- Wann haben Sie Erfolg?
- Was muss passieren, damit Sie sich als erfolgreich bezeichnen?
- Bezeichnen Sie sich bereits als erfolgreich und wollen keine Steigerung mehr?
- Was wollen Sie auf der Welt bewirken?
- Was sind Ihre Ziele?

Vielleicht sagen Sie sich, Sie wollen mehr Zeit. Oder eine Tätigkeit, die Ihrem Leben einen Sinn gibt – das ist für Sie Erfolg. Oder Sie wollen doppelt so viel Geld verdienen wie bisher. Vielleicht sagen Sie auch: »Wenn ich mein eigener Chef bin, dann habe ich es geschafft.« Aber Ihr eigener Chef sind Sie schon heute, weil jeder Lebensunternehmer ist und Sie sich jederzeit für oder gegen etwas entscheiden können. Geld ist zwar ein starker Motivator, aber was wollen Sie damit spüren: Mehr Freiheit? Mehr Luxus? Mehr Macht? Mehr Unabhängigkeit? Mehr Sinn?

Erfolg ist letztlich das Ergebnis unserer guten Leistung, die gezielte Planung unseres Selbst-Marketings und das Tun.

Genug Hintergrundwissen, jetzt geht es an die Umsetzung.

5.6 So zeigen Sie sich einzigartig

Niemand sieht genauso aus wie Sie, hat den gleichen Fingerabdruck, das gleiche Wissen, die Erfahrung und Ihr Denken. Wenn Sie dieses Buch lesen, wie lesen Sie? Von vorne bis hinten oder überspringen Sie und lesen einzelne Abschnitte? Welche Leseposition haben Sie eingenommen? Viele Menschen lesen im Bett, im Auto während eines Staus oder mit einem leckeren Rotwein und einer Kuscheldecke auf dem Sofa. Andere im Garten und wieder andere auf der Toilette (Entschuldigen Sie bitte die Ehrlichkeit.) oder im Urlaub. Ich hoffe, Sie gehören zu den Genusslesern und sitzen im Zug oder Restaurant bei einem Cappuccino oder liegen am See und lassen Ihrer kreativen rechten Gehirnhälfte viel Raum. Also, alles was Sie tun und denken macht niemand in der gleichen Weise wie Sie.

Allerdings versuchen wir, uns an Normen und Werte in der Gesellschaft zu halten. Wir sind gewohnt, uns mit anderen zu vergleichen und neigen dazu, das, was in der Branche üblich ist, nachzuahmen. Wir trauen uns auch kaum, diese »ungeschriebenen Gesetze« infrage zu stellen. Wenn zum Beispiel ein Kunde sein Auto zum Kundendienst in die Werkstatt bringt, ist es üblich, dass er sich selbst um den Nachhauseweg kümmert. Der Kunde bestellt ein Taxi oder organisiert einen Kollegen, die Ehefrau oder einen Freund als »Fahrer«. Die Kunden beschweren sich darüber nicht, weil es in der Branche eben üblich ist. Wenn eine Werkstatt dieses Problem für die Kunden löst und einen originellen oder einzigartigen »Heimbring-Service« einrichten würde, hätte es nicht nur eine Marketingstrategie, sondern auch einen Wettbewerbsvorteil.

In einer Umfrage, die vom Marktforschungsinstitut Gallup zusammen mit dem Strategie-Experten Gary Hamel mit 500 Topmanagern durchgeführt wurde, stellte man die Frage: Wer konnte in seiner Branche in den letzten zehn Jahren Veränderungen am besten nutzen? Es waren die Neueinsteiger! Nicht der größere Konkurrent, sondern die Neueinsteiger, denn sie haben Spielregeln verändert!

Bitte notieren Sie im Folgenden:

- Was ist an Ihnen und Ihrem Unternehmen interessant?
- Was haben Sie, das andere interessieren sollte?
- Was ist es, das Menschen unbedingt von Ihnen wissen müssen – um welchen Nutzen für sich zu erreichen?

Denken Sie in Dimensionen von Lösungen und Nutzen. Für welches Problem potenzieller Kunden sind Sie genau der Richtige?

_____

_____

_____

_____

_____

_____

In Zusammenarbeit mit Gründungsberatern und Förderexperten hat das Magazin *Markt und Mittelstand* die »Todsünden« der Existenzgründung zusammengestellt. Ganz oben auf der Liste steht die folgende: »Die Idee steht im Fokus, nicht der Kunde.« 41 Prozent der Existenzgründer haben laut *DIHK-Gründer-Report 2006* Probleme bei der konkreten Beschreibung des Nutzens ihrer Idee – vor lauter Begeisterung setzen viele nur auf die Geschäftsidee, zitiert die Zeitschrift den Report. Wichtig ist laut *StartingUp* aber, mit der Idee einen Nutzen für den Kunden zu stiften, damit das Produkt auch gekauft wird. Wer eine Idee hat, soll sich zuerst fragen: Wer ist der Kunde und braucht er das wirklich?

Die Schlüsselunternehmen der Zukunft werden Unternehmen sein, die auf Nutzenmaximierung ausgerichtet sind. Fragen Sie sich also: Welche Lösung zu einem gesellschaftlichen Problem tragen Sie bei, was ist das höhere Ziel Ihres Unternehmens?

Für eine Bäckerei, die auch die Pausenversorgung einer Schule mit Backwaren versorgen will, lautet der Ansatz beispielsweise: »Stuttgarts Kinder der Beispielschule sind die klügsten.« Diese Philosophie verfolgen sie, indem sie mit Biobackwaren ohne künstliche Aromastoffe Gesundes und Leckeres liefern und so durch gute Ernährung die Konzentration der Schüler erhöhen. Um die Vorurteile gegenüber gesundem Essen zu entkräften, verteilen Sie kleine Probierhäppchen an die Lehrer und Ihre kleinen Kunden. Ihre gesellschaftliche Verantwortung besteht darin, dass Sie nicht nur Backwaren herstellen (das gibt es ja bestimmt schon mehrfach am Ort), sondern Ihr Unternehmensziel und das Ihrer Mitarbeiter darin sehen, die Menschen dabei zu unterstützen, gesund zu bleiben und eine »Geschmacksbäckerei« zu sein.

Dieser Ansatz der Selbst-PR kann dann durch entsprechend auffällige und einzigartige Kleidung bekannt gemacht werden, indem der Chef mit dem Fahrrad ins Geschäft kommt, und so weiter. Wichtig ist, dass dies glaubwürdig ist und auch zur Unternehmensführung passt.

Dieses Beispiel ist von mir frei erfunden und Unternehmensstrategien erfordern natürlich passgenaue Wege für jeden einzelnen Betrieb. Doch an diesem Beispiel wird deutlich, dass es gar nicht notwendig ist, neue Produkte herzustellen, sondern dass die Idee und die Vermarktung den Erfolg bringen.

Ein wichtiger Denkansatz:

- Wie denken Sie über sich?
- Wie sprechen Sie mit sich?
- Wie sprechen Sie mit Ihren Mitarbeitern?
- Kommunizieren Sie erreichte Ziele und feiern Sie Erfolge?

Schon seit Jahren gebe ich meine Erfahrung als Marketingtrainerin in Sachen Selbst-PR in Seminaren und Workshops weiter. Ich weiß daher, dass der Beginn eines wirkungsvollen Marketings darin liegt, sich vorab grundlegende Gedanken zu machen.

Nehmen Sie sich doch mal etwas Zeit und einen Stift und machen Sie sich Gedanken über folgende Grundlagen Ihrer Selbst-PR:

1. Was sind Ihre Stärken?

_____

_____

_____

_____

_____

_____

2. Wo wollen Sie hin? Was sind Ihre Ziele?

_____

_____

_____

_____

_____

_____

3. Was macht Sie einzigartig? Was sind Ihre Themen?

_____

_____

_____

_____

_____

4. Welchen Nutzen bieten Sie? Welche Probleme haben
   die Kunden, für die Sie eine Lösung haben?

_____

_____

_____

_____

_____

Viele Unternehmen veröffentlichen ihre Ziele und Philosophie im Internet auf ihrer Homepage. Wenn ich allerdings die Teilnehmer in meinen Workshops danach frage, herrscht oft erst einmal Stille oder es kommen sehr unterschiedliche Definitionen, je nachdem in welcher Abteilung sie arbeiten. Der Vorteil und die Stärken Ihres Unternehmens sollten jedoch jedem Mitarbeiter bewusst sein und gelebt werden. Denn wenn die Geschäftsleitung nur wohlklingende Formulierungen zurechtlegt, ohne die Kultur im Unternehmen zu leben, dann sind diese Definitionen und Worte nutzlos. Ziel ist, dass alle an einem Strang ziehen und wissen, wohin Sie rudern.

Und zum Abschluss der ersten Fragerunde:

5. Welchen Wert stellt Ihr Unternehmen und Ihre persönliche Tätigkeit für die Gesellschaft dar?

_____

_____

_____

_____   _____

_____

_____

Meistens kommen Antworten wie: Wir leisten unseren Teil für das Bruttosozialprodukt, erhalten Arbeitsplätze, Familien können davon leben, die Kunden erhalten das Produkt. Doch hier geht es um die Erarbeitung einer Lösung zu einem höheren Ziel. Was geschieht mit dem Gewinn, für welche Projekte soll er eingesetzt werden, gibt es ökologische, humanitäre Ziele, für die das Unternehmen einen Beitrag leisten will?

Ist diese Frage im Detail diskutiert und beantwortet und die Unternehmer und Mitarbeiter erleben endlich den Sinn ihrer Arbeit, dann brauchen wir keine Motivationsseminare. Wirkliche Motivation kann nur von innen kommen. Indem man Freude an dem hat, was man tut und einen höheren Sinn darin sieht. Dann ist die Motivation nicht künstlich, sondern kommt von innen und ist authentisch. Der Erfolg, der sich daraus ergibt, ist eine natürliche Folge dieser Ziele.

5.7 Wen wollen Sie erreichen?

Es macht vielleicht Spaß, wenn die Konkurrenz grün vor Neid wird, weil Sie ein vierseitiges Interview in einer anerkannten Fachzeitschrift gegeben haben. Oder in Ihrer Familie von Ihren beruflichen Erfolgen erzählen, Lob und Anerkennung von Ihrer Oma erhalten, dann freut uns das. Die Frage ist nur: Was bringt uns das. Um effektiv Selbst-PR zu betreiben, die unseren beruflichen Erfolg erhöht, ist es wichtig, dass wir wissen, wen wir erreichen wollen.

- Wollen Sie, dass eine breite Öffentlichkeit auf Sie aufmerksam wird?
- Wo ist Ihre Kundenzielgruppe, benötigen Sie regionale oder überregionale Bekanntheit?
- Wer kauft Ihre Produkte bisher?
- Wer könnte Ihre Produkte noch kaufen – wo ist noch Bedarf?
- Welche Märkte wollen Sie noch erreichen?
- Wollen Sie eine besondere Zielgruppen mithilfe der Medien erreichen?
- Wollen Sie berühmt werden?

Wenn Sie beispielsweise immer wieder Presseartikel in spezifischen Fachpublikationen veröffentlichen, dann lesen zwar ihre Mitbewerber von Ihren neuesten Technologien, doch sie erreichen Ihre Kundenzielgruppe nicht. Oder Sie haben Anzeigen in überregionalen Zeitungen oder Zeitschriften, Ihr Einzugsgebiet reicht aber maximal 25 Kilometer weit, darüber hinaus verpufft Ihre Werbung.

Werden Sie sich über die folgenden Fragen klar:

- Wie sieht der typische Abnehmer Ihrer Leistung aus?
- Welche Bedürfnisse müssen bei ihm vorhanden sein, damit er Ihr Produkt/Dienstleistung auswählt?

Checkliste: Zielgruppe

In welcher Zielgruppe soll positiv über Sie gesprochen werden, haben Sie Privatkunden, eher Familien oder Singles?

_____

_____

_____

_____

_____

_____

Haben Sie Geschäftskunden, aus welchen Branchen,
welche Unternehmensgröße?

_____

_____

_____

_____

_____

_____

Wo ist Ihr Kundeneinzugsgebiet – regional oder überregional?

_____

_____

_____

_____

_____

Ist genug Kundenpotenzial vorhanden? Wie stark ist die Konkurrenz am Markt?

_____

_____

_____

_____

_____

Welche neuen Geschäftsfelder gibt es, in denen Sie noch neue
Kunden gewinnen könnten?

_____

_____

_____

_____

_____

Welches Erlebnis bieten Sie Ihren Kunden – wo bieten Sie einen echten Nutzen?

_____

_____

_____

_____

_____

_____

Was ist die Emotion, die beim Kontakt mit Ihnen dem Kunden im Gedächtnis bleiben soll?

_____

_____

_____

_____

_____

_____

5.8 Zur Umsetzung:
So wird positiv über Sie gesprochen

Sind Sie bereit?

Sie wissen jetzt, was Sie einzigartig macht, was Ihre Ziele sind und wen Sie erreichen wollen, dann kommen wir zum wichtigsten Punkt. Sie kommunizieren dies so, dass Sie Ihre Zielgruppe erreichen und den von Ihnen gewünschte Erfolg erzielen.

Wenn's keiner weiß, macht's keinen heiß. Machen Sie auf Ihre Leistung aufmerksam. Die genialste Idee, der cleverste Schachzug, geniales Lob von Kunden, Sponsoring bei mehreren Vereinen – wenn Sie es nicht kommunizieren, macht es niemanden heiß auf Sie.

Immer wieder bin ich in Unternehmen und wenn ich nach Sponsoring frage, dann weiß oft nur die Buchhaltung, dass sie die Rechnungen bezahlt hat. Kürzlich entdeckte ich ein Schreiben in einer Ablagebox eines Kunden, in dem ein Unternehmen wörtlich schrieb: »Ihr überaus guter Ruf von Qualität eilt Ihnen voraus und so sind Sie mir empfohlen worden, ich möchte Sie bitten, ob Sie so freundlich wären, uns ein Angebot über … zukommen zu lassen …« Hier liegen ganze Goldbarren in einer Ablagebox – verstaubt und ungenutzt!

Es stimmt einfach nicht, dass kleine und mittlere Unternehmen in Deutschland schlecht sind und deshalb wirtschaftlich zu kämpfen haben. Es geht darum, dass Sie Wege finden, an Stellschrauben zu drehen, um sich am Markt zu positionieren. Die meisten erbringen überaus gute Leistung mit ihren Produkten und engagieren sich auch für zahlreiche Sportvereine mit Sach- und Geldspenden.

Das Familienunternehmen des Haushaltsgeräteherstellers Miele trotzt dem Abwärtstrend und steht sogar besser da als die meisten Konkurrenten. In Deutschland verzeichnen sie sogar steigende Umsätze. Der Geschäftsführer Olaf Bartsch von Miele & Cie. KG gibt an, man habe im Geschäftsjahr 2008/2009 eine Steigerung von 8 Prozent erzielt. Besonders stolz ist er darauf, dass dies der zweithöchste Umsatz ist, den Miele in Deutschland je erreicht hat. Und das mitten in der Wirtschaftskrise. Besonders erfolgreich sind Großgeräte wie Waschmaschinen. Das zeigt, dass mit hervorragender Qualität und einem guten Image durchaus hohe Preise erzielt werden können.

Die Zukunft gehört den Aktiven – und für den beruflichen Erfolg ist eine gelungene Selbst-PR ausschlaggebend.

Wissenschaftlichen Untersuchungen zufolge bedarf es bis zu zwei Jahren regelmäßiger Präsenz in der Öffentlichkeit, bis sich der Name eines Unternehmens im Bewusstsein von potenziellen Kunden eingeprägt hat. Haben Sie dies allerdings geschafft, dann wird ein Presseartikel oder ein Tipp schnell zur Entscheidungshilfe bei der Auftragsvergabe. Auch bei der Presse sind Sie der Experte, den man für ein bestimmtes Thema für ein Interview anfragt oder zu einer Fernsehsendung als Interviewgast einlädt.

Das dauert für Ungeduldige, die schnelle Ergebnisse wollen, sehr lang. Doch ich kann Ihnen aus eigener Erfahrung sagen, dass durch sehr gezielt platzierte PR bei mir und auch bei Kunden vorzeigbare und deutliche Ergebnisse und Verbesserungen schon in einem halben Jahr zu spüren waren.

Wenn Sie Ihr Bewusstsein geschärft haben für den Wert einer sympathischen und guten Außendarstellung, dann müssen Sie nur noch den größten »Killer« des Marketings überlisten: den Zeitmangel im stressigen Tagesgeschäft. Testen Sie anhand der folgenden Fragen, wo Sie stehen.

Checkliste: Wo stehen Sie?

Machen Sie bereits gezielte Selbst-PR und Marketing, wenn ja in welchem Umfang?

_____

_____

_____

_____

_____

Effiziente Selbst-PR muss strategisch geplant und nachhaltig verfolgt werden, vereinzelte Zufallsaktionen reichen nicht aus. Haben Sie einen Strategieplan?

_____

_____

_____

_____

Wie präsentieren Sie Ihre PR-Strategien?

_____

_____

_____

_____

_____

Wie können Ihre Zielgruppen über den Nutzen, den Sie bieten noch erfahren?

_____

_____

_____

_____

_____

Gibt es in Ihrem Unternehmen einen Verantwortlichen für Marketing oder machen Sie dies so nebenbei?

_____

_____

_____

_____

_____

Wie viele Marketingaktionen haben Sie im vergangenen Jahr durchgeführt (Weihnachtskarten zählen nicht!)?

_____

_____

_____

_____

_____

Hat Ihre Homepage einen Pressebereich, mit Kontaktdaten, Bildern und aktuellen Mitteilungen?

_____

_____

_____

_____

_____

Microsoft Gründer Bill Gates soll einst verkündet haben: »Wenn ich bloß einen einzigen Dollar übrig hätte, würde ich ihn in PR investieren.«

5.9 Clevere Selbst-PR mit der Hofmann-Methode

Es ist unglaublich leicht darauf los zu arbeiten, zu arbeiten und zu arbeiten, um sich am Ende doch nur zu wundern, warum man sich nicht weiterentwickelt oder warum der Spaß am Job allmählich schwindet, weil der berufliche Durchbruch fehlt oder Kunden ausbleiben.

Ein häufiger Fehler ist, dass kleine Unternehmen oder Selbstständige Ihre Leistung viel zu billig verkaufen. Froh endlich diesen großen namhaften Kunden gewonnen zu haben, disqualifizieren Sie Ihre Arbeit mit einem Preis unter Wert und wundern sich oft, warum sie nicht ernst genommen oder wertgeschätzt werden.

Damit andere positiv über uns sprechen, ist es notwendig, als ersten Schritt unser Inneres zu klären. Denn nur das, was wir ausstrahlen, wird von anderen wahrgenommen.

In einem Restaurant standen Schilder an den Tischen mit einem Foto der Bedienung und den Worten »Herzlich willkommen. Wir bedienen Sie gerne.« Eine gute Idee, denn als Kunde fühlt man sich geschätzt, wenn man es liest. Wenn nun aber die Bedienung kommt mit einer aufgesetzten Grimasse, die ein Lächeln erkennen lassen soll. Die Mundwinkel werden einen Meter vor dem Tisch nach oben gezogen und einen Meter hinter dem Tisch fallen sie mit der Schwerkraft wieder nach unten. Dann sind diese Schildchen nicht nur unglaubwürdig, sondern abstoßend.

Ich höre Sie jetzt alle rufen, die schon in der Gastronomie bedient haben: »Nicht jeder hat immer einen guten Tag.« Okay, doch auch dann müssen Sie in der Lage sein, professionell zu arbeiten. Entweder nehme ich als Teamchef diese Schilder vom Tisch und akzeptiere, dass meine Bedienung heute eben ein schlechten Tag hat, oder die Bedienung ist professionell und entscheidet sich, dass ihre Probleme erst nach der Schicht Platz haben.

Wichtig ist, dass das, was wir vertreten und kundtun auch aus unserer inneren Überzeugung kommt. Wenn Firmen auf ihrer Internetseite davon sprechen, dass Kundenservice bei ihnen nicht nur ein Wort sei, sondern gelebt werde, dann sollte ihr Anspruch sein, dies auch zu tun. Wenn Unternehmen in Stellenanzeigen mit einem tollen Arbeitsklima und freundlichem Team werben, dann sollte der cholerische Chef seine Ausbrüche im Griff haben.

Ein Tipp aus der Gehirnforschung: Wenn wir lächeln, schütten wir positive Botenstoffe an unser Gehirn aus und wir tragen automatisch dazu bei, uns wirklich fröhlicher zu fühlen.

Ich kenne jedoch Unternehmen, die sich nicht an den Kunden orientieren, sondern am bürokratischen Ablauf. Ohne Nennung Ihrer Kundennummer innerhalb von drei Sekunden, kommen Sie an dem geschulten »Zentralen-Drachen« nicht vorbei zu Ihrem Ansprechpartner. Wenn man diese Nummer nicht bereit hat, folgt ein genervtes Stöhnen, denn jetzt muten Sie ihr tatsächlich zu, Ihre Nummer im Computer zu suchen, damit sie Sie an den richtigen Ansprechpartner in ihrem Hause verbinden kann. Sie zucken zusammen und sind jetzt bestimmt 30 Zentimeter kleiner in Ihrem Bürostuhl. So erzieht man Kunden!! Jawohl, da herrscht Ordnung, entweder man hat das nächste Mal seine Nummer auswendig gelernt – oder man ruft eben gar nicht mehr an.

Unternehmen mit diesen kundenunfreundlichen Organisationsstrukturen werden wirtschaftlich gezwungen werden, Ihre Struktur zu hinterfragen. Denn Systeme, in denen sich ein Unternehmen selbst an erste Stelle stellt und arrogant entscheidet, welcher Kunde überhaupt was wollen darf, ist entweder eine Behörde oder ein Unternehmen das in der Vergangenheit stehen geblieben ist und an dessen Namen wir uns in der Zukunft nicht mal mehr erinnern werden. Wenn Sie ein bürokratisches System für Ihren internen Ablauf haben, dann darf nicht der Kunde Ihr System kennen müssen, damit er mit Ihnen Geschäfte machen kann. So erzeugen wir auch Emotionen, aber negative.

Mal ehrlich: Es ist Ihnen als Kunde doch egal, welches System dieses Unternehmen hat, damit Sie Ihre Frage klären können, oder? Um als Unternehmen zukunftsfähig zu sein, muss der Kunde sich angenommen und wohl fühlen. Produkte sind austauschbar. Denn wer nicht mit der Zeit geht, geht mit der Zeit.

Eigentum des Landes Hessen

Wichtig sind daher folgende Punkte:

1. *Innere Klarheit*: Ihre Stärken und Ihre Botschaft müssen Ihnen ganz bewusst und klar sein. Wofür stehen Sie? Viele Unternehmen schielen gerne auf ihren Wettbewerb und schreiben dann Philosophien und Leitlinien ab. Machen Sie Ihr Ding und vertrauen Sie sich. Stehen Sie für das ein, wofür sie angetreten sind. Auch wenn dies vom branchenüblichen Verhalten abweicht. Erinnern Sie sich, dass gerade Neueinsteiger oft den größten Erfolg haben, da sie neu denken.

2. *Beziehen Sie Ihre Mitarbeiter mit ein*: Wenn nur Sie wissen, wohin Sie wollen, dies nicht von den Mitarbeitern mit gelebt wird, ist das für Kunden und Geschäftspartner nicht überzeugend. Als Führungskraft geht es darum, vorzuleben und nicht Werte anzuordnen. Ideen von Mitarbeitern sind sehr wertvoll und tragen zur Akzeptanz bei. Und mehr Köpfe bringen schließlich mehr Ideen für Innovationen.

3. *Beziehen Sie Ihre Kunden mit ein*: Sorgen Sie dafür, dass positiv über Sie gesprochen wird und Sie Mundpropaganda mit Ihren Aktionen auslösen, zum Beispiel durch einen Kundenbeirat, einen Ideenworkshop oder einen Blog. So haben Sie das Ohr am Kunden und können passgenaue Lösungen anbieten.

4. *Definieren Sie Ihr Ziel*: Überlegen Sie, wofür Sie einmal angetreten sind. Was möchten Sie erreichen, wer ist Ihre Zielgruppe und wie soll über Sie gesprochen werden? Wollen Sie als Experte wahrgenommen werden, als der Freundlichste im Betrieb in Ihrem Ort oder wollen Sie den Ruf des innovativen Vorreiters haben? Wollen Sie Mitarbeiter und Familien ernähren oder ist Ihnen diese Verantwortung zu viel und sie wollen lieber mit freien Mitarbeitern zusammenarbeiten? Wie viel Gewinn wollen Sie erzielen und wo soll dieser Gewinn eingesetzt werden? Wollen Sie mit Ihrem Tun ein höheres Ziel verfolgen oder reicht Ihnen Ihr materielles Auskommen?

5. *Seien Sie leidenschaftlich und begeistert*: Wenn Sie etwas tun, das Ihnen Freude bereitet und Sie einen wirklichen Sinn darin sehen, dann setzen Sie sich ein. Die Zeit vergeht wie im

Flug und Sie sind begeistert. Fragen Sie sich: Wozu ist das gut, was ich gerade mache? Wer profitiert davon? Was ist meine Motivation dafür? Wenn Sie darauf keine zufriedenstellenden Antworten erhalten, dann haben Sie zwei Möglichkeiten: Suchen Sie so lange, bis Sie etwas finden, für das sich ihr Einsatz wirklich lohnt. Sollten Sie nichts finden, dann wäre ein Jobwechsel die andere Alternative.

6. *Bieten Sie mehr Nutzen als Ihr Gegenüber erwartet:* Die Hirnforschung hat nachgewiesen, dass wir Menschen aus unseren Gefühlen heraus handeln und uns danach mit dem Verstand die Entscheidung rechtfertigen. Wenn Sie mehr Nutzen liefern, als die Kunden erwarten oder die Erwartungen Ihres Chefs übertreffen, indem Sie sich noch Gedanken über Lösungen gemacht haben, dann sorgen Sie dafür, dass Sie positiv in Erinnerung bleiben. Lassen Sie sich die Extraleistungen nicht immer bezahlen, denn schließlich investieren Sie in Ihr Marketing und die Kundenbindung.

7. *Sorgen Sie für Überraschungen*: Der oben genannte Punkt funktioniert ähnlich. Daher ist die Überraschung für Ihre Selbst-PR ein geniales Marketingtool. Denn so wird positiv über Sie gesprochen – vorausgesetzt Ihre Überraschungen sind positiv. In einem Hotel gab es beispielsweise eine Bücherei, in der ich ein Buch las, das ich bei meiner Abreise liegen ließ. Als ich wieder das Hotel besuchte, lag das Buch mit der gleichen Seite aufgeschlagen in meinem Zimmer.

8. *Seien Sie authentisch, ehrlich und höflich*: Wenn Sie einen Fehler gemacht haben, stehen Sie dazu und bieten Sie eine Lösung an. Menschen haben gute Antennen und spüren, ob es jemand ehrlich mit ihnen meint. Daher bedeutet Selbst-PR nicht, ein Bild von sich zu malen, das nicht der Realität entspricht, lernen Sie vielmehr, Positives an sich zu bemerken und zu kommunizieren. Werte wie Höflichkeit sind Merkmale, die Ihr Ansehen steigern und ein positives Bild von Ihnen festigen. Sie werden sehen, Sie erreichen damit mehr als mit vermeintlich »harten Bandagen«.

Adolph von Knigge schrieb in seinem Buch *Über den Umgang mit Menschen* von 1790: »Gehe niemals von einem und lass niemals einen von dir gehen, ehe du nicht etwas getan hast, das diese Begegnung für ihn in ein positives Licht stellen wird: Gib ihm das Gefühl, dass es für ihn wertvoll war, dir heute begegnet zu sein.« Freiherr von Knigge hat damit den Kern der Selbst-PR perfekt getroffen.

9. *Bedanken Sie sich.* Danke für Ihren Auftrag; schön, dass Sie unsere Gäste sind; danke, Herr Maier, für Ihren Einsatz in der Urlaubszeit; danke, dass ich Sie als Mitarbeiter habe, es ist ein tolles Gefühl mich auf Sie verlassen zu können; danke, dass du Kaffee eingekauft hast. ... Es gibt viele Gelegenheiten, Danke zu sagen und so viele lassen wir ungenutzt. Dankbarkeit ist ein Schlüssel zum Erfolg. Sie verbessert sowohl die Beziehungen zu anderen Menschen als auch deren Einstellung und Motivation. Und sie macht selber glücklicher.

10. *Nutzen Sie meisterhaft die Bühnen, die Ihnen geboten werden.* Und das ist das ganze Geheimnis der Selbst-PR: Es funktioniert über alle Arten der Kommunikation hinweg – über Presseberichte, Prospekte, Vorträge, Smalltalk. Gehen Sie zu Einladungen, Verbands- und Vereinsveranstaltungen (machen Sie ein Foto mit dem Vorstand), lassen Sie sich auf Festen bei Ihnen im Ort sehen (wenn dies Ihre Zielgruppe ist).

**Praxisideen für Ihre Kreativität –
zur Anregung Ihrer rechten Gehirnhälfte**

Verknüpfen Sie doch Ihre Geburtstagsfeier mit einem Firmenjubiläum und laden Sie die Presse, Bürgermeister, Geschäftsführer anderer Unternehmen oder Vorstandskollegen mit ein. Machen Sie Fotos und berichten Sie auch auf Ihrer Homepage davon. So haben Sie nicht nur eine schönes Fest, sondern professionelle Öffentlichkeitsarbeit. Statt Geburtstagsgeschenke zu verteilen, geben Sie doch eine Spende oder betreiben Sponsoring bei Ihrem Lieblingsverein. Laden Sie Vereinsvertreter ein, stellen Sie Bilder aus oder lassen Sie einen kurzen Film ablaufen. Dann ist die Spende nicht anonym, sondern Ihre Gäste bekommen eine Vorstellung und Sie bleiben in bester Erinnerung. Sie können Gäste auch mit einem Turnier, einer Autogrammstunde oder einer Mitmachaktion mit einbeziehen, dann ist Ihr Fest in jeder Hinsicht ein voller Erfolg.

Strategische Kooperationen

Nutzen Sie Netzwerke und Kooperationen:

- Ein italienisches Restaurant könnte zum Beispiel ein Abend-Event mit exklusiven Speisen und einer Modeschau veranstalten. Die Bedienungen tragen die Mode des Textilhauses im Ort. Oder Sie binden Sponsoringpartner mit ein, indem Schüler der Schule für die Modeschau in dem Restaurant laufen.
- Eine Apotheke macht eine Veranstaltung mit einer Kosmetikerin, bei der man Kunden mit Naturkosmetik verwöhnt.
- Eine Kletterschule veranstaltet mit einem Sportgeschäft und einem berühmten Kletterkünstler eine Kooperation, in dem er über die richtige Ausstattung aufklärt.
- Ein Buchladen arbeitet mit einem Schriftsteller zusammen, der aus seinem Buch vorliest und persönliches Wissen weitergibt, wie man Autor wird und ein Buch schreibt.

Die Möglichkeiten sind vielfältig. Aus den Einnahmen werden örtliche Vereine und Organisationen unterstützt.

Wie Sponsoring zu einer hoch effizienten Marketingstrategie für Sie wird, entwickeln wir jetzt Schritt für Schritt.

6
Sponsoring –
Werbung mit Seele und Nachhaltigkeit

Sie haben anhand der Marketingstrategie für Selbst-PR im vor-
herigen Kapitel erkannt, dass wir nicht darauf warten dürfen, dass
unser Erfolg zufällig passiert, sondern dass wir auch etwas wagen
müssen, um Kunden zu begeistern und zur eigenen Begeisterung
an der Arbeit aufzubrechen.

Das eigene Marketing so auszurichten, dass es sich in jeder
Hinsicht für Sie lohnt, Gutes zu tun, ist oft anstrengender, als gewohnte alte Wege in der Werbung weiterzugehen. Wir müssen lernen in mehrere Richtungen zu denken. Diese Wege im Marketing
werden zum Unternehmensentwurf von Schlüsselunternehmen
der Zukunft gehören. Die emotionale Ansprache von Menschen
wird sich immer mehr durchsetzen.

> Die Menschen werden lernen, sich gegenseitig zu helfen. Ich denke, wir werden
> eine neue Menschlichkeit erleben … Der krasse Egoismus der letzten Jahre
> in der Wirtschaft wird sozial geächtet sein.
>
> *Fredmund F. Malik, Management-Berater*
> (Handelsblatt *vom 13. Juli 2009*)

6.1 Was ist Sponsoring?

Bevor wir uns dem Sponsoring zuwenden, ist es nötig, den Begriff selbst einmal näher zu beleuchten.

Das Sponsoring beschreibt Finanz-, Sach- oder Dienstleistungen
von einem Unternehmen (Sponsor) an einen Verein oder an eine gemeinnützige Organisation. Sponsoring ist ein Geschäft auf Gegenseitigkeit und der Sponsor erhält die Rechte zur kommunikativen
Nutzung und für Werbezwecke. Dies wird in der Regel vertraglich

Sponsoring. Katja Hofmann
Copyright © 2010 WILEY-VCH Verlag GmbH & Co. KGaA, Weinheim
ISBN: 978-3-527-50507-4

vereinbart und dann als Sponsorship bezeichnet. Das Unternehmen erhält eine Sponsoringrechnung und setzt diese als Betriebsausgabe ab. Ein Limit in der vorgeschriebenen Höhe gibt es nicht. Die Kurzformel für dieses Win-win-Geschäft lautet: Ein Unternehmen (Sponsor) unterstützt einen Verein oder eine Organisation und bekommt im Gegenzug Werbung. *Tue Gutes und lasse darüber reden!*

Eine Spende dagegen zeichnet sich dadurch aus, dass ihr keine Gegenleistung gegenüberstehen darf. Somit ist eine Spende als Marketingstrategie nur begrenzt möglich, beispielsweise als Öffentlichkeitsarbeit die Scheckübergabe in der Presse. Jedes Unternehmen kann zugunsten gemeinnütziger Zwecke je nach Gesellschaftsform bis zu 5 Prozent vom steuerpflichtigen Gewinn, für gewisse Zwecke wie Wissenschaft und Kunst sogar bis 10 Prozent oder 0,2 Prozent der Gesamtumsätze spenden und erhält darüber eine Spendenquittung vom Verein.

Für alle, die es jetzt ganz genau wissen möchten: Die steuerliche Behandlung des Sponsorings ist im Sponsoringerlass des Bundesministeriums der Finanzen vom 18.2.1998 geregelt. Besprechen Sie Ihre persönliche Situation auch mit Ihrem Steuerberater.

Sponsoring nimmt an Bedeutung zu

Sponsoring hat sich zu einem unentbehrlichen Tool für das Marketing entwickelt, obwohl diese Strategie noch recht jung ist. Erst seit etwa 20 Jahren beschäftigen sich Kommunikationspraxis, aber auch Wissenschaft ernsthaft damit. Noch Ende der 1980er-Jahre wurde dem Sponsoring ein Mauerblümchen-Dasein prognostiziert. Wie sehr sich diese Experten irrten, zeigt eine Betrachtung der Entwicklung im Zeitraffer.

Schauen, wir uns die Entwicklung von Sponsoring in Deutschland an (nach Manfred Bruhn in: Hermanns/Marwitz, *Sponsoring*):

- *Phase 1 – 1960–1984:* Pionierzeit des Sponsorings. 1972 führte Eintracht Braunschweig als erster Verein die Werbung am Mann ein: Das Logo von Jägermeister auf der Brust kostete 160 000 DM (Zum Vergleich: Heute zahlte die Deutsche Telekom 20 Millionen Euro für den FC Bayern München!)

- *Phase 2 – 1985–1995:* Die Ausweitung des Sponsorings auf Kultur, Soziales und Umwelt führt zu einem rasanten Anstieg der Sponsoringvolumina. Als Gründe für diesen enormen Aufschwung gelten die Zunahme der Medien zum Beispiel durch private Hörfunk- und Fernsehsender sowie die Suche nach neuen Wegen zusätzlich zum herkömmlichen Marketing.
- *Phase 3 – 1995–2002:* Das Sponsoring erfährt eine zunehmende Professionalisierung und strategische Bedeutung. Im Vergleich dazu stagnierten andere Kommunikationsinstrumente eher oder entwickelten sich rückläufig.
- *Die aktuelle Phase 4 – ab 2002:* Wirtschaftliche und ökonomische Ziele wie Kundenbindung und Neukundengewinnung werden mit Sponsoring verbunden. Das Sponsoring wird als Instrument der strategischen Markeneinführung eingesetzt, es fördert das Image und die Bekanntheit auf sehr authentischer und emotionaler Basis. Auch die Realisierung von Corporate-Citizenship-Konzepten (also das systematisch betriebene, bürgerschaftliche und soziale Engagement von Unternehmen) im regionalen und lokalen Umfeld wird durch Sponsoring umgesetzt.

Allein im Jahr 2004 wurden 3,4 Milliarden Euro für Sponsoring in Deutschland aufgewendet; ein weiteres Wachstum ist abzusehen: 1990 führten 38,6 Prozent der Unternehmen Sponsoringaktivitäten durch, 2006 waren es 76,8 Prozent (Institut für Marketing der Universität der Bundeswehr München).

Während es zu Beginn der Entwicklung des Sponsorings eher große Unternehmen wie beispielsweise die Lufthansa AG, die Boss AG oder die Mercedes Benz AG waren, so ist das Sponsoring heute unabhängig von Unternehmensgrößenklassen. In meinen Seminaren zeigt sich, dass auch die meisten Mittelständler oder Einzelunternehmer diese Art von Engagement in Form von Sachspenden für Schulfeste oder Sportvereine des Kindes angewendet haben; andere verschicken Weihnachtskarten von Unicef an ihre Kunden. Allerdings zeigt sich ebenfalls, dass dies eher selten als effektive Marketingstrategie für das Unternehmen eingesetzt wird. Woher kommt das?

Kleine und mittelständische Unternehmen geben Geld aus für Sponsoring, doch trauen sie sich nicht oder sind sie zu bescheiden, dies als positive Werbung für ihr Unternehmen zu nutzen? Oder fehlt schlicht das Wissen, wie sie ihr Sponsoring zu einer effektiven Marketingstrategie machen?

Auf jeden Fall verschenken diese Unternehmen Geld und Marktanteile. Es ist verrückt, dass wir glauben, wenn wir etwas schenken, dann dürfen wir nichts zurück erwarten. Die meisten Geschenke, die wir machen, sind – wenn wir ganz ehrlich sind – mit einer gewissen Erwartung verknüpft. Wenn wir liebevoll ein Geschenk aussuchen, es mit viel Herz schön verpacken und genau wissen, dass der andere das benötigt und es sich wünscht, dann sind wir sehr enttäuscht, wenn er die Verpackung aufreißt, es achtlos zur Seite legt und wir nicht die Freude in seinen Augen sehen, nicht spüren, etwas Tolles geleistet zu haben. Alles im Leben ist ein Geben und ein Nehmen.

Sponsoring ist mehr als eine Überweisung auszufüllen

Es ist eine Kooperation: Unternehmen ermöglichen Vereinen oder Organisationen, Projekte zu realisieren, die ohne ihre Hilfe nicht möglich wären. Umgekehrt profitiert das Unternehmen gleich in mehrfacher Weise. Es tut etwas Gutes, indem es Verantwortung für die Gesellschaft übernimmt. Darüber hinaus wird das Image des Unternehmens gestärkt, die Wahrnehmung und Kundengewinnung positiv beeinflussen.

Und Sponsoring hilft gleichzeitig den Mitarbeitern, sich mit dem Unternehmen zu identifizieren.

Nicht für jedes Unternehmen ist jedes Sponsoring sinnvoll

In diesem Kapitel können Sie prüfen, ob Ihr bereits getätigtes Sponsoring tatsächlich zu Ihnen passt. Sie erhalten eine Übersicht über die verschiedenen Sponsoringformen, damit Sie entscheiden können, was zu Ihrem Leitbild und Ihrer Unternehmensstrategie passt und Ihnen den größten Erfolg bringt. Denn damit Sponsoring effizient wird, ist es wichtig, dass Ihr Engagement glaubwürdig ist.

Finden Sie wirkungsvolle Sponsoringstrategien

Ein wirkungsvolles Sponsoring soll etwas mit uns zu tun haben, mit unserem Leitbild, mit unserer Mission und vor allem mit unserer Zielgruppe. Wer soll von Ihnen erfahren? Welches Bild von Ihnen soll in der Öffentlichkeit verstärkt werden?

Als Selbstständige benötigen wir Bekanntheit wie die Luft zum Atmen. Damit Kunden von unseren Produkten und Leistungen erfahren, müssen wir lernen einzig- und nicht artig zu kommunizieren. Wir können uns den Luxus der Schüchternheit nicht mehr leisten. Und wir können Chancen nicht weiter verschenken.

Eine effiziente Marketingstrategie mit Sponsoring braucht ein Ziel. Warten Sie nicht, bis Vereine auf Sie zukommen. Ihre Ausrichtung, Ihr Ziel, Ihre Leidenschaft sollen ausschlaggebend für Ihr Engagement sein. Planen Sie genau, bevor Sie Geld ausgeben. In Kapitel 9 zum Thema Öffentlichkeitsarbeit besprechen wir die Wichtigkeit und Erstellung des Unternehmensleitbildes. Wenn Sie Ihre Sponsoringstrategie daran ausrichten, wird sie auch effektiv sein.

Lernen Sie Nein zu sagen

Übrigens: Lernen Sie Nein zu sagen, wenn Vereine um Ihre Unterstützung bitten, dies aber für Sie keine lohnende Investition darstellt. Wenn ich mit Unternehmen spreche, die zwar den örtlichen Kinderhort unterstützen, aber dies nicht öffentlich nutzen, höre ich oft als Argument: »So viel habe ich ja gar nicht gemacht«. Das ist ein Irrglaube. Eine kleine Hilfe erzielt mit der richtigen Umsetzung eine große Wirkung. Somit ist nicht die Höhe der Investition entscheidend, die Vermarktung danach zeigt, ob sich die Ausgaben gelohnt haben. Es gibt wunderbare Vereine, die wichtige Arbeit leisten, doch damit die Unterstützung für Sie eine effiziente Marketingstrategie wird, gibt es wichtige Kriterien, wie beispielsweise ob dieser Verein Ihre Kundenzielgruppe trifft.

6.2 Welche Arten von Sponsoring gibt es für Ihre Marketingstrategie?

6.2.1 Sportsponsoring

Abbildung 1 gibt Ihnen einen Überblick über die im Folgenden näher erläuterten Arten des Sponsorings.

Das Sportsponsoring ist die älteste und bedeutendste Sponsoringart, begründet durch den hohen Stellenwert des Sports in der Gesell-

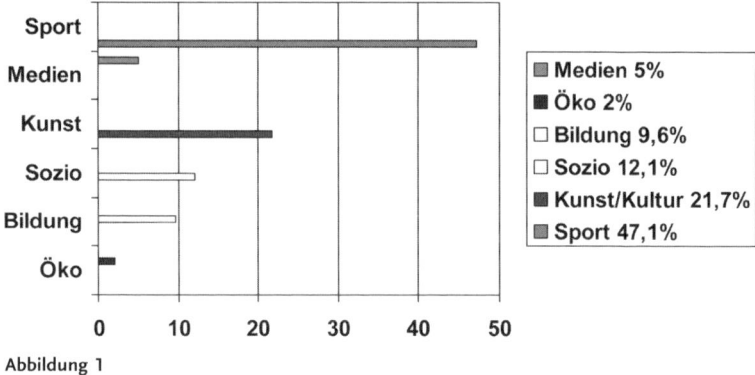

Abbildung 1

schaft. Sport wird häufig mit Attributen wie »dynamisch«, »ehrgeizig«, »jung« assoziiert und bietet somit Imagewerte, die für viele Unternehmen eine hohe Attraktivität besitzen. Circa 85 Prozent aller Unternehmen nutzen das Sportsponsoring, Das Volumen für Sportsponsoring lag im Jahr 2008 bei circa 2,7 Milliarden Euro.

Haben Sie vor, in die Fußball-Bundesliga einzusteigen, dann gibt eine Übersicht über die Ausgaben der Trikotsponsoren in der Saison 2006/2007 einen Kostenüberblick:

- Platz 1: 20 Millionen Euro T-Com bei FC Bayern München
- Platz 2: 8,5 Millionen Euro RWE bei Bayer 04 Leverkusen
- Platz 3: 8 Millionen Euro Deutsche Bahn bei Hertha BSC Berlin
- Platz 4: 7,5 Millionen Euro Victoria Versicherungen bei FC Schalke 04

Schade, ihr Lieblingsverein hat schon einen Sponsor und Sie können auch gerade nicht ein Sponsoringbudget in Millionenhöhe frei machen? Das macht nichts, Ihr örtlicher Sportverein freut sich über einen Trikotsponsor im Wert von 500 bis 1000 Euro riesig und Sie sprechen als örtliches Unternehmen genau Ihre Kundenzielgruppe an.

Es muss ja nicht immer die Bundesliga sein. Auch Randsportarten wie Skateboarding oder Snooker können viel Medienwirkung für wenig Geld bieten. Für den Motorsägenhersteller Andreas Stihl AG aus Waiblingen, nach eigenen Angaben Weltmarktführer, lohnt sich das Engagement im kleinen Rahmen der Motorsägenwettbewerbe. Red Bull hingegen sponsert sogar Funsport-Events, Flugtage und Seifenkistenrennen. »Wir sind Teil der Szene«, beschreibt Red-Bull Chef Dietrich Mateschitz seine Philosophie, sich von anderen Marken abzusetzen. Das Unternehmen erreicht bei eigenen Veranstaltungen ein sehr erlebnisorientiertes Publikum.

Es gibt *drei Kriterien,* die Sie bei einer Entscheidung für das Sportsponsoring beachten sollten, damit Sie glaubhaft sind und Ihre Zielgruppe ansprechen:

1. Passt die Sportart zu Ihrem Image (Boxen hat ein anderes Image als Hockey)?
2. Welche Leistungsebene wollen Sie unterstützen? Spitzen- oder Breitensport, Nachwuchs oder Erwachsenensport, Profi- oder Amateursport? Sponsoring ist im Amateurbereich oft günstiger, führt allerdings zu weniger Medien- und Presseberichten.
3. Welche organisatorische Einheit passt (Mannschaften, Vereine, Verbände, Einzelsportler, Ausrichter von Sportveranstaltungen et cetera)?

Warum ist das Sportsponsoring so beliebt?

Umfragen zufolge treiben 30 Prozent der Deutschen regelmäßig Sport, 36 Prozent immerhin gelegentlich. Neben den aktiven Sportlern erreicht der Sport auch »Passivsportler«, Zuschauer vor Ort oder mediale Übertragungen. 25,7 Millionen Deutsche ab 14 Jahren sehen sich gelegentlich bis regelmäßig Sportveranstaltungen vor Ort an.

Die beliebtesten Sportarten im Fernsehen sind:

1. Fußball
2. Formel 1
3. Tennis
4. Leichtathletik
5. Boxen
6. Skispringen
7. Radsport
8. Ski Alpin
9. Eiskunstlauf
10. Schwimmen

Eine starke Praxisidee von mir für Sie:

Organisieren Sie bei der alljährlichen Gewerbeausstellung an Ihrem Ort statt des üblichen Stands mit Flyern und Broschüren, die eh kein Mensch aufmerksam liest, ein Event zum Mitmachen. Als Sanitärgeschäft lassen Sie zum Beispiel Heizungsrohre verbiegen, wobei der stärkste Mitarbeiter Ihres Unternehmen gegen die Besucher antritt. Bei jedem Heizungsrohrverbiegen geht eine Spende an das Kinderkrankenhaus. So ist Ihnen Aufmerksamkeit garantiert und die Ausstellung wird für Sie ein voller Erfolg.

Eine sättigende Praxisidee von mir für Sie:

Wie wäre es mit einer Sachspende? Bei dem alljährlichen Waldlauf oder der Fahrradtour in Ihrer Stadt versorgen Sie die Teilnehmer im Rahmen einer Bio-Party mit gesundem und leckerem Essen von Ihrem Cateringservice. So können sie neue Kunden von Ihrer Qualität begeistern.

Eine berühmte Praxisidee von mir für Sie:

Setzen Sie Testimonial-Sponsoring ein, also Werbung mit Prominenten. Auch ein Einzelsportler, beispielsweise ein erfolgreicher Tischtennisspieler aus Ihrem Ort, kann eine für beide Seiten sehr erfolgreiche Möglichkeit zur Kooperation sein. Beim Tag der Offenen Tür lassen Sie ein Match mit Kunden oder Mitarbeitern stattfinden und spenden das Preisgeld für einen guten Zweck. Vergessen Sie auf keinen Fall, dieses Event auf Ihrer Homepage und oder in einer Imagebroschüre zu veröffentlichen. Wichtig ist bei einem Einzelsponsoring vor allem die Vertrauenswürdigkeit, die Beliebtheit und die Bekanntheit des Sportlers. Wenn ihn nur Insider kennen, ist er kaum ein Zugpferd für Ihren Tag der Offenen Tür.

Hier ist Ihr Platz für Ihre eigenen Ideen:

_____

_____

_____

_____

_____

_____

6.2.2 Kunst- und Kultursponsoring

Das Kunst- und Kultursponsoring kann sich prinzipiell auf sämtliche Arten der Kunst erstrecken:

- bildende Kunst, z. B. Malerei, Baukunst, Bildhauerei, Fotografie, Design;
- darstellende Kunst, z. B. Oper, Schauspiel, Musical, Ballett;
- Musik, z. B. Events, Konzerte, Tourneen;
- Literatur;
- Filmkunst.

Wie auch im Bereich des Sportsponsorings können sich Ihre Aktivitäten auf einen Einzelkünstler (Maler, Tänzer, Musiker) erstrecken oder auf eine Institution (Museen, Theater, Konzerthäuser, Kunstvereine) oder auch nur auf ein einzelnes Kunstobjekt wie beispielsweise einen Fotoband.

Lässt sich mit Kultur Geld verdienen? Ja. Die Frage ist nur, wie.

Die Münchner lieben ihre kulturelle Szene, die stolz über 50 Museen und rund 70 Theater zählt. Um diese zu erhalten und zu fördern, setzen sich zunehmend Unternehmen ein, denn ihr Engagement bringt den Künstlern Mittel für Projekte und den Firmen positives Image ein. Als Beispiele lassen sich die Sammlung Münchner Rück, die Kunsthalle der Hypo-Kulturstiftung und das Siemens Art Programm anführen. So wird Kunst zum Ausdruck der Unternehmenskultur.

Ein besonderer Anlass war gegeben, als sich mehrere Dutzend bedeutende Unternehmenschefs in der Bayrischen Staatsoper trafen. Als Hauptredner trat Deutsche-Bank-Chef Josef Ackermann auf, der die Gelegenheit nutzte, sich als Freund der Kultur und als Musikliebhaber zu präsentieren. Sein Unternehmen investierte stolze 64,7 Millionen Euro in kulturelle Projekte. Da auch an der Staatsoper der Kulturetat gekürzt wurde, ist der Intendant Sir Peter Jonas schon seit Jahren auf der Suche nach Sponsoren. Die Gönner konnten im Rahmen der Veranstaltung nicht nur Verdis Oper *Falstaff* genießen, sondern wurden auch mit einem Galadinner und einem persönlichen Treffen mit der Sängerin belohnt. So ist Sponsoring das reinste Vergnügen.

Andere Ort, andere Aktionen: So hieß es »Eintritt frei in die Neue Staatsgalerie in Stuttgart«. Dank dieser von den Unternehmen Daimler, Würth und UBS gesponserten Aktion konnte die Staatsgalerie Stuttgart zwischen dem 13. Dezember 2008 und dem 1. Juni 2009 kostenlos besucht werden.

2005 gründete die Kunstsammlerin Marli Hoppe-Ritter das Museum in Waldenbuch. Hier kann der interessierte Kunstbesucher nicht nur Kunst besuchen, sondern auch gleich die bekannte Ritter-Schokolade im Fabrikverkauf erwerben oder im dazugehörigen Café eine heiße Ritter-Sport-Schokoladenmilch genießen. Ziel von Ritter Sport ist eine gegenseitige Inspiration von Kultur und Wirtschaft durch die Einflussnahme bei Produktgestaltung und Design.

Die Landesbank Baden-Württemberg (LBBW) setzt auf Kundenbindung durch Kunstsponsoring und sponsert die Ausstellung »Troia – Traum und Wirklichkeit« in Stuttgart. Die exklusiven Angebote für Kunden umfassten zum Beispiel Führungen außerhalb der Öffnungszeiten inklusive Bewirtung, für Top-Kunden gar eine Preview zwei Tage vor Ausstellungseröffnung.

Ein cleverer Bäcker kooperiert mit dem Förderverein Berliner Schloss. Die Bäckerei Schnell unterstützt den Aufbau des Schlosses mit einem Teil der Verkaufserlöse ihres »Schloss-Gebäcks«. Verkauft wird das Backwerk in den 40 Filialen sowie im Infocenter Wiederaufbau Berliner Schloss am Hausvogteiplatz. Bäckermeister Torsten Schnell gibt so auch Berlinern mit kleinem Geldbeutel die Gelegenheit, sich am Wiederaufbau des Schlosses zu beteiligen.

Eine imagefördernde Praxisidee von mir für Sie:

Ein Fotograf macht von interessanten Menschen oder auch Plätzen aus Ihrer Region einen Fotoband und Sie als Unternehmer am Ort sponsern dies. Dann haben Sie erstens endlich ein persönliches Weihnachtsgeschenk für Ihre Kunden und zweitens erhöhen Sie Ihre Bekanntheit, wenn dieser Band auch in den örtlichen Buchhandlungen ausliegt. Nebenbei ist er auch ein schönes Thema für einen Presseartikel.

Eine Praxisidee, die Angst nimmt, von mir für Sie:

Als Arztpraxis können Sie Ihre Patienten ablenken und begeistern, in dem Sie regelmäßig Bilder und Objekte von bekannten und unbekannten lokalen Künstlern ausstellen. Vielleicht können Sie eine Bilderreihe über Schönheit im Mund oder zum Thema Mut ausstellen. Oft findet eine Vernissage zu Ausstellungsbeginn statt, über die die lokalen Medien berichten. Und gerade da Sie als Arzt keine Werbung machen dürfen, ist dies eine clevere und schöne Marketingidee.

Hier ist Ihr Platz für Ihre eigenen Ideen:

6.2.3 Sozialsponsoring

Das so genannte Social, Sozio- oder Sozialsponsoring leistet einen Beitrag zur Lösung von humanitären Problemen in der Gesellschaft. Das Unternehmen übernimmt damit soziale Verantwortung und kann dies intern und extern kommunizieren. Zusammenarbeiten können Sie zum Beispiel mit Katastrophenhilfsorganisationen, religiösen Einrichtungen oder politischen Institutionen, die sich für Jugendliche, Alte, Menschen mit Behinderung oder im Bereich der Prävention oder Erforschung von Krankheiten engagieren.

Soziosponsoring wird von der Hälfte aller Unternehmen betrieben; sie wenden dafür etwa 12 Prozent ihres Sponsoringetats auf. Nach einer empirischen Studie ist das Soziosponsoring im Vergleich zu den anderen Sponsoringarten besonders effektiv: 56 Prozent der Befragten nehmen die Unternehmen bewusst wahr (Forster 2003). Gerade in den USA wird Soziosponsoring bereits sehr erfolgreich eingesetzt. Ein möglicher Grund für das noch verhaltene Engagement in Deutschland ist die grundsätzlich kritischere Einstellung der Öffentlichkeit.

Besonders wichtig ist die Glaubwürdigkeit des Engagements. Es muss zum Unternehmensverhalten passen. Wenn ein Unternehmen ein Projekt zusammen mit einer Hauptschule durchführt, es aber ablehnt Hauptschüler einzustellen, dann ist dieses Engagement nicht glaubwürdig.

Glaubwürdig ist hingegen, wenn Unternehmen Mitarbeiter mit Behinderung haben und dann eine Sponsoringpartnerschaft einführen. Wie wäre es, ein Turnier zu veranstalten: Ihre Mitarbeiter in einem Basketballspiel gegen Ihren Kooperationsverein. Ein unvergessliches Firmenerlebnis!

LBS hat Anfang der 1990er-Jahre eines der größten Soziosponsoring-Projekts in Deutschland gestartet. Das Unternehmen fragte sich, wer seine Kunden sind und was es für sie tun kann. Heraus kam die LBS-Initiative *Junge Familie*, die Eltern mit Informationen und Tipps auf dem Weg in ein gesundes Familienleben unterstützt.

Der Hotelier und gläubige Muslim Benjamin Ahmed hat in seinem Brüsseler Hotel »Mozart« (84 Betten) bei frostigen Temperaturen kurzerhand 60 Obdachlose eine Woche lang kostenlos beherbergt. Gemeinsam mit ihren Hunden zogen die ungewöhnlichen Gäste in dem 3-Sterne Hotel ein. Der Hotelier konnte davon durch Werbung über Medienberichte in der ZDF-Nachrichtensendung »Heute« und im Radio profitieren.

Oder Sie machen es wie Siemens, dann kostet Sie das Sponsoring keinen Cent: Soziales Engagement wird bei Siemens nicht verordnet, sondern ist fest im Unternehmen verwurzelt. Das beweisen immer wieder Mitarbeiter, die in unzähligen Initiativen und Vereinen als freiwillige Helfer aktiv sind. Um das zu fördern, verleiht Siemens Preisgelder von 8 000 US-Dollar für die Hilfsprojekte ihrer Mitarbeiter (Siemens, Communiqué vom 16.2.07).

In meiner Arbeit habe ich festgestellt, dass es wohl noch immer so etwas wie Berührungsängste mit Randguppen wie zum Beispiel Menschen mit Behinderung gibt. Villeicht macht das Thema Angst, da es uns alle treffen könnte und man sich somit gar nicht damit auseinander setzen will. Doch eines habe ich gelernt – Mitleid ist das Letzte, was Menschen brauchen. Positive Bestärkung der Leisung lässt Menschen wachsen.

Einige Teammitglieder jubelten und warfen den Ball in die Luft, andere schauten ungläubig. Doch die Tafel auf dem Tisch zeigte es an: Sie hatten gewonnen. Sie zogen Ihre verschwitzten Trikots aus und langsam wurde für alle spürbar: Sie hatten es geschafft! So lange hatten sie trainiert und auf höchstem Niveau gespielt, jetzt durften Sie in der 1. Bundesliga des Rollstuhlbasketballs spielen. Sie rollten zu ihren Autos und verstauten die Rollstühle, um sich gleich in einer Gaststätte zu treffen und zu feiern.

Nach und nach trafen die Teammitglieder ein und träumten laut von der Zukunft. Der Vorstand ergriff das Wort und sagte: »Das, was zwischen uns und der ersten Bundesliga steht, sind 24 000 Euro. Wir brauchen Geld.« Die anderen nickten und ein besonders ehrgeiziger Teamspieler sagte: »Klar, wir suchen dafür einfach Sponsoren.« Die anderen stimmten ein und waren überzeugt, dass sich Unternehmen aus der Region finden ließen, die sie unterstützen würden. Drei Monate später rief mich ein verärgerter und ernüchterter Vorstand an: » Wir benötigen in zwei Monaten 24 000 Euro, sonst kann ich uns nicht für die 1. Bundesliga melden.« Nun sollte dies mit Sponsoren finanziert werden und wir erstellten ein Marketingkonzept.

Ich wusste, der Verein war für die Unternehmen ein »Sponsoring-Schnäppchen«. Das Preis-/Leistungsverhältnis war außerordentlich, die gebotenen Werbemaßnahmen erhielten Sponsoren bei kaum einem anderen Verein, vor allem nicht in dieser Spielklasse. Die potenziellen Sponsoren wurden eingeladen, um sich den Verein und dessen Leistung anzusehen. Die Resonanz war jedoch praktisch Null, denn in seiner Region ist es der Pferdesport, der die Zuschauer in großen Zahlen anzieht. Und die Zuschauerzahlen sind nun mal ein Hauptkriterium der Sponsoringentscheidung von Unternehmen.

Was dieser Verein versäumt hatte, war gezielt ein Image aufzubauen, Marketing für den Verein zu betreiben. Sie haben sich um die spielerische Leistung gekümmert, doch um in der Bundesliga zu spielen und Sponsoren zu gewinnen, benötigen Vereine Bekanntheit, Öffentlichkeitsarbeit, Kontakte zu Presse und Medien und Netzwerke. Der Verein hatte zwar Sponsoren gefunden, doch leider nicht in der nötigen Anzahl und Höhe, die er für die Bundesliga benötigte. Wenn Vereine Aufstiege planen, ist es wichtig, beide Schritte parallel zu gehen: die spielerische Leistung auf der einen Seite und das Marketing für den Verein auf der anderen Seite.

Wenn Sie es tun – dann richtig!

Warum empfinden viele Unternehmen ihr Sozialsponsoring nicht als effizient? Sie investieren nicht in die Idee, sondern in eine Alibi-Abbitte.

Daher meine Bitte: Wenn Sie in Zukunft Sponsoring als Marketingstrategie für Ihr Unternehmen einsetzen wollen, dann kaufen Sie keine Weihnachtskarten, von deren Erlösen 20 Cent für ein Hilfsprojekt am anderen Ende der Welt gespendet werden – es sei denn, Ihr Kundeneinzugsgebiet ist die ganze Welt. Sie outen sich mit diesem Vorgehen als Unternehmen ohne eigene Ideen. Und Sie werden damit kaum das Interesse von Journalisten erregen. Wenn Sie als örtlicher Handwerker Sponsoring machen, dann gibt es in Ihrem örtlichen Kundengebiet wichtige Projekte, bei denen Sie sichtbar helfen können, die Ihre Bekanntheit erhöhen und Kontakte bringen.

Meine »Weihnachtssponsoring«-Praxisidee von mir für Sie:

Nutzen Sie ab sofort Ihre Chance auf eine sinnvolle und effiziente Weihnachtskarten-Marketingaktion, indem Sie Ihre eigenen Karten drucken lassen. Dies ist bereits sehr günstig möglich. Schaffen Sie eine Karte, die begeistert, die weitergezeigt wird, die Emotionen weckt: Bedrucken Sie sie mit Fotos, das Ihre Mitarbeiter mit dem Kindergarten am Ort bei einer Backaktion zeigt oder beim Renovieren einer Wohnung von bedürftigen Familien. Vielleicht lassen Sie in Ihrem Unternehmen einen Weihnachtsbaum aufstellen, an dem Heimkinder ihre Weihnachtswünsche aufhängen. Jeder Mitarbeiter und/oder Kunde Ihres Hauses kann sich den Wunsch eines Kindes heraussuchen, den er erfüllt.

So zeigen Sie, dass Sie tatsächlich aktiv sind, einfallsreich und etwas bewegen – und dies in Ihrer Kundenzielgruppe.

Meine »Azubi hilft«-Praxisidee von mir für Sie:

Ihre Auszubildenden sind handwerklich tätig? Dann könnten sie zum Beispiel einen Tischkicker bauen für die Lebenshilfe oder den Menschen im Altenheim einen neuen flotten Haarschnitt verpassen oder frische Blumen binden für Sterbehospize.

Meine »Handarbeitsgeschäftsidee« von mir für Sie:
Wenn Sie ein Handarbeitsgeschäft betreiben, dann rufen Sie
doch zusammen mit der Zeitung auf, fleißige Strickerinnen zu finden und spenden Sie die Wolle. Die gestrickten Strümpfe, Kopfkis-
sen, Tiere et cetera können Sie dann auf Weihnachtsmärkten zugunsten eines bestimmten sozialen Projekts verkaufen.

Hier ist Ihr Platz für Ihre eigenen Ideen:

_____

_____

_____

_____

_____

_____

6.2.4 Bildungssponsoring

Laut der Studie »Sponsoring Trends 2006« engagieren sich 48
Prozent der deutschen Unternehmen im Bildungssponsoring und
geben dafür knapp 10 Prozent ihres Sponsoringetats aus (Her-
manns/Bagusat, *Management-Handbuch Bildungssponsoring*).

Mit Bildungssponsoring können alle Einrichtungen des Bil-
dungswesens finanziert werden, wie Kindergärten und Kinder-
tagesstätten, Schulen, Berufsschulen, Fachoberschulen, Berufsaka-
demien, Universitäten und Fachhochschulen.

Als Gegenleistung für die finanzielle Unterstützung können
Lehrstühle nach dem Sponsor benannt werden, Sachmittel oder
Bücher mit dem Logo des Sponsors bedruckt werden, Prädikate
wie »Offizieller Sponsor der Universität« vergeben werden oder die
Nennung des Sponsors in der Öffentlichkeit, in Presseartikeln oder
auf der Homepage der Bildungseinrichtung vereinbart werden.

Allerdings ist im Schulbereich Sensibilität gefordert. Da die
meisten Schulen Werbeveranstaltungen in der Schule ablehnen
und Eltern befürchten, dass Kinder beeinflusst werden. Entscheidend ist, ob sich die Hochschulen für Förderung von Wirtschaftsunternehmen öffnen wollen beziehungsweise, inwiefern dafür eine

Genehmigung erforderlich ist. Für das Hochschulsponsoring existieren auf landesverfassungsrechtlicher Ebene keine einschränkenden gesetzlichen Regelungen.

Die Fachhochschule (FH) Würzburg-Schweinfurt hat die Namensrechte ihres größten Hörsaals an Aldi verkauft, der nun den Namen »Aldi-Süd-Hörsaal« trägt. Der Hörsaal wird renoviert und Aldi zahlt, dafür wird in den bekannten Aldi-Farben gestrichen. Der Vertrag hat eine fünfjährige Laufzeit. Damit will Aldi seinem schlechten Image als Arbeitgeber bei den FH-Absolventen entgegenwirken, sagte Axel Polossek von Aldi Süd in Helmstadt. Er könne sich durchaus vorstellen, dass das Beispiel Nachahmer finde (Quelle: focus.msn.de).

Auch Schulsponsoring ist in allen Landesschulgesetzen in Deutschland prinzipiell erlaubt, allerdings müssen die Bildungsinteressen stets Vorrang haben, das heißt ein Sponsoring darf keinen Einfluss auf die Lehr- und Methodenfreiheit haben und es darf zu keiner einseitigen Abhängigkeit führen.

Für eine Schule ist es ein Wettbewerbsvorteil, wenn Eltern und Schüler erkennen, dass durch Sponsoren innovative Schulprojekte gefördert werden. Doch häufig spüre ich in meiner Arbeit noch Vorbehalte von Schulen, mit der Wirtschaft zusammenzuarbeiten. Hier hilft ein offenes, klärendes Gespräch zwischen der Schule und dem Sponsor/Unternehmen darüber, wie eine gewinnbringende Partnerschaft für beide Seiten aussehen kann. Es gibt Schulen, die gerne Trikots mit Logos annehmen und wiederum andere, die ihre Schüler nicht als Werbefläche verstanden haben wollen.

Wie wichtig ein zielgerichtetes Sponsoringkonzept sein kann und welche Auswirkungen es haben kann, wenn dies nicht beachtet wird, zeigt das folgende Beispiel deutlich: Am 22. Juli 2009 informierte die *Stuttgarter Zeitung* in einem Artikel: »Erste Privatuniversität des Landes macht dicht. Das Aus der Internationalen Universität Bruchsal ist besiegelt, teilte die Geschäftsführung mit großem Bedauern mit. Die monatlichen Verluste beliefen sich auf mehr als 200 000 Euro. Es sei versäumt worden, Drittmittel einzutreiben und Kontakt mit der Wirtschaft aufzunehmen, um die Unternehmen als Sponsoren zu gewinnen. Mit dem Konzept der privaten Universität hänge die Pleite nicht zusammen.« Das ist nicht nur schade für die Studenten, sondern auch für das Land Baden-Württemberg, das die erste

Privatuni mit rund fünf Millionen Euro unterstützt sowie für die Stadt Bruchsal, die etwa 20 Millionen investierte.

Doch es geht auch anders: Das Unternehmen Herlitz stand 2003 kurz vor der Pleite. Der Druck am Markt und die Austauschbarkeit der Produkte wie Schulhefte, Stifte und anderes Schulmaterial ließen Herlitz neue Wege im Marketing gehen. Ziel war es, die Marke wieder positiv zu besetzen und Kunden zu gewinnen. Da die Gelder knapp waren, entwickelte man eine Idee. Das Unternehmen gründeten BildungsCent e.V. Unter dem Motto »Ein Cent, der Schule macht« wirbt der Verein um Unterstützung für die nachhaltige Förderung der Lernkultur. Herlitz stellt den Schulen so genannte SchulCoaches aus den Bereichen Ernährung und Bewegung als Impulsgeber kostenfrei zur Verfügung. Der Verein unterstützt darüber hinaus 1000 Schulen bei der CO_2-Reduktion. Jeder Schule steht dabei ein Budget von 500 Euro zur Verfügung, um die Umsetzung klimaschonender Maßnahmen zu finanzieren. Bei einem Mindestbeitrag von 365 Cent pro Jahr kann jeder einen Beitrag leisten.

Die Siemens AG rief ein »Science Camp« ins Leben, in dem Mädchen an Werksführungen sowie Experimenten zur Medizintechnik teilnehmen können. Mit dieser Aktion wollte Siemens Abiturientinnen für den Beruf der Ingenieurin begeistern. In einem Auswahlverfahren mussten sich die Mädchen für das Camp unter dem Motto »Innovative Lösungen für die Gesundheit von Menschen« qualifizieren.

Rama erhielt über 25000 Bewerbungen von Kinder und Jugendlichen für seine Aktion »Wenn ich groß bin, werde ich…«, für die Fondsanlagen im Wert von 300000 Euro ausgeschrieben waren. 100 Kinder und Jugendliche wurden per Los ausgewählt. Ziel von Rama war, die Präsenz und Positionierung als Familienmarke mithilfe dieser Form der Ausbildungsförderung zu stärken.

Eine »gewagte« Praxisidee von mir für Sie:

Als Trendfriseur setzen Sie sich von der örtlichen Konkurrenz ab, indem Sie aus den Lehrern der örtlichen Schule einen echten »Hingucker« machen. Sie stylen die Lehrer/innen, die sich dafür natürlich freiwillig zur Verfügung stellen, und präsentieren die Vorher-Nachher-Wirkung. Das peppt jedes langweilige Schulfest auf. Sie können sich bei den anwesenden Kunden Ihres Einzugsgebiets vorstellen und spenden auch noch Haarpflegeprodukte für die Schultombola. Das spricht sich sichtbar rum!

Eine Praxisidee von mir für Sie, nach dem Motto
»Leistung zahlt sich aus«:
Eine Gemeinschaftsidee für mehrere Geschäfte oder einen Verbund von Selbstständigen in Ihrem Ort: Belohnen Sie doch die Schüler aus Ihrem Umfeld, die mindestens eine Eins im Zeugnis haben, mit Freikarten für das Schwimmbad oder die Eissporthalle, einem Besuch in der Eisdiele oder Sachspenden, die sich die Kids bei Ihnen im Geschäft abholen dürfen. So fördern Sie die Bildung an Ihrem Ort.

Eine »blumige« Praxisidee von mir für Sie:
Als örtliches Blumengeschäft die Tischdekoration für ein Schulfest zu sponsern (und dazu natürlich Flyer mit Ihren Kontaktdaten auszulegen) oder bei Ehrungen und Verabschiedungen einen Blumenstrauß zu überreichen, ist eine Idee, die viel Freude, Anerkennung und neue Kunden für Ihren Laden bringt.

Eine »beratende« Praxisidee von mir für Sie:
Oder bieten Sie Ihr Know-how an. Unterstützen Sie Schüler mit Bewerbungstrainings oder Praktika. Die IHK bietet für Unternehmen das Projekt »Wirtschaft macht Schule« an, indem Sie einen redaktionellen Beitrag im IHK Magazin über Ihr Engagement erhalten. Sie haben verschiedene Möglichkeiten der Zusammenarbeit, von einmaligen Bewerbungstrainings bis hin zu Kooperationsverträgen mit Schulen.

Eine »staunende« Praxisidee von mir für Sie:
Laden Sie doch den örtlichen Kindergarten zu einem Nachmittagsausflug bei Ihnen ein und zeigen Sie als Landschaftsgärtner Ihre Maschinen oder bieten eine Fahrt auf dem Bagger an. Dies sorgt für einen besonderen Nachmittag bei den Kindern – und deren Familien.

Hier ist Ihr Platz für Ihre eigenen Ideen:

_____

_____

_____

_____

_____

_____

6.2.5 Ökosponsoring

Umweltorientierung und das Bewusstsein über den Klimawandel haben in den letzten Jahren stark zugenommen und es wird immer wichtiger, dass wir uns dem Thema aktiv stellen.

Beim Ökosponsoring kooperieren Unternehmen mit Einzelpersonen oder Vereinen, die sich mit ökologischen Problemen und/oder dem Schutz beziehungsweise der Erhaltung der natürlichen Umwelt des Menschen befassen. Mit Ökosponsoring können folgende Projekte finanziert werden: Tier- und Artenschutz, Natur- und Landschaftsschutz, Klimaschutz/Energieeinsparung, Abfallwirtschaft, Gewässerschutz, Luftreinhaltung und Umweltbildung.

Wichtig ist, dass die Glaubwürdigkeit im Innen und Außen gegeben ist und dass das Handeln im Unternehmen der ökologischen Realität entspricht. In Unternehmen mit verantwortungsvoller Umweltpolitik wird zum Beispiel auf Abfalltrennung geachtet, für die sachgerechte Entsorgung von Problemmüll gesorgt und Energieeffizienz vorgelebt. Engagements, die lediglich dazu dienen, selbst verursachte Umweltprobleme zu kaschieren, werden zu einer unglaubwürdigen Alibi-Funktion.

Für Unternehmen, die Produkte oder Dienstleistungen zur Lösung von ökologischen Problemen anbieten, wie zum Beispiel Umwelttechnologieunternehmen, ist das Ökosponsoring sicher einer der sinnvollsten Marketingmöglichkeiten, denn es entspricht vollständig dem Gebot der Glaubwürdigkeit (Know-how-Bezug).

Mit einem Anteil von rund 17 Prozent am Sponsoring stellt das Ökosponsoring das Schlusslicht der Sponsoringarten dar. Diese Form des Sponsorings wird jedoch in den nächsten 20 Jahren in seiner Bedeutung sehr stark wachsen, da es immer wichtiger und notwendiger wird, die Natur zu schützen und für nachfolgende Generationen zu erhalten. Insofern wünschte ich, dass sich mehr Unternehmen trauen, Projekte zu unterstützen in den Bereichen wie der solaren Energiewende, biologischen Landwirtschaft oder der nachhaltigen Nutzung von Wäldern. Die Natur ist wunderbar und unser aller Lebensraum – zudem ist das Ökosponsoring eine Marketingstrategie, auf die die Bevölkerung sehr positiv reagiert.

Investieren in unsere Zukunft, ökologisch sinnvoll handeln. Fragen Sie sich also: Wo können Sie mit Ihren Produkten noch in Einklang mit der Natur arbeiten? Gibt es für Sie Abfall, den andere benötigen können? So hat eine Rollenoffsetdruckerei Restpapierrollen, die nicht mehr verwendet werden, Kindergärten im ganzen Ort gesponsert. Die Kinder freuen sich, da sie jetzt riesige Bilder zusammen malen können und die Druckerei freut sich, da in ihrem Pausenraum ein liebevoll gemaltes Bild der Vierjährigen als Dankeschön die Wand verschönert. Ebenso hat das Unternehmen Arbeitszeit eingespart: Ein Mitarbeiter hätte diese Rollen sonst für die Abfallentsorgung zerschneiden müssen.

Franck Riboud, der Chef des Lebensmittelkonzerns Danone, hat im Frühjahr 2006 mit dem Nobelpreisträger Muhammad Yunus Kontakt aufgenommen, da er von dessen Idee der Kleinkredite für Arme in Bangladesch begeistert war. Riboud wollte mit einem Scheck Yunus' Arbeit unterstützen. Doch Yunus lehnte ab, weil er keine »Almosen« wollte und hat Danone eine Vision gezeichnet: Ein Social-Joint-Venture, das Joghurt produziert, der als wichtiges Nahrungsergänzungsmittel für die Armen dienen könnte. Danone sollte den Bau des Werks zur Produktion übernehmen. Yunus hatte weitere Ideen: Er wollte auch einen Becher, der essbar ist. Das würde auch die Umwelt weniger belasten. Der essbare Becher konnte noch nicht realisiert werden, doch als Zwischenlösung wurde ein kompostierbarer Joghurtbecher produziert. Die Danone-Forschungsabteilung arbeitet an einer Lösung auf Maisbasis.

Die Commerzbank kooperiert mit dem EUROPARC, einem Verbund von Landschaftsschutzgebieten in Europa, schon seit über 18 Jahren. Jedes Jahr ermöglicht sie 50 Studentinnen und Studenten ein Praktikum für die Umwelt in einem Nationalpark, Naturpark oder Biosphärenreservat (Quelle: Commerzbank).

Bionade rief 2008 die Kampagne »Ressourcen schaffen – Trinkwasser pflanzen« gemeinsam mit Trinkwasser e.V. ins Leben. Ihr Ziel ist eine bessere Speicherung von Grundwasser in Wäldern und so werden Nadelwälder in Misch- und Laubwälder umgewandelt, um die Trinkwassergewinnung zu fördern. Diese Kampagne wird von Schülern unterstützt, die Linden und Eichen pflanzen und so ein Bewusstsein für das Ökothema vermittelt bekommen.

Eine Praxisidee von mir für Sie:
Entwickeln Sie ein eigenes Öko-Sponsoring-Produkt
Mit einem Kunden entwickeln Sie ein Produkt, aus dessen Verkaufserlös ein Feuchtbiotop mit einer einmaligen Pflanzen- und Tierwelt entstehen kann. Solche Projekte können die unter Kostendruck stehenden Landwirte heute nur noch mit zusätzlichen finanziellen Mitteln leisten.

Eine Praxisidee von mir für Sie: Liebevolles Zuhause gesucht
Als Inhaber einer Tierfachhandlung oder Tierarztpraxis helfen Sie Tierheimen, Hunden zu helfen. Einen Teil Ihrer Einnahmen setzen Sie zur Betreuung und Vermittlung von Tierheimhunden ein. Auf Plakaten können Sie für Ihre Aktion werben. Oder Sie stiften eine neue Außenanlage, die Ihren Namen trägt.

Hier ist Ihr Platz für Ihre eigenen Ideen:

_____

6.2.6 Mediensponsoring

Das Programmsponsoring bietet Unternehmen die Möglichkeit, als Präsenter von Fernsehsendungen oder Radioübertragungen aufzutreten. Den Satz kennen Sie bestimmt alle: »Dieser Spielfilm wird Ihnen präsentiert von ...« (jetzt nennt die freundliche Stimme aus dem Fernsehen meistens eine Biermarke). Diese Präsenter sind mit Ihrem Unternehmen nicht an der Produktion beteiligt, sondern werden mit ihrem Namen beziehungsweise der Marke präsentiert. Allein Zigaretten- oder Arzneimittelhersteller dürfen nicht sponsern.

Mit dem Mediensponsoring können folgende Projekte finanziert werden: Fernsehen, Radio, Internet und Kino.

Eine besondere Variante des Mediensponsorings ist es spielend zu werben mit In-Game-Advertising. Unter diesem noch jungen Trend versteht man die Platzierung von werblichen Botschaften in Computer- oder Videospielen. Verschiedene Studien geben an, dass rund 12 Millionen Deutsche regelmäßig Computerspiele spielen. Die Spiele werden im Auftrag eines Unternehmens erstellt oder an die Anforderung angepasst. H & M hat dies für »SIM 2« im Juni 2007 realisiert. Die Spieler können nicht nur ihre SIMs (Spielfiguren) mit der neuesten Kollektion der trendigen Kleidung von Hennes & Mauritz kaufen, sondern auch selbst designen. Die besten Entwürfe werden dann von H & M in die Läden gebracht. Als eines der ersten großen Unternehmen hat Opel das In-Game-Advertising für sich entdeckt und dehnte die Neuauflage des Roadster Opel GT in Computerspielen seit Ende 2007 aus. Somit ist der Markt der Computerspiele sicher ein Wachstumsmarkt.

Ein erfolgreiches Beispiel für Mediensponsoring stellt die Kooperation von der Marke EiszeitQuell von Romina Mineralbrunnen und dem Radiosender Antenne 1 dar. In der Aktion »Ostermann macht Träume wahr« werden Kinderwünsche erfüllt; zehn Cent pro verkauftem Kasten EiszeitQuell fließen in den Fördertopf der Kinderträume-Aktion. Auf diese Weise tragen alle Käufer automatisch dazu bei, Kinderträume zu erfüllen. Und was bringt das dem Unternehmen? EiszeitQuell verzeichnete ein Markenwachstum von rund 300 Prozent. 2008 erwirtschaftete Romina Mineralbrunnen einen Umsatz von über 26 Millionen Euro und beschäftigt aktuell 87 Mitarbeiter.

Eine Praxisidee von mir für Sie: »Schaufenster als Hingucker«
So sorgen Sie für Menschentrauben an Ihrem Schaufenster: Bieten Sie doch ein interaktives Computerspiel an, das die Passanten an Ihrem Schaufenster spielen können. Wenn sie gewinnen, erhal-

ten sie einen Gutschein für den Einkauf in Ihrem Geschäft; den Erlös bekommt das örtliche Jugendhaus. So ziehen Sie neue Kunden in Ihre Verkaufsräume.

Achten Sie hier auf Ihre Kundenzielgruppe: Diese Spiele werden eher von der jüngeren Generation angenommen.

Eine Praxisidee von mir für Sie: »Lassen Sie von sich hören«
Vereinbaren Sie mit einer privaten Radiostation eine Gewinnspielkooperation oder sponsern Sie eine Sendung, zum Beispiel einen Beitrag über Kinder mit Migrationshintergrund. Suchen Sie sich den für Sie passenden Sender und lassen Sie sich mit der Abteilung Sponsoring verbinden.

Hier ist Ihr Platz für Ihre eigenen Ideen:

_____

_____

_____

_____

_____

_____

6.3 Was gewinnen Sie mit Sponsoring?

Wenn du denkst, die ganze Welt sei schlecht, dann vergiss nicht, dass sie Leute wie dich enthält.

Mahatma Gandhi

In der Regel ist Sponsoring keine kurzfristige Maßnahme zur Umsatzsteigerung, sondern eine Kampagne mit mittel- bis langfristiger Wirkung. Die Wirkung des Sponsorings verpufft nahezu, wenn es bei einer einmaligen Aktion bleibt. Daher sind regelmäßige, gezielte Aktionen geeignet, um potenzielle Kunden und Medien auf sich aufmerksam zu machen. Eine einmalige Spende von 100 Euro bringt die Bevölkerung in Ihrem Ort wohl nicht dazu, positiv über Sie sprechen. Dazu benötigen Sie clevere und emotional ansprechende Strategien.

Die Hauptziele des Sponsorings

Was erreichen Unternehmen also, wenn sie Sponsoring gezielt einsetzen? Die Hauptziele des Sponsoring sind:

1. Imagegewinn,
2. Bekanntheit erhöhen,
3. Mitarbeiter motivieren,
4. Geschäftskontakte herstellen,
5. mittel- bis langfristige Absatz- und Umsatzziele,
6. gesellschaftliche Verantwortung übernehmen.

Imagegewinn

Als häufigsten Grund, warum Unternehmen Sponsoring betreiben, geben sie die Steigerung Ihres Image an. Wieso ist Image für Menschen beziehungsweise Unternehmen eigentlich so wichtig?

Wir sind täglich von einer Informationsflut umgeben und kein Mensch kann alles wissen, was vorgeht. Das Image hilft, eine Vorstellung von Unternehmen oder Produkten entwickeln, sich eine Meinung zu bilden und Kaufentscheidungen treffen.

Darüber hinaus wird das Image eines Unternehmens einen potenziellen Top-Bewerber dazu veranlassen, sich bei Ihnen zu bewerben – oder eben nicht. Ein Mitarbeiter entscheidet, ob das Unternehmen seine Werte vertritt (so zum Beispiel in Bezug auf Arbeitsklima, Sicherheit des Arbeitsplatzes, Firmenkultur, soziales Engagement, Bekanntheit et cetera) und ob er das Unternehmen mit ganzer Kraft unterstützt.

Wettbewerbsvorteile lassen sich oft nur noch dadurch erreichen, dass ein Unternehmen Gefühle und Emotionen anspricht. Produkte und Leistungen sind austauschbar geworden.

Markenbekanntheit

Sponsoring spricht Zielgruppen vor Ort und über Medien an. Somit eignet sich Sponsoring besonders für den Aufbau und die Erhöhung von Markenbekanntheit.

T-Systems, der Onlineshop für Groß- und Geschäftskunden der Telekom, sponsert den Segelsport. High-Tech-Segeln stellt die perfekte Verbindung zum Unternehmen dar: Der rasante Sport verkörpert genau die Werte, die T-Systems verkörpern will – Flexibilität, Zuverlässigkeit, Kompetenz und modernste Technik, umgesetzt von hoch motivierten und exzellenten Teams.

Der Aufbau einer Marke bietet auch Ihnen als kleines Unternehmen eine hohe Unterscheidungskraft und Positionierung am Markt und den unschätzbaren Vorteil, dass Unternehmen beim Private Label nicht jeden Preiskampf bis zum letzten Euro mitmachen müssen. Geiz war gestern! Das Qualitäts- und Markenbewusstsein der Deutschen ist gestiegen, dies besagt zumindest die Semiometrie-Analyse 2007, die TNS Infratest und SevenOne Media durchgeführt haben. *Preisorientierte Käufer* (26 Prozent) wollen den günstigen Einkauf. *Prestigeorientierte Markenkäufer* (37 Prozent) sind Personen, denen Image und Prestige genutzter Marken besonders wichtig sind. Sie nutzen ihre verwendeten Marken vor allem, um aufzufallen, Erfolg zu symbolisieren und Anerkennung zu bekommen. Markenartikel stehen für diese Käufergruppe für Qualität, weshalb sie auch grundsätzlich eher bereit sind, mehr Geld für bestimmte Markenartikel zu zahlen. Für *loyale Markenkäufer* (37 Prozent) strahlen Marken Qualität, Vertrauen und Sicherheit aus, wofür sie auch gerne bereit sind, mehr Geld auszugeben. Bei diesen markenorientierten Personen handelt es sich um sehr anspruchsvolle Konsumenten, die zudem sehr auf gesunde Ernährung, umweltfreundliche Produkte und Bio-Lebensmittel achten.

Damit sich Ihr Unternehmen die Vorteile der Marke zunutze machen kann, lohnt es sich folgende Fragen zu beantworten:

Wie wird Ihr Unternehmen als Marke von bestehenden und potenziellen Kunden wahrgenommen?

Warum kauft Ihr Kunde gerade bei Ihnen? Vielleicht, weil Sie zuverlässig, höflich oder kundenfreundlich sind und kurze Lieferzeiten bieten? Wenn Sie Kunden befragen, achten Sie auf emotionale Aspekte, denn wenn Sie lediglich in den harten Fakten wie Preis, Liefertreue und Qualität führend sind, werden die Kunden keine langfristige Bindung zu Ihrem Unternehmen aufbauen.

Mit welchen emotionalen Aspekten wollen Sie als Unternehmen und als Marke zukünftig verbunden werden?

Entwickeln Sie eine starke aber einfache Idee, die das Marketingmerkmal Ihres Unternehmens wird. Zum Beispiel sagte Charles Revson, der 1932 die Kosmetikfirma Revlon gründete: »Wir produzieren Kosmetikartikel, aber die Kunden kaufen Hoffnung.« Und der Kommunikationswissenschaftler Norbert Bolz sagt: »Das Produkt ist nur die Beigabe zum spirituellen Mehrwert, der beworben wird und den wir kaufen.« (*brand eins* 02/2003) Was verkaufen Sie? Welches Gefühl wollen Sie Ihren Kunden vermitteln?

Welche Sales-Story hat Ihr Unternehmen? Welche emotionalen Attribute können Sie mit Ihrem Produkt oder Ihrer Dienstleistung transportieren?

1953 hat sich Max Huber, Raketenphysiker bei der NASA, schwere Verbrennungen und Verätzungen zugezogen. Über 6 000 Experimente und 12 Jahre später hatte Huber die »Crème de La Mer« entwickelt. Diese Crème hat sein entstelltes Gesicht mit den Narben geheilt. Sie ist extrem teuer, verkauft sich dank dieser persönlichen Geschichte jedoch bestens. Was lässt sich Bemerkenswertes über Ihre Geschäftsidee oder Ihr Unternehmen berichten? Wofür sind Sie angetreten?

Wie soll die Marke inszeniert, das heißt beim Kunden in Szene gesetzt werden?

Schaffen Sie für Ihre Kunden eine Erlebniswelt rund um Ihr Unternehmen. Firmenlogo, Unternehmensgebäude, Firmenprospekt, Unternehmenspräsentation, Mailings, Flyer, Events und Ähnliches sollte eine einheitliche »Handschrift« haben und auf emotionale Weise die wesentlichen Merkmale Ihrer Marke kommunizieren.

Mitarbeitermotivation

Interne Unternehmenskommunikation ist ein wichtiger und oft sehr stiefmütterlich behandelter Erfolgsfaktor für Unternehmen. In meinen Beratungen, entdecken wir hier die größten Wachstumsmöglichkeiten von Unternehmen. Motivierte Mitarbeiter, die stolz sind, im Unternehmen zu arbeiten, die sich identifizieren mit dem Handeln des Unternehmens und sich entwickeln können, leisten unglaublich viel.

Sponsoring stärkt das Zugehörigkeitsgefühl der Mitarbeiter zum Unternehmen. Dies wurde jetzt sogar wissenschaftlich in einer empirischen Untersuchung der Ludwig-Maximilians-Universität in München belegt. Es wurde untersucht, wie sich Kultursponsoring auf die Mitarbeitermotivation auswirkt. Die erhöhte Motivation stärkt das Vertrauen der Mitarbeiter und die Bindung an das Unternehmen. Wenn Sie Mitarbeiter zu Sponsoring-Veranstaltungen einladen oder in die Planung mit einbeziehen, dann wird dies als etwas Außergewöhnliches und als Anerkennung ihrer Arbeitsleistung gesehen. Durch Ihr Sponsoringengagement kommunizieren Sie im Innen und Außen die Bereitschaft zur sozialen Verantwortung. Durch Sponsoring hat das Unternehmensimage für Mitarbeiter einen höheren Stellenwert.

Geschäftskontakte herstellen

Durch Sponsoring haben Sie die Möglichkeit, Vereinsvorstände und -mitglieder kennen zu lernen und in der Kundenzielgruppe einen persönlichen Eindruck zu hinterlassen. Denken Sie auch daran, dass sich Ihre gute Leistung weiter in den Familien und im Freundeskreis der Vereine weiterspricht. Nutzen Sie daher persönliche Übergaben, Vereinssitzungen oder Feste, auf denen Sie als Sponsor eingeladen werden.

Mittel- bis langfristige Umsatz- und Absatzziele

Sponsoring ist im Gegensatz zur herkömmlichen Werbung eine mittel- bis langfristige Marketingstrategie. Sponsoring wirkt sympathisch und im Unterbewusstsein der Menschen. Dadurch dass Unternehmen verschiedene Werbeplattformen nutzen, beeinflussen sie Kaufentscheidungen von Konsumenten. Die meisten Unternehmen entscheiden sich daher für einen Kommunikationsmix. Es gibt jedoch sehr erfolgreiche Unternehmen, die fast ausschließlich Sponsoring und Eventmarketing einsetzen, darunter Jägermeister und Lambertz (Deutschlands führender Lebkuchen- und Printenbäcker), die vollständig auf klassische Werbung verzichten.

Gesellschaftliche Verantwortung übernehmen

Corporate Social Responsibility (CSR), zu deutsch: die gesellschaftliche Verantwortung der Unternehmen ist in Deutschland zu einem wichtigen Thema geworden. Auch von kleinen und mittleren Unternehmen wird von der Bevölkerung eine gesellschaftliche Verantwortung eingefordert. Engagierte Unternehmer können viel bewegen. Sie haben gute Ideen, wie man drängende Probleme kreativ und effektiv lösen kann – zum Nutzen des Unternehmens und der Region. Es gibt beispielsweise Unternehmen, die sich des Problems der Kinderbetreuung in den Sommerferien annehmen, indem sie einen Kinderhort für den Nachwuchs ihrer Mitarbeiter einrichten. Oder sie geben an Hauptschulen Bewerbungstraining, damit die Jugendlichen ihre Chance auf den Arbeitsplatz erhöhen.

So schreibt die BASF auf ihrer Homepage: »Wir nehmen als attraktiver Arbeitgeber und guter Nachbar unsere soziale Verantwortung wahr und bekennen uns zum Leitbild einer nachhaltigen zukunftsverträglichen Entwicklung. Dies tun wir besonders mit Projekten in den Bereichen Gesellschaft und Soziales, Jugend, Bildung und Wissenschaft, Kunst und Kultur sowie Sport.« Für die gezielte Förderung von humanitären, kulturellen und sozialen Anliegen hat die BASF-Gruppe im Jahr 2007 insgesamt 75,3 Millionen Euro aufgewendet (2006: 76,2 Millionen Euro). 35,3 Prozent dieser Summe wurden gespendet, der übrige Betrag wurde für Sponsoring und eigene Projekte aufgewendet.

Unverwechselbarkeit durch emotionale Qualität

Es ist heute nicht mehr alleine entscheidend, was ich verkaufe, sondern wie ich es tue.

Denken Sie bei allem immer daran, dass eine Botschaft an potenzielle Kunden mit Hirn und Herz ausgeführt werden soll, also planen und rechnen Sie mit Verstand und führen Sie dann Ihr Marketing mit Gefühl durch.

Die Inhaberin eines Cafés hat beispielsweise einen »Guten Tisch«. So hat sich in dem Ort bereits herumgesprochen, dass man Gutes tun kann, indem man einfach am richtigen Tisch seinen Kaffee trinkt. 20 Prozent der Einnahmen an diesem Tisch spendet die Inhaberin für soziale Härtefälle. »Wir können dann einfach viel schneller und unbürokratischer helfen«, ist die Chefin überzeugt. So finden sich in dem Café nicht nur spendenfreudige Gäste ein, sondern auch die Presse und engagierte Menschen, die der Geschäftsleitung von Familien in Not berichten. So kommen jetzt Kegelclubs und Vereine auch zum Abendessen. Und die Aktion lohnt sich für die clevere Unternehmerin doppelt: Nicht nur, dass Sie gerne hilft, durch die Aktion hat sie viele neue Gäste gewonnen und ihren Umsatz erhöht.

Sponsoring, klug und in der Zielgruppe ausgeführt, ist nicht nur emotional bereichernd, sondern auch wirtschaftlich.

Wieso ist die emotionale Ansprache für den Geschäftserfolg so wichtig? Kunden sind überlastet von der Informationsflut, die täglich auf sie einströmt. Ob wir im Auto das Radio anmachen, an Plakatwänden vorbeifahren, abends fernsehen oder ins Kino gehen, im Büro Zeitung lesen oder Werbe-E-Mails bekommen – überall erfahren wir etwas über das neue 7-Klingen-Rasiersystem oder einen neuen Fitnessdrink. Wir versuchen, diese Informationen auszuschalten, in dem wir an unsere Briefkästen Schilder mit der Aufschrift »Keine Werbung bitte« anbringen und den Spam-Ordner unseres E-Mail-Programms leeren. Wenn Sie jedoch in Ihrem Besucherraum Bilder des Backevents mit der Marienkäfer-Kindergartengruppe ausgehängt haben, auf denen Mitarbeiter und mehlverschmierte, stolze Vierjährige zu sehen sind oder einen Presseartikel über Ihre Auszubildenden, die Schüler über den Beruf informieren und Versuchsprojekte durchführen, dann kann sich kein Besucher dagegen wehren – es wirkt einfach sympathisch. Und wenn der Empfang in Ihrem Hause und die Abwicklung des Auftrages dieses Bild bestätigen, dann passiert Folgendes: Es werden neue Gedächtnisstrukturen in der Zielgruppe aufgebaut, wenn man bisher noch keine Vorstellung von dem Unternehmen hatte, und vorhandene Gedächtnisstrukturen werden gestärkt oder erweitert, wenn man dem Unternehmen neue Eigenschaften zuschreibt.

Vermitteln Sie also Ihren Kunden, Geschäftspartnern und Mitarbeitern starke und einzigartige Gefühle, die mit Ihrem Unternehmen verbunden sind.

Wenn Ihnen klar ist, welche Emotionen Sie ansprechen möchten, dann können Sie über die relevanten Maßnahmen entscheiden. Möglich sind Events, Verkaufsförderung, Bilder auf Ihrer Homepage, Pressemitteilungen und Öffentlichkeitsarbeit mit Sponsoring.

Was vermuten Sie, welche Gefühle bei einer Bank im Marketing angesprochen werden könnten? Der Marketingforscher Werner Kroeber-Riel hat bereits im Jahr 1995, also noch deutlich vor der Bankenkrise, erforscht, mit welchen emotionalen Bildern die Werbung von Banken arbeitet. Die Kunden sollen angesprochen werden von Vorstellungen der Sachlichkeit, Leistung (Erfolg), sozialen Kompetenz, Geborgenheit, Lebensfreude und Attraktivität (*Mögliche Gefühlsdimension einer Bank*).

Marketing-Kommunikation als strategischer Erfolgsfaktor

Wie können Sie bei potenziellen Kunden alle Sinne ansprechen? Diese Frage wird zunehmend wichtiger und ermöglicht Ihnen, sich im Wettbewerb von Ihren Konkurrenten zu unterscheiden.

Die Freude am Unternehmenserfolg, das Erkennen eines tieferen Sinns im eigenen Handeln, das Wissen um den Weg zu einer erfolgreichen Unternehmenspositionierung erhöht unseren Marktwert. Das Konsumverhalten und der Wettbewerb verändern sich, die Konkurrenz aus dem Ausland wird auch auf kleine und mittelständische Unternehmen Auswirkungen haben. Klassische Werbung bringt oft nicht mehr den gewünschten Erfolg.

Die Wirkungen des Sponsorings sind gut dokumentiert: Die Bekanntheit des Unternehmens wird gesteigert, die Sympathiewerte des Unternehmens wachsen, sodass es »begehrenswert« erscheint, was wiederum die Handlungsbereitschaft von Konsumenten steigert. Die Hirnforschung ist zu der Erkenntnis gekommen, dass eine emotionale Ansprache zu Handlungen führt. Wird ein potenzieller Kunde nur sachlich über Produkte informiert, wird er keine Kaufhandlung vornehmen. Gefühle spielen einen wichtige Rolle. Es gibt eine Macht in uns, die uns lebendig und einzigartig macht, und die sich »Gefühl« nennt. Oder war der Kauf Ihres Autos ausschließlich eine Vernunftentscheidung?

Der grundlegende Unterschied zwischen Gefühl und Verstand liegt darin, dass Gefühl zu Handlungen führt, der Verstand zu Schlussfolgerungen.

Donald B. Calne,
Professor der Neurology University of British Columbia, Kanada

Wie glaubwürdig ist ein Unbekannter?

Als Existenzgründer haben wir uns gründlich auf die Unternehmensgründung vorbereitet: den Businessplan geschrieben, die Finanzierung bei der Bank festgemacht, einen Steuerberater gefunden und das Logo entworfen. Wir planen ein Büro in einer repräsentativen Altbauwohnung mit hohen Decken und Stuck, die Ausstattung unseres Empfangsraums und der Sekretärin.

Es gibt nur ein letztes Tabu: das Marketing. Welches Werbebudget wird geplant, wie soll die Unternehmenspositionierung erfolgen, wie sollen hohe Preise durchgesetzt werden, wie wollen wir bekannt werden, uns einen Namen machen. Wie soll unsere Unternehmenskommunikation nach innen und außen aufgestellt sein?

Vielleicht haben wir in unserer Planungsphase noch eine Imagebroschüre und Visitenkarten entworfen. Ein Grafiker entwirft uns eine Werbeanzeige für das örtliche Tagesblatt. Und wir verteilen Flyer mit der Eröffnung des Geschäftes und laden potenzielle Kunden zum Sektempfang. Doch dann, nach ein paar Monaten, wenn diese Maßnahmen nicht ausreichend fruchten, immer noch zu wenig Kunden da sind, stellen sich erster Frust und finanzieller Druck ein. Wir sitzen in unseren neuen Räumen und machen zu wenig Umsatz, um wirtschaftlich arbeiten zu können. Geld für weitere teure Werbeanzeigen haben wir kaum und so senken wir oft als erstes unsere Preise, was jedoch die Abwärtsspirale nur verstärkt.

Wie also werden wir als »Unbekannter« endlich wahrgenommen? Wie werden potenzielle Kunden auf uns aufmerksam? Wie bauen wir einen Ruf als Fachmann und Experte auf? Wie setzen wir wirtschaftliche Preise durch?

Durch gezielte Planung! Ja, das bedeutet Arbeit. Ich würde Ihnen gerne etwas anderes sagen, doch die Wahrheit ist, Sie müssen es tun! Sie benötigen Zeit für die Vorbereitung, dann aber schaffen Sie eine ganz andere Grundlage. Als neues Unternehmen finden

Sie nicht nur dadurch Beachtung, dass Sie ein gutes Angebot haben oder eine exzellente Qualität. Das allein reicht heute oft nicht mehr, denn die Kunden setzen es schlicht voraus. Auch wenn Sie ein völlig neues innovatives Produkt auf den Markt bringen, sind Sie darauf angewiesen, dass viele Menschen und potenzielle Kunden davon erfahren. Daher benötigen Sie eine strategische Unternehmenskommunikation.

Unternehmensberater raten bei der Unternehmensgründung zur Mitgliedschaft in einem Verein, um Kontakte zu knüpfen. Doch ich rate Ihnen: sponsern Sie als Neugründer mindestens einen Verein. Sie müssen dafür nicht einmal viel Geld ausgeben. Reparieren Sie die tropfenden Duschen im Vereinshaus oder machen Sie am Elternabend in der Schule das Catering mit Kostproben Ihres Sortiments.

Als Unternehmen können Sie viele teure Werbeanzeigen in Zeitungen schalten. Wenn Sie aber effizient neue Kunden gewinnen wollen, dann präsentieren Sie sich persönlich, lassen Sie Menschen etwas probieren, schenken Sie eine Kostprobe Ihres Könnens und überraschen Sie die Menschen. Bringen Sie sich in die Medien, dann haben Sie eine kostenlose Werbung.

6.4 Wie kommen Sie zu Ihrer effektiven Sponsoringstrategie?

Wenn man etwas haben will, was man noch nicht gehabt hat, dann muss man etwas tun, was man noch nie getan hat.

Warum sind einige Unternehmen mit Sponsoring sehr erfolgreich? Welche besonderen Ideen haben Sie? Oder haben Sie spezielle Ausbildung, zum Beispiel im Marketing?

Im normalen Unternehmensalltag ist Sponsoring zumeist nicht vorgesehen. Dort geht es um Produktentwicklung, Einkauf, Verkauf, Buchhaltung und vielleicht noch um ein paar Werbemaßnahmen. Große Konzerne dagegen haben Marketingabteilungen, um Corporate Identity, Corporate Design, Corporate Communication und Behaviour in konkreten Maßnahmen, Zeitplänen und Budgets umzusetzen.

Doch wo sind die Strategien für kleine und mittelständische Unternehmen? Die Sponsoringstrategien sind nicht vergleichbar mit den Anforderungen, die große Unternehmen stellen, deshalb kann auch deren Vorgehen nicht einfach kopiert werden. Das heißt, wir benötigen spezielle Strategien, die andere Anforderungen erfüllen, damit Sponsoring für kleine und mittelständische Unternehmen lohnend und praxistauglich ist. Dazu habe ich Ihnen im Folgenden einen Katalog von Anforderungen zusammengestellt, die erfüllt sein müssen. Prüfen Sie für sich, welche Einschränkungen auf Sie zutreffen und was Sie beachten sollen, damit das Sponsoring für Sie ein voller Erfolg wird.

1. Die Aktion sollte **nicht zeitintensiv** sein. Als inhabergeführtes Unternehmen steckt man sehr im Arbeitsalltag des Ablaufes und Zeit für andere Planungen ist Mangelware.

2. Maßnahmen müssen mit einem **geringen Budget** durchführbar sein. Sponsoringstrategien dürfen nicht Tausende von Euro verschlingen, sondern müssen bei kleinem Einsatz größtmöglichen Erfolg bringen.

3. **Personaleinsatz ist begrenzt** möglich, da das Sponsoring oft vom Chef selbst durchgeführt wird oder von einer Arbeitskraft, die das zusätzlich zu ihrer täglichen Arbeit tut. Wichtig ist die zielgerichtete Wirkung.

4. Sympathie und **persönliche Kontakte** sind wichtig. Während in großen Konzernen oft Geschäftsführer von außen kommen und der Bezug zum Ort fehlt, sind Entscheidungen von Sponsoring rein wirtschaftlich analysiert. Kleine und mittelständische Unternehmen sind dagegen mit ihrem Ort oder ihrer Stadt verbunden und möchten Geld dort ausgeben, wo es ihnen Freude macht und Kontakte vorhanden sind.

In Unternehmen erlebe ich immer wieder Sponsorings, die für das Unternehmen aus Marketingsicht nicht mal das Papier wert sind, auf dem die Rechnung gedruckt ist. Das liegt zum einen daran, dass Vereine lernen müssen, interessante Angebote für Unternehmen zu bieten. Ein Sportverein, der 300 Euro bekommt und den Sponsor dafür irgendwo auf der Homepage in einer Auflistung von Namen namentlich erwähnt, trägt sicher nicht zum Werbeerfolg seines Gönners bei. Allerdings habe ich auch tolle und wohl überlegte Aktionen von Vereinen bei Unternehmen verpuffen sehen, weil sie nicht genutzt wurden. Beispielsweise hat ein Verein ein Foto von der Kinder-Fußballmannschaft gemacht, auf dem die Kleinen stolz mit den neuen Trikots des Sponsors posieren. Der Unternehmer war eingeladen worden, den Kindern die Trikots persönlich zu übergeben. Doch er nahm sich keine Zeit dafür. Das Foto legte die Buchhalterin zur Rechnung. Das ist schade, mit dem Geldeinsatz hätte ein Vielfaches erreicht werden können. Wie das geht? Um zielgerichtet und effektiv vorzugehen, hilft eine strategische Planung. Strategie bedeutet dabei, zu wissen, warum man etwas tut.

6.5 Kleiner Aufwand, große Wirkung

Was glauben Sie zeichnet eine clevere Sponsoringstrategie aus, die sich wirtschaftlich lohnt? Wenn Sie glauben, dass Sie immer einen großen Aufwand betreiben müssen, um ein gutes Ergebnis zu erzielen, dann widerspreche ich. Uns werden viele Gelegenheiten im Leben geboten, wir müssen nur lernen, sie zu ergreifen, um sehr erfolgreich zu sein. Wie viele Gelegenheiten lässt man ungenutzt verstreichen, sei es aus Bequemlichkeit, Unkenntnis oder fehlendem Mut. Kleiner Aufwand, große Wirkung heißt nichts anderes als Ressourcen clever zu nutzen.

Nehmen wir das obige Beispiel des Trikotsponsors wieder auf. Die gleiche Geldausgabe hätte sich mehrfach für ihn ausbezahlt, wenn er die folgende Vorgehensweise beherzigt hätte: Er hätte sich die Zeit nehmen sollen, die Trikots persönlich zu übergeben. Dann spürt man als Sponsor auch die Freude der Kinder, neue einheitliche Trikots zu bekommen. Ganz nebenbei könnte er so persönliche Kontakte knüpfen: Bei dieser persönlichen Übergabe hätte er die Möglichkeit gehabt, sich vorzustellen und einen bleibenden Eindruck bei Vorstands- und Vereinsmitgliedern für sein Geschäft zu hinterlassen sowie Visitenkarten oder Flyer mitzubringen. Darüber hinaus hätte er selbst noch ein Foto machen können (auf das er übrigens die Presserechte hat, wenn er selbst fotografiert), um es zum Beispiel auf die Homepage zu setzen, um es für den eigenen Besucherraum zu vergrößern oder es in den hauseigenen

Newsletter aufzunehmen. Zusätzlich hätte auch die Möglichkeit bestanden, ein Trikot mehr anfertigen zu lassen und dieses im Pausenraum seiner Mitarbeiter aufzuhängen, da das Sponsoring über die Vermittlung eines Mitarbeiters überhaupt erst zustande gekommen war. Natürlich hätte sich auch angeboten, einen Presseartikel zu schreiben.

Verlangen Sie nicht zu viel Eigenleistung vom Verein

Jeder, der schon mal ehrenamtlich tätig war oder ist, weiß, wie viel Zeit allein die täglichen Aufgaben im Verein benötigen. Wenn dann noch aufwendige Sonderwünsche von Sponsoren kommen, ist dies für die Ehrenamtlichen oft kaum zu realisieren. Beachten Sie bitte, wer sich im Verein engagiert, denn dies sind Menschen, die mit Herzblut tätig sind, aber eben meist keine Marketingfachleute. Sie haben weder die Erfahrung noch die Zeit, für eine professionelle Sponsoringbetreuung.

Das heißt: Sprechen Sie mit Vereinen Ihre Wünsche ab und besorgen Sie sich das, was Sie wollen selbst. Die meisten Vereine sind gegenüber Anregungen sehr offen und dankbar, wenn ihnen dabei geholfen wird, ihre Sponsoren zufriedenzustellen.

Folgende Ideen sollen Ihnen eine Anregung für Ihren Erfolg bieten:

- Nehmen Sie einen Fotoapparat mit, statt darauf zu warten, dass der Verein Ihnen ein professionelles Bild liefert.
- Fragen Sie nach der nächsten Vereinssitzung, in der Sie Ihre Sachspende persönlich übergeben können, statt diese dem Hausmeister zu bringen.
- Fragen Sie, ob der Verein im Vereinshaus Ihre Flyer oder Visitenkarten auslegt.
- Fragen Sie, ob Sie bei der Preisverleihung, die von Ihnen gesponserten Sachspenden den Gewinnern übergeben dürfen.
- Fragen Sie, ob die Presse eingeladen ist.

Dass Vereine noch viel effizienter Sponsoren gewinnen und halten könnten, wenn sie Sponsoren auch betreuen und einen echten Mehrwert bieten, steht außer Frage. Doch bisweilen müssen wir

Unternehmen eben mit dafür Sorge tragen, dass sich unser Sponsoring lohnt.

Wie sich Vereine marktfähiger und für Sponsoren attraktiver machen, erfahren Sie in Kapitel 13.

Kontinuität schafft Vertrauen

Ihr Marketing ist umso erfolgreicher, je öfter die potenziellen Kunden Sie sehen oder von Ihnen hören. Marketingexperten sprechen davon, dass es zwei Jahren dauert, um von der Öffentlichkeit wahrgenommen zu werden. Daher ist eine einmalige Sponsoringaktion nicht ratsam. Achten Sie darauf, dass die Veröffentlichungen Ihres Engagements auf verschiedenen Plattformen präsent sind.

Wenn Sie einmal einen genialen Einfall gehabt haben und dies erfolgreich war, dann knüpfen Sie daran an. Bringen Sie sich immer wieder ins Gespräch. Berücksichtigen Sie in Ihrer Strategie, dass nicht einmal im Jahr eine Werbeaktion läuft, sondern Sie immer wieder und kontinuierlich an der Präsenz Ihres Unternehmens arbeiten.

Klasse statt Masse

Wählen Sie Ihre Projekte gezielt aus. Statt überall mit einem kleinen Betrag mitzumischen, der Ihnen aber keine oder kaum Werbemöglichkeiten bringt, setzen Sie gezielt Schwerpunkte.

Wenn Sie mit 100 Euro für Ihr Sponsoringengagement nur auf der Homepage des Vereins in Unterseiten veröffentlicht werden und in einer namentlichen Auflistung von Hunderten von anderen Sponsoren untergehen, dann investieren Sie effektiver, indem Sie 300 Euro geben und dafür mit Logo und Link auf der Willkommensseite des Vereins präsentiert werden.

6.6 Know-how zum Nachmachen und zur Ideenfindung

Ich möchte Ihnen anhand eines realen Beispielunternehmens Ideen zu Ihrer Sponsoringstrategie liefern. Indem ich Ihnen die Hintergründe und Ziele der Aktionen aufzeige, können Sie Strategien besser erkennen und für sich nutzen. Die folgenden Vorschläge sind auch mit einem kleinen Budget umsetzbar und für kleine Unternehmen geeignet.

Die Beispiels AG mit gut 1200 Mitarbeitern ist ein deutscher Hersteller von elektromechanischen Antriebssystemen. Von 14000 Produkten sind 85 Prozent noch nicht länger als fünf Jahre im Markt eingeführt. Der Unternehmer möchte Spuren hinterlassen. Er ist Präsident von Verbänden und übernimmt soziale Verantwortung: Er will Bildung fördern, soziales Engagement steigern, Potenziale wachrütteln. Dies vertritt er auch auf seiner Homepage und in Medienberichten.

Teilnahme an einem Wettbewerb

Die Beispiels AG wurde im Rahmen des Wettbewerbs TOP JOB als bester Arbeitgeber des Mittelstandes im Jahr 2007 ausgezeichnet. Ausschlaggebend waren hierfür unter anderem die zahlreichen Sonderleistungen des Unternehmens.

Das können Sie auch: Die Auszeichnung in einem Wettbewerb geschieht nicht zufällig, sondern ist Teil der Marketingstrategie eines Unternehmens. Nur Geduld, in Kapitel 8 gebe ich konkrete Tipps zu Wettbewerben und Ausschreibungen.

Sportliche Angebote

Zu den Sonderleistungen der Beispiels AG zählen ein Fitnessraum und ein Beachvolleyballplatz, auf dem ein Turnier zwischen Firmen der Region ausgetragen wurde. Das Unternehmen bietet den Mitarbeitern mit diesen kostenlosen Angeboten, Möglichkeiten für eine attraktive Freizeitgestaltung.

Das können Sie auch: Tun Sie etwas für die Gesundheit Ihrer Mitarbeiter. Bieten Sie auch nach der Arbeit einen attraktiven Ort, so freut dies nicht nur Mitarbeiter, sondern es wird darüber positiv berichtet und Ihre Bekanntheit steigt. Nicht jeder Unternehmer hat vielleicht den Platz für ein Beachvolleyballfeld oder einen eigenen Fitnessraum. Wie wäre es dafür mit einem Fußballturnier gegen den von Ihnen gesponserten örtlichen Verein? Oder Sie nehmen mit einer Unternehmensmannschaft an Turnieren und Wettbewerben mit der Firma teil.

Kulturelle Angebote

Kulturveranstaltungen wie Vernissagen finden im Hause der Beispiels AG regelmäßig statt. Hier bekommen Künstler aus der Region die Möglichkeit, in den Räumlichkeiten des Unternehmens ihre Werke auszustellen. Vernissagen werden von der Abteilung Presse- und Öffentlichkeitsarbeit der Beispiels AG veranstaltet. So profitieren die Künstler vom Netzwerk des Unternehmens.

Das können Sie auch: Stellen Sie doch Arbeiten eines Künstlers in Ihren Geschäftsräumen oder im Außenbereich aus. So werden auch potenzielle Neukunden auf Sie aufmerksam. Kooperieren Sie mit regionalen Künstlern. Oder rufen Sie Ihren gesponserten Kindergarten zu einem Malwettbewerb auf. Stellen Sie die besten Bilder in Ihrer Praxis aus. Besucher und Kunden können sich als Jury beteiligen und das beste Bild der Ausstellung auswählen.

Ökologische Angebote

Der »Weltgarten« demonstriert das internationale Zusammenwachsen und die Zusammengehörigkeit der Beispiels AG: Für alle Nationen, in denen das Unternehmen vertreten ist, wird ein für das Land typisches Gehölz gepflanzt. Als Ort der Begegnung trägt der Garten zum Wohlbehagen von Mitarbeitern, Kunden und Besuchern bei.

Das können Sie auch: Möglichkeiten, etwas für die Umwelt zu tun, ein gesundes Raumklima zu schaffen, Energie einzusparen oder aus Ihren Erlösen ein Umweltprojekt zu unterstützen, sind vielfältig. Reinigen Sie mit der Belegschaft Bäche oder schaffen Sie in Ihrem Garten einen besonderen Ort, an dem Kunden und Mitarbeiter Kraft tanken können. Dieser »Kraftort« mit Biotop, Hängematten und Musik bietet auch Platz für Denkpausen und Besprechungen, in denen ein Perspektivenwechsel nötig ist.

In einem Gartenbaubetrieb bleiben immer wieder Sträucher und Bäume übrig. Verschenken Sie diese an gemeinnützige Organisationen und unterstützen Sie so den Ökogedanken der Region.

Angebote für die ganze Familie

Darüber hinaus gibt es bei der Beispiels AG zahlreiche Angebote für die Familien der Mitarbeiter: Zum Sommerfest werden die Mitarbeiter mit ihren Familien eingeladen. Dieses umfasst auch ein Kinderfest, das die Kinder und Jugendlichen mit großer Begeisterung besuchen. Speziell für die Kinder gibt es zusätzlich eine von den Auszubildenden organisierte Kinderbetreuung. Die Kinder werden zur Nikolausfeier eingeladen. Jedes Jahr freuen Sie sich über neue Überraschungen. In den Sommerferien wurde eine Kinderferienbetreuung für die Kinder von Mitarbeitern der Beispiels AG angeboten.

Das können Sie auch: Packen Sie ein kleines Nikolausgeschenk für die Kinder Ihrer Mitarbeiter. Erlauben Sie, dass in Notfällen Kinder mit zur Arbeit gebracht werden dürfen, falls beispielsweise die Kindergärten streiken, die Tagesmutter krank ist und so weiter. Stellen Sie eine Spielkiste mit Stiften, Papier, Bastelmaterial und kleinen Geschenken zur Verfügung. Bieten Sie für die Kinder Ihrer Mitarbeiter, Praktikumsplätze, Schnuppertage oder Bewerbungstrainings an. Lassen Sie zum Muttertag einen Masseur kommen, der die verspannten Schultern der Frauen in Ihrem Unternehmen verwöhnt.

Ich habe die Beispiels AG gewählt, da sie ein umfassendes gesellschaftliches Engagement und Sponsoring in den Bereichen Sport, Kultur, Natur/Umwelt sowie Familie/Soziales abdeckt. Welche Bereiche möchten Sie mit Ihrem Sponsoring abdecken. Was passt zu Ihnen und Ihrer Unternehmenskultur?

Nicht in der Nachahmung von Ideen liegt der Gewinn,
sondern in der Auseinandersetzung mit ihnen.

6.7 Sieben goldene Regeln für Sponsoringanfragen

Sicher sind Sie schon einmal angesprochen worden, ob Sie bereit sind, ein Schulfest, den Kindergarten, die Feuerwehr, das Rote Kreuz oder den Fußball-, Handball-, Tennisverein zu sponsern. Zu Weihnachten kommen Karten für das Kinderhilfswerk, Ärzte ohne Grenzen usw. Oder Sie haben auch schon von Agenturen Anrufe erhalten, die sehr emotional um eine dringend benötigte Unterstützung für Vereine, Zirkus, Verkehrswacht oder die Blindenwerkstatt bitten.

Wie haben Sie reagiert? Gehören Sie zu den Menschen, die nicht Nein sagen können oder gehören Sie zu jenen, die kategorisch ablehnen, schließlich haben Sie ja nichts zu verschenken? Oder verlassen Sie sich auf Ihr Bauchgefühl und helfen nur mit, wenn es sich für Sie gut anfühlt? Welche Kriterien veranlassen Sie Geld auszugeben?

Als Privatperson können Sie das halten, wie Sie wollen. Doch wenn Sie als Wirtschaftsunternehmen agieren, ist es eine Ausgabe, die, um effektiv zu arbeiten, ein Ziel erreichen soll. Zukünftig werden Sie wissen, was sich für Sie wirklich lohnt und Sie werden Entscheidungen leichter treffen können.

Wenn Sie Gespräche mit Vereinen oder Organisationen führen, dann sollten Sie die folgenden einfachen Regeln beachten, um erfolgreiches Marketing für Ihr Unternehmen machen zu können.

Die sieben goldenen Regeln im Umgang mit Sponsoringanfragen

1. Ist der Verein/das Projekt Teil Ihrer Kundenzielgruppe?

Leben die Mitglieder dieses Vereins in Ihrem Kundeneinzugsgebiet? In welcher Altersklasse sind die Mitglieder? Kaufen die Mitglieder bereits bei Ihnen ein? Erfolgt eine Medienveröffentlichung in Ihrem Einzugsgebiet? Diese Kriterien halten den Streuverlust Ihrer Werbung gering.

2. Passt das Sponsoring zu Ihrer Unternehmensausrichtung und Ihrem Leitbild?

Anhand Ihres Leitbildes und Ihrer Ausrichtung können Sie sehr gut entscheiden, ob beispielsweise das angebotene Sportsponsoring Ihre Ausrichtung fördert. Wichtig sind die Glaubwürdigkeit und die Unterstützung Ihrer Imagewirkung.

3. Stimmt das Preis-Leistungs-Verhältnis?

Was wird Ihnen angeboten im Gegenzug für die Sponsoringleistung? Wie viel Geld möchte der Verein beispielsweise für die Anzeige im Vereinsheft oder einen Trikotsatz. Sollten Sie Bedenken haben, dann holen Sie ein Vergleichsangebot ein. Es kommt auch darauf an, welche Werbemöglichkeiten der Verein Ihnen anbietet: Wer sieht Ihre Werbung? Nur die Vereinsmitglieder oder auch Zuschauer oder Öffentlichkeit. Wie viele Mitglieder hat der Verein? Erhalten Sie auch eine Pressemitteilung? Wie viele Veröffentlichungen erhalten Sie? Ein Beispiel: Sie bezahlen 250 Euro für die Veröffentlichung in der Vereinszeitschrift mit einer Viertelseite, die Zeitschrift erhalten 400 Mitglieder und die Zuschauer bei den Spielen. Zudem werden Sie beim Verein noch auf der Homepage des Vereins genannt.

Es gibt keine allgemeingültige Preisdefinition. Jeder Verein hat seine eigene Preisfindung. Als Anhaltspunkt können Sie Mediendaten von Zeitungen zum Vergleich heranziehen.

4. Wie lange ist die Laufzeit?

Haben Sie einen Vertrag mit einer mehrjährigen Laufzeit oder automatische Verlängerung angeboten bekommen?

Sponsoringverträge, die auf Tausende von Euro mit mehrjährigen Laufzeiten lauten und die mit Clubs mit wohlklingendem Namen abgeschlossen werden, sollten vorab sehr genau geprüft werden, damit Sie nicht Ihre Liquidität gefährden. Für ein effizientes Sponsoring ist nicht die Höhe der Ausgabe entscheidend, sondern die Strategie.

5. Der Verein und das Angebot müssen seriös sein.
Prüfen Sie das Image der Organisation:

Kennen Sie den Verein und wissen Sie, dass er zum Beispiel eine gute Jugendarbeit betreibt? Fragen Sie Ihre Mitarbeiter oder lesen Sie Presseberichte. Ein schlechter Ruf kann auf Sie zurückfallen und so schadet ein Sponsoring mehr, als es Ihnen nutzt.

6. Macht es Ihnen Freude?

Ein wichtiger Punkt: Mögen Sie das Projekt? Würde es Ihnen Freude machen, diesen Verein und das Anliegen zu unterstützen? Ein Projekt zu unterstützen, das zwar alle wirtschaftlichen Erfordernisse erfüllt, um als Marketingstrategie nützlich zu sein, aber gegen das Sie eine Abneigung haben, macht keinen Spaß. Suchen Sie lieber ein Projekt aus, hinter dem Sie stehen, das Sie begeistert, bei dem der Vorstand und die Mitglieder freundlich sind und das Ihnen dazu einen wirtschaftlichen Vorteil für Ihr Unternehmen bringt.

7. Lernen Sie auch Nein zu sagen

Achtung Falle! Bei aller Freude über die positiven Erfahrungen mit Sponsoring, sollte eine Geldausgabe immer auf ihre Effizienz geprüft werden. Eine Entscheidung aus dem Bauch, weil man als großzügiges Unternehmen gerne hilft, erfreut zwar die Gesponserten, trägt aber nicht unbedingt zur Wirtschaftlichkeit des Unternehmens bei.

Wenn Sie also auch zu den Menschen gehören, die schlecht Nein sagen können, wenn Sie um Hilfe gebeten werden, dann hilft Ihnen die Checkliste in Kapitel 6.10. Mit dieser können Sie prüfen, ob zukünftige Anfragen zu Ihrer Strategie passen und auch wirtschaftlich für Sie sinnvoll sind.

Auch sind Sie in der Lage, ab sofort sehr strategisch hartnäckige Telefonisten dazu zu bewegen, die Telefonleitung wieder freizugeben, wenn Sie wissen, welche Anfragen für Sie interessant sind und welche nicht. Folgender Satz hilft bei ausgebildeten Telefonverkäufern: »Danke für Ihr Angebot, aber wir haben eine klare Marketingstrategie, die unser Sponsoring vollständig festgelegt, daher haben wir kein Interesse.« Probieren Sie es einmal aus, Sie werden überrascht sein.

6.8 Sponsoring selbst durchführen oder eine Agentur beauftragen?

Wenn Sie Sponsoring betreiben wollen, haben Sie die Qual der Wahl: Der Sponsoringmarkt bietet zahlreiche Möglichkeiten für Ihr Unternehmen, kreativ, imagewirksam und effizient zu werben.

Welche/r der über 500 000 Vereine und Organisationen in Deutschland ist der oder die richtige? Wo erreichen Sie tatsächlich Ihre Zielgruppe und erhöhen gleichzeitig auch das Image Ihrer Marke? Wie muss das Sponsorship umgesetzt werden, damit es effizient ist? Wie viel ist das Sponsoring tatsächlich wert?

Sie können die Akquise zur richtigen Partnerwahl selbst durchführen oder eine Agentur damit beauftragen. Es gibt viele Gründe, warum Unternehmen die Sponsoringstrategien einer Agentur übergeben können. Es belastet das Tagesgeschäft nicht. Die Agentur hat Kontakte und Vergleichszahlen und kann besser einschätzen, was ein Sponsoring konkret wert ist. Sie analysiert und kontrolliert die Wirksamkeit Ihres Sponsorships.

Das wichtigste Auswahlkriterium ist neben dem Preis die Branchenerfahrung. Lassen Sie sich Referenzkunden nennen und fragen Sie dabei nach Unternehmen in Ihrer Größe. Gerade für ein kleines Unternehmen ist es wichtig, dass die Agentur Lösungen für vergleichbare Kunden gefunden hat.

Doch eines ist klar: Es entstehen für Unternehmen auf jeden Fall zusätzliche Kosten.

Machen Sie die Akquise im Unternehmen selbst, kostet es Zeit, vor allem bis Sie Ihre Strategie erstellt haben. Erfolgreiches Marketing ist ein Lernprozess. Während Sie sich tagelang mit der Auswahl eines Projektes herumquälen, hat eine Agentur professionelle Ideen. Sie selbst sind sich vielleicht unsicher, welche Veröffentlichungen von Vereinen für Sie wirklich werbewirksam sind. Doch ich erlebe auch die Freude an der Auswahl der Projekte, das »Herzblut«, das Verantwortliche einsetzen, den persönlichen Bezug zu den Menschen und dem Anliegen des Vereins. Und nach und nach entsteht das Know-how im Unternehmen und Kontakte zu Vereinen wachsen schnell und oft unbürokratisch. Bei einem örtlichen Verein haben Sie die Möglichkeit, die Abteilung persönlich kennenzulernen, indem Sie ein Training oder Spiel besuchen.

Was für Sie der geeignete Weg ist, welches Mitarbeiterpotenzial Sie haben, welches Budget Sie einsetzen wollen und vor allem, was Sie erreichen wollen, wissen Sie am besten.

6.9 Die Basis für erfolgreiches Sponsoring

Legen Sie Marketingziele fest und arbeiten Sie ein Konzept aus

Definieren Sie Sponsoringziele. Was wollen Sie erreichen? Neue Kunden gewinnen, den Marktanteil erhöhen, Mitarbeiter motivieren? Formulieren Sie auch für diesen Bereich Leitlinien zum Thema Sponsoring. Dann ist allen klar, dass beispielsweise Umwelt- und Familiensponsoring für Sie passt, aber Kultursponsoring nicht sinnvoll ist.

Wenn Sie Bestandskunden weiter festigen oder Neukunden gewinnen wollen, dann kann die Entscheidung für einen bestimmten Verein ganz unterschiedlich ausfallen. Sie könnten einen Verein im Nachbarort sponsern, damit diese Kunden aus den Ortschaften auch Ihre Dienstleistung in Anspruch nehmen. Ist es Ihnen wichtig, Ihre Bekanntheit zu erhöhen, dann sollten Sie darauf achten, wie viele Mitglieder der Verein hat und welche Werbemaßnahmen nach außen geboten werden.

Marktanalyse: Die Wahl des Sponsoringpartners

Ob ein Profi- oder ein Amateurverein: An der Auswahl eines Projektes kommen Sie nicht vorbei. Bei über 500 000 Vereinen allein in Deutschland ist die Wahl nicht leicht. Darüber hinaus ist Ihr Ziel ein Kommunikationsmix. Das heißt, dass Sie vielleicht den örtlichen Turnverein unterstützen, weil Ihr Kind dort Mitglied ist, aber gleichzeitig auch den Segelverein Ihres Geschäftspartners. Wenn Sie sich jetzt fragen, wie Sie das richtige Projekt finden, dann helfen folgende Überlegungen:

- Welcher Verein oder welche Organisation im lokalen oder regionalen Umfeld steht bereits mit unserem Unternehmen in Kontakt?
- Haben wir Kunden, die in Vereinen sind?
- In welchen Vereinen sind Mitarbeiter oder deren Familien?
- Mit welchen Vereinen und Organisationen hatten wir bereits in der Vergangenheit eine Kooperation?

Ein wichtiger Punkt ist auch, die lokale Presse im Auge behalten: Welcher Verein hat eine gute Pressearbeit und kommt oft in den Medien? Welcher Verein steht in der öffentlichen Kritik und sollte gemieden werden?

Legen Sie einen Verantwortlichen fest

Wer koordiniert Projekte und ist Ansprechpartner für Sponsoring in Ihrem Hause?

Bilden Sie einen Arbeitskreis oder definieren Sie einen Verantwortlichen für das Thema Sponsoring, der Anfragen von der Presse beantwortet, Sponsoringanfragen an Vereine und konkrete Maßnahmen plant. Halten Sie Ergebnisse und Zeitpläne schriftlich fest.

Sponsoring wird gerade in kleinen Unternehmen nur nebenher betrieben. In der Praxis fehlt meist die Zeit, sodass irgendjemand halbherzig bestimmt wird. Wenn die Geschäftsleitung nicht die Koordination übernehmen kann oder will, habe ich mit Projektgruppen sehr gute Erfahrung gemacht: Mitarbeiter, auch aus unterschiedlichen Abteilungen, die interessiert sind, übernehmen das Projekt freiwillig zusätzlich zu ihrer Arbeit. Die Geschäftsleitung sollte Spielregeln und Rahmenbedingungen festlegen, zum Beispiel wie viel Zeit und welcher Etat investiert und welche Kundenzielgruppe erreicht werden soll.

Beziehen Sie Mitarbeiter in das Sponsoring mit ein

Damit Sie den Grundstein für wirklich erfolgreiches Sponsoring legen und Ihre Strategie Akzeptanz im Unternehmen findet, ist es wichtig, die Mitarbeiter mit einzubeziehen.

Wenn Unternehmen gerade das Urlaubsgeld gestrichen haben und dann mit stolz geschwellter Brust ihren Mitarbeitern verkünden, dass sie jetzt einen Bundesligaverein unterstützen, dann dürfen diese Unternehmen nicht mit Begeisterungsstürmen ihrer Mitarbeiter rechnen. Dann ist Sponsoring nicht motivierend, sondern demotivierend. Auch Sponsoringaktionen, von denen Mitarbeiter erst über die Firmenhomepage oder aus dem neuen Firmenflyer erfahren, sind wenig glaubwürdig nach außen und auch für viele unverständlich.

Wenn ich in Unternehmen Sponsoring als Strategie einführe, habe ich mit folgendem Vorgehen sehr gute Erfahrungen gemacht: Informieren Sie zunächst die Mitarbeiter anhand Ihrer erstellten Checkliste über Ihre Ziele und welche Bedingungen das Sponsoring erfüllen soll (z. B. ein Sozial- oder Bildungssponsoring im Umkreis von maximal 35 Kilometern). Bitten Sie Ihre Mitarbeiter Vorschläge einzubringen, zum Beispiel Vereine zu empfehlen, in denen sie, ihre Kinder oder Familienangehörige Mitglied sind. Haben Sie bereits Vereine in der engeren Wahl, lassen Sie Ihre Mitarbeiter abstimmen, welcher Verein den Zuschlag bekommt.

Ist Sponsoring auch nur in Teilen unglaubwürdig oder unstimmig, kann alle Mühe vergeblich sein und sogar schaden, weil Vertrauen verloren geht. Wichtig ist, dass allen klar ist, welche Leitidee sie verfolgen und dass Führungskräfte sowie andere Mitarbeiter informiert werden und auch die Möglichkeit haben, Ideen einzubringen. Ist der Fußballverein Ihres Mitarbeiters auch gleichzeitig Ihre potenzielle Zielgruppe, dann haben Sie eine sehr gute Ausgangsposition.

Planen Sie einen eigenen Etat ein

In der Praxis erlebe ich immer wieder, dass über Sponsorings aus dem Bauch entschieden werden und ein Etat fehlt. Dabei müssen Sie sich im Klaren darüber sein, welche Summen Sie für Sponsoring einsetzen wollen. Wollen Sie ein Projekt unterstützen oder dies auf mehrere Organisationen verteilen?

Kommunizieren Sie Ihr Sponsoring nach innen und außen

Diese Checkliste der Kommunikationswege zeigt verschiedene Möglichkeiten auf, die Unternehmenskommunikation im Innen und Außen zu nutzen:

Mit Mitarbeitern:
- Betriebsfeste und Events,
- Betriebsversammlungen,
- Briefe, Rundschreiben,
- Gespräche und Telefonate intern,
- Blogs, Intranet, Firmen-Wiki,
- Schwarzes Brett oder Infoboard.

Mit der Presse:
- Messe und Ausstellungen,
- Fachartikel und Pressemitteilung,
- Pressekonferenz,
- Blogs,
- Interview,
- Gespräche oder Telefonate,
- Leserbrief,
- Pressemappe,
- Pressebereich auf der Internetseite,
- Redaktionsreise,
- Wettbewerbe/Awards.

Mit Geschäftspartnern und Kunden:
- Werbeanzeigen,
- Ausstellungen, Messen,
- Flyer und Imagebroschüre,
- Gespräche und Telefonate,
- Internet,
- Kongresse und Tagungen,
- Wettbewerb/Awards,
- Seminare,
- Vorträge und Podiumsdiskussionen,
- Sponsorings.

6.10 So prüfen Sie, ob bereits getätigtes Sponsoring ein Gewinn ist

Gutes zu tun und positiv darüber sprechen zu lassen, ist mit einer guten Planung verknüpft und passiert nicht einfach so. Das bedeutet, dass jede Spende oder jedes Sponsoring vorher clever durchdacht werden sollte, wenn es zu einer effektiven Marketingstrategie für Sie werden soll. Effizientes Sponsoring heißt mehr Umsatz!

Also was tun, wenn wieder Sponsoringanfragen an Sie gestellt werden? Soziale Verantwortung für die Region übernehmen? Oder sparen? Gibt es Wege, Sponsoring zu einem lohnenden Geschäft auf Gegenseitigkeit zu machen? Lohnt sich die Investition und bringt Ihnen das Sponsoring einen Mehrwert und neue Kunden oder mehr Umsatz? Die folgende Checkliste gibt Ihnen darauf Antworten.

Marketingziele
- ▶ Was will ich mit dem Sponsoring erreichen?
- ▶ Wer ist meine Zielgruppe?
- ▶ Lässt sich mit dem Sponsoring der Bekanntheitsgrad meines Unternehmens steigern?
- ▶ Passt die Thematik zu meinem Unternehmensleitbild?
- ▶ Welche Verbindung lässt sich zwischen Verein und Unternehmen herstellen?
- ▶ Welche Reichweite ist für mich sinnvoll, lokal, regional, bundesweit oder europaweit?
- ▶ Welches Budget steht zur Verfügung?
- ▶ Welche anderen Organisationen unterstütze ich bereits? Ist dies eine sinnvolle Ergänzung?

Zum Projekt
- ▶ Ist der Verein/die Organisation akzeptiert? Wie ist der Ruf?
- ▶ Wie groß ist das Interesse von Medien und Öffentlichkeit?
- ▶ Welche Reichweite hat der Verein? Wo kommen die Mitglieder her?

- ▶ Sind Mitarbeiter, Geschäftspartner, Familienangehörige oder Freunde in dem Verein?
- ▶ Welche Mitgliederzahl, Altersstruktur und wie viele Zuschauer hat der Verein? Wie ist die Vereinsgeschichte? Gibt es wichtige Personen im Vorstand?
- ▶ Wie lange läuft der Vertrag?
- ▶ Welche Werbemaßnahmen sind für mich sinnvoll (Plakat oder sonstige Werbemittel, Signet/Logo und ein Prädikat wie »offizieller Förderer«, der vom Unternehmen genutzt werden darf)?
- ▶ Wird mein Unternehmen in Presseinformationen hervorgehoben oder dürfen wir ein Grußwort schreiben oder eine Eröffnungsansprache halten?
- ▶ Stimmt das Preis-Leistungs-Verhältnis?
- ▶ Erhalten wir Freikarten, auch für verdiente Mitarbeiter zur Motivation?
- ▶ Zählt der Verein/die Organisation schon zu meiner Kundschaft?
- ▶ Kann ich mich persönlich mit dem Anliegen des Vereins identifizieren? Macht es mir Freude, dieses Projekt zu unterstützen?

6.11 Im Dialog mit Vereinen

Als Basis für eine erfolgreiche Zusammenarbeit mit Vereinen sollten Sie einige grundlegende Regeln beachten: Bringen Sie Interesse für den Verein und sein Anliegen auf, achten Sie die Arbeit, die die Menschen leisten; besuchen Sie Trainings und Sitzungen und nehmen Sie Einladungen an; und lassen Sie sich einen Ansprechpartner im Verein für Ihre Anliegen geben.

Vereinsmitglieder sind ehrenamtlich in ihrer Freizeit tätig

Wenn Sie sich nicht für einen Profi-, sondern einen Amateurverein entschieden haben, den Sie unterstützen wollen, dann sind die Vereinsvorstände und Mitglieder ehrenamtlich tätig. Sponsoringengagements führen sie in ihrer Freizeit durch. Meistens gibt es zwar einen Verantwortlichen, der aber leitet auch noch die Vorstandsitzungen, das Sommerfest und koordiniert die Hallenplanung und die Übungsleiter und so weiter. Bitte beachten Sie dies bei Ihrer Zusammenarbeit. Zielgerichtete Unternehmen haben oft auch kühne Vorstellungen, wie professionell und schnell Ihre Veröffentlichung präsentiert werden muss. Das kann ein örtlicher Amateurverein oft nicht leisten. Was sie jedoch tun, ist mit Herzblut für die Mitglieder des Vereins arbeiten. Wenn Sie höflich nachfragen und eigene Ideen einbringen, werden jedoch die meisten Wünsche realisiert werden.

Werden Sie selbst aktiv

Wenn Sie als Trikotsponsor um eine persönliche Übergabe von Trikots bitten, statt diese beim Hausmeister im Lager abzustellen, dann wird das bei fast allen Vereinen möglich sein. Erwarten Sie nur nicht, dass Ihnen eine perfekte Marketingidee präsentiert wird.

Wenn Ihnen also etwas besonders wichtig ist, fragen Sie nach dem Einverständnis beim Verein und organisieren Sie es selbst. Bringen Sie einen Fotoapparat oder Fotografen zur Trikotübergabe mit und fragen Sie, ob Sie die Presse dazu einladen dürfen.

Verursachen Sie keinen übermäßigen Aufwand

Selbst, wenn der Verantwortliche im Verein Ihre Ideen gut findet und auch umsetzten will, habe ich schon oft erlebt, dass es im Alltag einfach nicht zu realisieren war. Wenn Sie als Getränkelieferant beim Schulfest die Getränke gesponsert haben, dann fragen Sie, ob Sie etwas auf der Bühne sagen dürfen. Machen Sie nur keine Werbeveranstaltung daraus (sonst dürfen Sie nie wieder auf die Bühne), sondern achten Sie darauf, dass Sie ein sympathisches Bild hinterlassen und möglicherweise einen Preis verlosen.

6.12 Was tun, wenn Ihr Sponsoring nicht ankommt?

Nach all der Planung, Strategiefestlegung und der Entscheidung für Ihr Sponsoringprojekt ist es endlich soweit: Die erste Veröffentlichung über Sie als Sponsor Ihres Wahlvereins erscheint in der lokalen Tageszeitung oder auf der Homepage des Vereins. Sie haben den Artikel schon mehrmals gelesen, bevor Sie im Büro ankommen und ihn dort stolz Ihrem Team zeigen. Jetzt sind Sie gespannt, ob nun mehr Kunden zu Ihnen ins Geschäft kommen. Vielleicht sind Sie bitter enttäuscht, weil Sie nicht mal jemand von Ihren Kunden anspricht, die doch auch die Tageszeitung bekommen haben.

Für Sie ist diese Veröffentlichung und Werbung etwas Besonderes, für die Leser jedoch nur eine Veröffentlichung von vielen. Während Sie wie gebannt auf Ihre Präsentation schauen, ist der Leser bereits mit der nächsten Information beschäftigt.

Wie wirkt Sponsoring?

Sponsoring wirkt anders als kommerzielle Werbung. Wenn Sie ein besonderes Lockangebot in der Tageszeitung schalten, dann erwarten Sie eine Umsatzsteigerung bis zum Angebotsende.

Sponsoring und Veröffentlichungen Ihres Namens dagegen wirken mittelfristig und zeigen sich über den Aufbau eines Netzwerkes. Deshalb darf man keine kurzfristigen Umsatzziele damit verfolgen, man muss den Erfolg an mittel- bis langfristigen Absatzsteigerungen messen.

Als ich einen großen Presseartikel mit einem zweiseitigen Interview über meine Arbeit und Wirkungsweise in einem großen Fachmagazin veröffentlicht sah, erhielt ich die erste Buchung für ein Seminar ein halbes Jahr später. Dieser Kunde berief sich auf den Artikel, danach folgten weitere. Viele Menschen werden auf Sie aufmerksam, reagieren jedoch nicht sofort, sondern legen Informationen ab und melden sich dann, wenn bei Ihnen Bedarf besteht. Wichtig ist, dass Sie sich gezielt präsentieren, damit Menschen sich an Sie erinnern und als Experten abrufen können.

Im Rahmen der Studie »Sponsoring Trends 2006« unter den 2500 umsatzstärksten Unternehmen in Deutschland gaben 17,6 Prozent an, keinerlei Erfolgskontrolle über das Sponsoring durchführen.

Checkliste für die Erfolgskontrolle Ihres Sponsorings

	Ja	Nein
Sind die zugesagten Maßnahmen/ Veröffentlichungen gemäß Zeitplan vom Verein durchgeführt worden?	☐	☐
Habe ich meine gesetzten Ziele erreicht?	☐	☐
Habe ich meine Zielgruppe erreicht?	☐	☐
Passt das Image des Vereins zu meinem Unternehmen?	☐	☐
Was kann ich noch besser machen?		

_____

_____

_____

_____

_____

_____

Wie ist die Kooperation mit dem Verein? Habe ich die Möglichkeit, mich als Sponsor persönlich bekannt zu machen und Kontakte aufzubauen?

_____

_____

_____

_____

_____

Bis heute gibt es leider kein allgemein anerkanntes Verfahren zur ökonomischen Bewertung des Sponsoringerfolgs. Möglich ist jedoch eine Kosten-Nutzen-Analyse und ein Inter-Media-Vergleich mit dem Indikator TKP (Tausender-Kontakt-Preis). Die FASPO-Konvention (Fachverband für Sponsoring und Sonderwerbeformen e.V.) legt fest, was als Kontakt gewertet werden kann. Allerdings sind diese Verfahren für kleine und mittelständische Unternehmen zu kompliziert und in der Praxis kaum anwendbar. Der örtliche Verein hat eben keine Fernsehübertragung, sondern dort zählen persönliche Kontakte und Sympathie. Wie wollen die Experten die emotionale Wirkung bei potenziellen Kunden messen und bewerten?

Erfolgsmessung von Sponsoringmaßnahmen

Um für Unternehmen eine Entscheidungshilfe zu bieten, habe ich in meinem Unternehmen zusammen mit Studenten der Universität Tübingen ein eigenes Marketingtool der »KMU-Mehrwertrechner« entwickelt, mit dem der Erfolg von Sponsoring für Unternehmen messbar gemacht wird.

In dieses Tool werden die wichtigsten Kennzahlen für Unternehmen eingegeben, je nach individueller Situation. Es erfolgt eine Erfolgsmessung von Marketing, Einstellungsmessung und Imagepolitik.

Das Sponsoring wird wie folgt bewertet:

- Wie viele Vereine werden gesponsert?
- Wo wird diese Werbung gezeigt und wie viele Personen werden dadurch erreicht?
- Was hat sich im Unternehmen verändert?
- Welche Ziele wurden gesetzt und sind diese erreicht worden?

Dies umfasst die drei Bereiche:

- Umsatz, Absatzzahlen, Marktposition;
- Öffentlichkeitsarbeit, Erwähnung in Tageszeitungen, Fachzeitschriften, Gemeindemitteilungen sowie Preise für innovative Problemlösungen, soziales Engagement et cetera;
- Mitarbeitermotivation.

Da sich das Tool zum gegenwärtigen Zeitpunkt noch in der Entwicklung befindet, möchte ich Sie für weitere Informationen zur Wirkungsweise auf meine Homepage www.kmu-hofmann.de verweisen.

7
Die häufigsten Fehler beim Sponsoring

Wer sich noch nicht mit Sponsoring beschäftigt hat, macht sich oft falsche Vorstellungen, welchen Nutzen Sponsoring für den Erfolg des Unternehmens hat. In den zwölf Jahren, die ich im Sponsoring tätig bin, habe ich hauptsächlich drei unterschiedliche Vorgehensweisen von Unternehmen kennengelernt:

- Unternehmen, die Sponsoring als gezielte Marketingstrategie einsetzen;
- Unternehmen die Sponsoring so verstehen, dass sie Gutes tun, ohne eine Gegenleistung zu erwarten;
- Unternehmen, die noch nie Sponsoring gemacht haben und alle Anfragen bisher kategorisch abgelehnt haben.

In welche Kategorie Sie sich einordnen, ist unerheblich. Ein wirkungsvolles Sponsoring soll etwas mit uns zu tun haben, mit unserem Leitbild, mit unserer Mission und vor allem mit unserer Zielgruppe. Wer soll von Ihnen erfahren? Welches Bild von Ihnen soll in der Öffentlichkeit verstärkt werden?

Um Sponsoring für Sie effizient zu machen, sprechen wir nun über Gründe, die zum Scheitern führen könnten. So sind Sie in der Lage, mögliche Fehlerquellen zu erkennen und geeignete Strategien zu entwickeln.

7.1 Unternehmenskommunikation im Innen fehlt: Mitarbeiter werden nicht mit einbezogen

Schon in der Planungsphase sollten Sie Mitarbeiter einbeziehen, damit sich eine Identifikation entwickelt.

Oft erlebe ich in Unternehmen ein wunderbar formuliertes strategisches Profil, doch es sind nur Worte, die irgendwo in einer

Sponsoring. Katja Hofmann
Copyright © 2010 WILEY-VCH Verlag GmbH & Co. KGaA, Weinheim
ISBN: 978-3-527-50507-4

Imagebroschüre oder im Internet nachzulesen sind. Im Alltag ist dies wirkungslos. Warum? Weil diese Leitlinien oft von der Unternehmensführung alleine geplant wurden und dann die Mitarbeiter das Gefühl haben, diese aufgezwungen zu bekommen. So wird selbst eine hervorragende Idee oder Strategie boykottiert, wenn die Kommunikation im Unternehmen nicht stimmt.

Welche Auswirkung dies haben kann, zeigt folgende Erfahrung:

Fast zeitgleich kommen wir am Hotel an. 15 hochkarätige Führungskräfte aus dem Unternehmen treffen sich mit lautem Hallo auf dem Parkplatz des Hotels. Einmal im Jahr findet dieses Führungskräftetreffen an unterschiedlichen Orten in Europa statt. In meiner Doppelfunktion als Vertriebsleiterin und Ausbildungsleiterin obliegt mir normalerweise die Seminarplanung, dieses Mal wusste auch ich nur grob, worum es geht. Wir waren alle gut gelaunt und freuten uns über die schöne Umgebung in diesem Fünf-Sterne-Hotel.

Nach einer kurzen Nacht treffen wir uns alle am Morgen im Seminarraum. »Einen schönen guten Morgen, meine Damen und Herren«, eröffnete der Geschäftsinhaber die Runde und kommt gleich zur Sache: »Wir sind heute hier, da wir Geschäftsführer ein Leitbild für das Unternehmen erstellen möchten. Diese Philosophie wird für alle Niederlassungen einheitlich sein und soll sich in Ihrem Handeln widerspiegeln.« Die Führungskräfte schauten ihn offen und interessiert an. Dann fuhr er weiter fort: »Daher haben wir in der Geschäftsleitung die Unternehmensphilosophie bereits festgelegt und setzen Sie hiermit in Kenntnis. Welche Veränderung sich für Sie daraus ergeben, erfahren Sie im Maßnahmenkatalog heute Nachmittag. Ab Montag erwarten wir, dass Sie Ihre Mitarbeiter informieren und die Maßnahmen umsetzen.« Die Stimmung im Seminarraum änderte sich schlagartig. Es war so ruhig, dass man eine Stecknadel hätte fallen hören können. »Wir erwarten, dass Sie als Führungskräfte des Unternehmens die Philosophie mit Leben füllen und künftig Ihr Handeln danach ausrichten. Die einzelnen Punkte des Unternehmensleitbildes und die Veränderungen, die sich für Sie und Ihre Mitarbeiter ergeben, sehen Sie hier an der Leinwand …«

Während er noch weiter die einzelnen Punkte vorlesen wollte, wurde er von einem erst leisen, dann immer lauteren Tumult unterbrochen. »Sie haben uns anreisen lassen und ich gebe meine Freizeit dafür, mir jetzt die neue Richtung aufzwingen zu lassen? Sind wir denn nicht mündig, darüber mitzubestimmen, wenn wir das unseren Mitarbeitern vermitteln sollen?«, meldete sich mit heiserer Stimme und Falten auf der Stirn der erfolgreichste Niederlassungsleiter aus der Schweiz zu Wort und sprach somit die Gedanken aller anderen Führungskräfte aus. Er konnte so direkt antworten, da er mit seinen hervorragenden Umsatzzahlen recht sicher im Sattel saß. Selbstständig denkende Führungskräfte muss man als Geschäftsinhaber erst mal aushalten können. Da jault das Ego laut auf und ruft »Verrat« – und es ist verdammt anstrengend. Diese Störenfriede bringen den ganzen Seminarablauf durcheinander und nerven. Die drei Geschäftsführer reagierten erst völlig erstaunt, dann wurden sie sehr wütend. Es wurde laut diskutiert. Um noch einen kläglichen Versuch zu starten, die Situation zu retten, meldete sich der Trainer zu Wort und bat darum, die Philosophie kennenzulernen, bevor man sie verurteilte. Und so einigten sich beide Parteien mit versteinerten Mienen, dies anzuhören. Doch die Fronten waren aufgebrochen. Zum Glück gab die kommende Mittagspause Anlass aus der Situation kurz auszusteigen. Der Trainer schwitzte sichtlich. So hatte er sich das Meeting nicht vorgestellt. Das Treffen lief aus dem Ruder.

Was war passiert? Nicht die sachlichen Inhalte im Leitbild wurde abgelehnt, nein, die geistigen Ketten, die ihnen angelegt wurden, verursachten die Barriere zwischen den zwei Parteien. Begeisterung und Motivation lässt sich weder befehlen noch kaufen. Mit kreativen Köpfen holen sich Geschäftsinhaber Innovationskraft in ihr Unternehmen. Nur muss sich diese Kraft dann auch entfalten dürfen. Die Führungskräfte wollten ihr Know-how mit einbringen und mitentwickeln, dafür waren sie angereist und nun war reines Funktionieren gefragt.

Die Geschäftsleitung war wütend und hätte am liebsten all den ignoranten Führungskräften gekündigt. Doch der wirtschaftliche Schaden wäre für das Unternehmen so groß gewesen, dass nichts anderes übrig blieb, als die Zähne zusammenzubeißen. Sie fühlten sich völlig unverstanden. Sie hatten so viel Zeit und Mühe investiert und waren richtig stolz auf das Ergebnis der neuen Philosophie – und nun das.

Fazit: Rückblickend war uns völlig klar, wo der Konflikt lag, in den wir alle verwickelt waren. Der Geschäftsführer hatte inhaltlich zwar keine schlechte Unternehmensphilosophie vorgestellt – aber auch nichts, was es für die Teilnehmer spannend, interessant oder gewinnbringend gemacht hätte. Er sprach zu seinen erfolgreichsten Führungskräften, die stetige Umsatzsteigerungen in einem Markt mit wachsendem Wettbewerb erzielten, aber er bezog sie überhaupt nicht mit ein. Diese Präsentation der Philosophie hatte für die Teilnehmer so viel Anreiz zur Umsetzung, wie als Ersatzspieler bei einem wichtigen Fußballspiel auf der Bank zu sitzen. Die Hirnforschung hat nachgewiesen, dass es keine Entscheidung gibt, die nicht wesentlich von Emotionen gesteuert ist. Unsere Gehirne funktionierten so auch. Schließlich schafften wir nach einem guten Mittagessen und einem Spaziergang vor allem eine neue Geisteshaltung, nämlich das Vertrauen in das Team und in die eigene Kraft. Die richtige Einstellung ist heute das Wichtigste, um am Markt erfolgreich zu sein. Wichtiger als das Ego und die Macht. Es entwickelte sich die Lust auf Neues, weil es uns allen Spaß machte, unser Unternehmen zu gestalten und noch besser zu machen. Wir wollten. Das ist genau das Entscheidende und diese Einstellung machte das Unternehmen zum Marktführer.

Was also tun, wenn wir merken, dass unsere guten Ideen nicht angenommen werden und funktionieren?

Häufig liegt es nicht an der Idee, sondern an der fehlenden oder falschen Kommunikation. Gut ausgebildete Menschen in geistige Ketten zu legen, kostet Unternehmen nicht nur viel Zeit, sondern auch horrende Summe durch Potenzialvergeudung. Ich bin überzeugt, dass viele Unternehmen nicht in der Krise wären, wenn Sie die Potenziale Ihrer Mitarbeiter effizienter fördern und vor allem nutzen würden. Es geht darum, dass Menschen etwas zugetraut wird, dass ihr Scharfsinn, ihr Mut und ihre Kreativität gefragt sind. Denn erst dann offenbart sich, was sie wirklich können. Die Unternehmenskommunikation nach innen wird unterschätzt und bringt das Wachstumspotenzial zum Erliegen. Die Auswirkungen sind verheerend, wenn Menschen zu Problemen schweigen oder nach außen alles abnicken, sich jedoch innerlich sträuben, den Prozess boykottieren oder innerlich gekündigt haben. Ein Vorgehen nach dem Motto: »Ist doch mir egal, was ihr macht, Hauptsache mir geht es gut« richtet große wirtschaftliche Schäden in Unternehmen an.

Achten Sie lieber darauf, authentisch und glaubwürdig ein Ziel zu definieren, statt einen perfekten PowerPoint-Vortrag zu präsentieren. Damit Begeisterung entsteht und Aufbruchstimmung erzeugt wird, benötigen wir den Dialog.

Ideal ist es, wenn die Geschäftsführer nicht die Details festlegen, sondern nur »Leitplanken« setzt. Lassen Sie Wahlmöglichkeiten und entwickeln Sie Strategien zusammen mit Ihren Führungskräften und Mitarbeitern. Nutzen Sie die Köpfe vieler. Mitarbeiter sind oft noch dichter an Kunden und dem Markt, sehen Prozesse aus anderen Blickwinkeln und bringen Ideen und Aspekte ein, auf die Sie niemals gekommen wären. Ein Teamchef hat die entscheidende Rolle, denn er spornt zur Leistung an, indem er Ziele etwas höher steckt, als sie das Team von sich aus setzen würde. Denn die Hauptaufgabe von Unternehmern ist nicht, selbst pausenlos Innovationen zu produzieren, sondern den Rahmen zu setzen, Potenziale zu entdecken und Mitarbeiter Erfolgserlebnisse haben zu lassen.

7.2 Sponsoringangebote werden aus dem Bauch oder aus Sympathie entschieden

Manche Unternehmer sind enttäuscht von der Resonanz ihres Sponsorings und fragen sich, wieso sie keinen Erfolg haben. Ihnen bleibt ein schaler Nachgeschmack und das Gefühl, Geld verschenkt zu haben.

Ein Friseurladen hat einen Fußballclub in einem zwanzig Kilometer entfernten Ort unterstützt. Als Grund für dieses Sponsoring gibt der Inhaber an, dass die Menschen im Verein so nett gewesen seien und er ein Mitglied noch aus Schulzeiten kenne. Seine Kunden kommen jedoch aus maximal zehn Kilometern Umkreis. Somit ist dieses Sponsoring zwar eine nette Geste und er hat den Fußballjungs auch bestimmt eine Freude gemacht, doch für sein Geschäft ist es eine ineffiziente Geldausgabe im Marketing.

Unterstützen Sie Projekte und Menschen gezielt nach Ihrer Sponsoringstrategie. Gute Strategien zeichnen sich durch Einfachheit aus. Sie können in wenigen Sätzen beschrieben werden und müssen vor allem folgende Fragen eindeutig beantworten:

- Wofür steht unser Unternehmen?
- Wer sind unsere Kunden (Kundenzielgruppe und Einzugsgebiet)?
- Was erwarten unsere Kunden von uns?
- Welche Leistungen/welchen Service erbringen wir für unsere Kunden?
- Welches Sponsoring benötigen wir dafür?

Ein Sponsoring ist nur dann erfolgreich, wenn es glaubwürdig und authentisch ist und vor allem in Ihrer Kundenzielgruppe stattfindet. Nur dann kann Sponsoring erfolgreich wirken.

Die Praxis zeigt klar, dass Unternehmen mit eindeutigen strategischen Zielen erfolgreicher sind. So sind Sie und Ihre Mitarbeiter in der Lage, zukünftige Sponsoringanfragen schnell zu beurteilen. Sie wissen, ob die Sponsoringanfrage auch wirtschaftlich ein Gewinn für Ihr Unternehmen wird.

Die Praxis zeigt: Unternehmen mit einer klaren Strategie sind in Krisenzeiten erfolgreicher als andere und gewinnen Marktanteile.

7.3 Sponsoring wird nicht als Marketingstrategie eingesetzt, persönliche Kontakte und Netzwerke werden nicht genutzt

Sie haben sich für ein Sponsoring entschieden, dann nutzen Sie die Möglichkeiten, die sich Ihnen bieten. Werden Sie auch bei der Investition für einen guten Zweck unternehmerisch tätig und verfolgen Sie damit Ihre eigenen Ziele.

Für Ihr Unternehmen kann dies einen echten Mehrwert und Werbegewinn bedeuten. Der gewählte Partner, Ihr Verein spielt eine bedeutende Rolle.

Das heißt: Nutzen Sie die Plattform, die sich Ihnen bietet, gehen Sie persönlich zum Verein, veröffentlichen Sie Ihr Sponsoring in verschiedenen Medien, machen Sie Fotos – denn diese drücken mehr aus als viele Worte.

7.4 Angst vor der Presse und den Medien

Trauen Sie sich – Sie sind gut genug! Machen Sie gezielt Öffentlichkeitsarbeit: Fragen Sie Ihren Verein, ob er Ihr Engagement in seine Vereinsrubrik in der Zeitung aufnimmt. Laden Sie die Presse zu einer Sponsoringübergabe ein oder zu einem anderen originellem Event. Schreiben Sie selbst Presseartikel und setzen Sie diese auch auf Online-Portale.

7.5 Sponsoring wird als Spende gesehen

Sponsoring ist keine Spende. Sponsoring ist ein Geschäft auf Gegenseitigkeit. Sie geben Geld oder Sachmittel oder Ihr Know-how und der Verein macht im Gegenzug dazu Werbung für Sie. Handeln Sie die Leistungen mit dem Verein aus und legen Sie diese am besten schriftlich fest. Prüfen Sie auch, ob der Verein die zugesagten Werbemaßnahmen umgesetzt hat.

7.6 Sponsoring wird nicht in der Kundenzielgruppe ausgeführt

Bei aller Euphorie und Freude über Sponsoring darf nicht die wichtigste Überlegung fehlen: Was will ich erreichen?

Das Beispiel einer Gastwirtin zeigt, wie es sich auswirken kann, wenn Sie sich darüber nicht im Voraus im Klaren sind:

»Ich habe mich für das Sponsoring eines Behindertenvereins in Deutschland entschieden, weil ich die Integration von Kindern so sinnvoll fand. Und als diese bei mir anfragten, habe ich spontan zugesagt. So habe ich Fahrtgeld für die Teilnahme an Turnieren zur Verfügung gestellt und wurde als Sponsor auf der Homepage mit Link veröffentlicht. Dann stellte ich jedoch fest, dass ich für mein Apartmenthaus leider in der falschen Zielgruppe geworben habe. Denn mein Haus hat Treppen und ist nicht behindertengerecht. Das heißt, Anfragen für Urlaube von Behinderten musste ich leider ablehnen.«

Wer ist Ihre Kundenzielgruppe? Wenn Sie die Antwort auf diese Frage im Detail kennen, dann haben Sie es einfacher, im Alltagsgeschäft eine Entscheidung zu treffen, die für Ihr Marketing erfolgreich ist.

7.7 Die Vermarktung des Sponsorings wird als Bringschuld der Vereine gesehen

Nach der Verhandlung der Sponsorenleistungen mit Ihrem Verein folgt die Erbringung Ihrer Sponsorenleistung und dann die Durchführung der vereinbarten Leistungen Ihres Vereins.

Dies läuft vielleicht schleppend, zugesagte Fotos lassen auf sich warten und der Verein lädt Sie auch nicht zum persönlichen Kennenlernen ein. Jetzt können Sie enttäuscht sein, verärgert oder beides. Für Ihr Marketing bringt Ihnen das jedoch nichts. Suchen Sie daher nach Lösungen, die Ihnen nutzen und haben Sie auch ein bisschen Verständnis für die besondere Situation in Vereinen. Die Vereinsmitglieder arbeiten ehrenamtlich.

Statt auf die versprochenen Fotos zu warten, werden Sie selbst aktiv. Fragen Sie, ob Sie ein Foto von den neuen Trikots der Mannschaft machen dürfen oder ein Foto mit Ihnen und dem Vorstand des Vereins bei der Übergabe der Getränke, die Sie gespendet haben.

Achten Sie darauf, dass das, was Sie vom Verein möchten, nicht zu zeitintensiv ist. Die Erlaubnis, zu einem Training vorbeizukommen, Flyer auszulegen oder zu fragen, ob Sponsoren auch auf das Sommerfest eingeladen werden, sind sinnvolle und »unproblematische« Bitten.

Fragen Sie höflich nach dem, was Sie möchten und behandeln Sie den Verein als gleichwertigen Geschäftspartner, so wirkt Ihr Sponsoring am erfolgreichsten.

7.8 Der Irrglaube: Je teurer das Sponsoring, desto effektiver

Wenn Sie Sponsoring im Profibereich betreiben, sehen Ihre Werbung viele Zuschauer und sie kommt oft in Medien- und Fernsehübertragungen vor. Natürlich sehen so mehr Menschen die Werbung als beim kleinen Amateurverein.

Je nach Produkt, Unternehmensgröße und Standort, sind diese Kriterien jedoch nicht allein für den Erfolg des Sponsorings ausschlaggebend. Im Profibereich sind die Preise auch entsprechend hoch. Wenn Sie als örtliches Unternehmen Werbung machen, dann haben Sie mit so einem Profiverein auch sehr hohe Streuverluste, da das Sponsoring nicht in Ihrer Kundenzielgruppe durchgeführt wird.

Daher empfehle ich regionalen kleinen und mittelständischen Unternehmen, deren Kunden und Mitarbeiter aus dem direkten Umfeld kommen, das Geld in mehreren Ortsvereinen zu wesentlich günstigeren Konditionen zu investieren. Dann kostet ein Trikotsatz zwischen 500 und 1000 Euro pro Mannschaft, während im Profibereich mehrere Hunderttausende von Euro nötig sind.

7.9 Nicht Nein sagen können

Überlegen Sie, wo Ihre Ausgabe sich lohnt und Ihr Produkt oder Ihre Dienstleistung passt: Rechnen Sie bei jeder Maßnahme stets die Kosten für einen potenziellen Kunden aus – und vergleichen Sie.

Lernen Sie Nein zu sagen, wenn Vereine oder geschulte Telefonisten auch noch so nett um Ihre Unterstützung bitten, prüfen Sie, ob das Sponsoring sich als Marketingstrategie lohnt. Wenn das Angebot für Sie keine lohnende Investition werden kann, dann sind selbst 20 Euro eine unnötige Ausgabe für Ihr Unternehmen, da Sie Ihr Sponsoring nicht als Marketingmaßnahme nutzen können.

Verstehen Sie mich nicht falsch: Es gibt wunderbare Vereine, die eine wichtige Arbeit leisten, doch für ein Sponsoring als Marketingstrategie gibt es wichtige Kriterien.

8
Der Exzellenztipp
für erfolgreiches Sponsoring

8.1 Kleines Budget, großer Nutzen: an Wettbewerben teilnehmen

Für das eigene Unternehmen eine Auszeichnung und öffentliche Anerkennung zu erhalten ist der Wunsch vieler ehrgeiziger Unternehmer: einmal »Entrepreneur des Jahres«, »Deutschlands bester Arbeitgeber«, Innovationspreisträger für Ausbildung, »Meisterfrau des Jahres«, Mittelstandspreisträger für soziale Verantwortung oder zu den Top 100 der innovativsten Unternehmen des Mittelstandes zählen ... Es gibt viele wohlklingende Auszeichnungen.

Doch viele Unternehmer trauen sich gar nicht zu, dort teilzunehmen. Vielleicht sehen sie sich selbst als zu klein? Oder sie sehen den Nutzen nicht? Oder der Aufwand ist ihnen zu viel?

Nur Mut, ein regionaler Wettbewerb ist ein guter Einstieg, selbst wenn Sie Einzelkämpfer sind und noch keinen Namen haben. Wenn Sie bei Kunden Auszeichnungen vorweisen können, gerade als Brancheneinsteiger, dann erhöht dies Ihre Kompetenz und Ihr Preisgefüge.

Ich möchte hier mit einen Irrglauben aufräumen: Es stimmt schlicht nicht, dass die Gewinner aufgrund Ihrer Leistung vorgeschlagen und dann ausgezeichnet werden. Keiner macht sich die Mühe von Ort zu Ort zu fahren, mit Menschen zu sprechen oder Internetseiten zu durchforsten, um herauszufinden, wer in Deutschland der innovativste Weiterbilder ist oder das beste Konzept für technisches Know-how in der Schublade liegen hat.

Selber machen ist angesagt!

Wenn Sie am Wettbewerb teilnehmen wollen, dann müssen Sie, wie eben immer im Leben, selbst handeln. Das heißt Sie müssen:

Sponsoring. Katja Hofmann
Copyright © 2010 WILEY-VCH Verlag GmbH & Co. KGaA, Weinheim
ISBN: 978-3-527-50507-4

1. den Wettbewerb aussuchen (Was passt zu Ihrem Unternehmen?) und
2. die Bewerbungsunterlagen erstellen.

Einige Wettbewerbe wie zum Beispiel die Auszeichung als »Managerin des Jahres« des Mestemacher Preises funktionieren nur über eine Empfehlung. Doch Hand aufs Herz: Was glauben Sie, wer die Gewinner empfohlen hat und wer sich Stunden Zeit nimmt, die Bewerbungsunterlagen auszufüllen, Veröffentlichungen und Presseberichte zusammenzustellen, wer den Lebenslauf der Person genau im Kopf hat und dann Texter, Grafiker und Layouter beschäftigt, um eine professionelle Bewerbung zu erstellen? Also entweder haben Sie Mitarbeiter oder Sie machen es eben selbst!

Es gibt Wettbewerbe, die kostenlos sind, und andere Wettbewerbe, für deren Teilnahme Sie zahlen müssen, zum Teil bis zu mehrere tausend Euro. Diese Awards beinhalten dann auch automatisch eine Beratung beziehungsweise Bewertung Ihres Unternehmens. Für solch aufwendige Wettbewerbe benötigen Sie mehrere Tage Vorbereitung. Zu ihnen gehören unter anderem »Bester Arbeitergeber«, »Top Job« oder »Deutschlands Kundenchampion«. Für kleine Unternehmen lohnt sich dies in der Regel nicht. Für sie bieten sich andere Möglichkeiten an:

- Der Deutsche Nachhaltigkeitspreis wurde 2008 ins Leben gerufen. Er prämiert Unternehmen, Produkte und Marken, die vorbildlichen wirtschaftlichen Erfolg mit sozialer Verantwortung und Schonung der Umwelt verbinden. Unter der Schirmherrschaft von Bundeskanzlerin Angela Merkel wurden die Preisträger 2009 ausgezeichnet. Erstmals wird ein Sonderpreis für Social Entrepreneurship vergeben. Weitere Informationen finden Sie unter www.deutscher-nachhaltigkeitspreis.de.
- Deutschlands größte Mittelstandsinitiative »Mutmacher der Nation« zeichnet zupackende Optimisten aus, die durch besondere Ideen, Durchhaltevermögen oder innovative Konzepte andere Unternehmer ermutigen. Kleine und mittlere Unternehmer werden mit ihren ganz persönlichen Erfolgsgeschichten ins Rampenlicht gestellt. Dieser Wettbewerb soll zeigen, was der Mittelstand leistet. Schirmherr ist der niedersäch-

sische Ministerpräsident Christian Wulff. Mehr erfahren Sie unter www.mutmacher-der-nation.de.

Der besten und sinnvollsten Informationen liefert die Homepage www.biz-award.de. Dort sind 500 Unternehmenswettbewerbe nach Region, Art und Größe sortiert. Sie können sich im Newsletter anmelden und werden dann immer aktuell über neue Wettbewerbe informiert.

Die Seite liefert nicht nur Termine, sondern veröffentlicht auch Steckbriefe der Gewinner-Unternehmen. Wenn Sie also an einem Wettbewerb teilgenommen haben und gesiegt haben, dann können Sie diese Information melden und werden zusätzlich veröffentlicht.

Die Frage, die sich grundsätzlich stellt, ist, ob sich der Zeitaufwand für die Teilnahme an einem Wettbewerb lohnt? Was hat man davon?

Wenn Sie sich entschieden haben, Öffentlichkeitsarbeit gezielt zu betreiben, dann lohnt sich gerade die Teilnahme an einem Wettbewerb. Viele Awards haben prominente Schirmherren, wecken Medieninteresse und haben oft Medienpartner. Außerdem ist der Gewinn eines Awards ein Gütesiegel, das Sie Ihren Kunden zu Recht mit Stolz präsentieren können. Eine Auszeichnung hilft Ihnen auch, Ihre Positionierung im Markt zu stärken. Nicht als Billiganbieter, sondern als qualifiziertes Qualitätsunternehmen in einem höheren Preissegment tätig zu sein. Darüber hinaus motivieren Auszeichnungen jeden Einzelnen im Team, besonders wenn Sie Ihre Mitarbeiter zur Preisverleihung mitnehmen.

Ein Beispiel aus der Praxis

Kürzlich haben wir bei einem Unternehmen das Marketing systematisch umgestellt. Das Ziel, das wir gesetzt hatten, war, neue Kunden zu gewinnen. Dafür musste die Bekanntheit erhöht werden. Ein zweites Ziel war die Positionierung des Unternehmens mit Expertenstatus. Dafür mussten wir das Image gezielt aufbauen.

Als wir das Marketing und das Sponsoring entsprechend angepasst hatten, schlug ich dem Unternehmen vor, bei einem Wett-

bewerb mitzumachen. Ich hatte als Ziel den LEA Mittelstandspreis
(Leistung – Engagement – Anerkennung) für soziale Verantwortung. Dieser Preis wird vom Wirtschaftministerium Baden-Württemberg und der Caritas ausgelobt.

Als ich dies der Geschäftsleitung vorschlug, schauten mich vier
Augenpaare verdutzt an. Dann meldet sich der Geschäftsführer zu
Wort: »Ich frage mich nur, wie sinnvoll so ein Wettbewerb ist? So
viel haben wir ja im Sponsoring nicht gemacht, dass wir dort gewinnen werden.«

Für Unternehmen, die noch nie an einem Wettbewerb oder
Award teilgenommen haben, ist die Wirkungsweise einer Teilnahme ohne berechtigte Chance, den ersten Platz zu erhalten, zunächst unverständlich. Jedoch erhält man bei einem Wettbewerb
öffentliche Anerkennung, und das Erlebnis, bei einer Preisverleihung mit dabei zu sein, ist unvergesslich. Allein dadurch, dass
beim LEA-Mittelstandspreis alle nominierten Teilnehmer eine Urkunde erhalten, ist dieser Wettbewerb besonders reizvoll.

Der Geschäftsführer überlegte einen Moment und schlug dann
vor, dass ein Mitarbeiter die benötigten Unterlagen wie Presseartikel und Dokumente über Sponsorships mit den Ansprechpart-
nern zusammenträgt. Gesagt, getan.

Fünf Monate später hatte der Unternehmer die Einladung zur
Preisverleihung im Haus der Wirtschaft in Stuttgart in der Post. Er
rief mich verdutzt an und seine erste Frage war: »Was zieh' ich
denn da jetzt an?« Und als wir die ersten Unsicherheiten geklärt
hatten und besprochen hatten, wie er sich auf den Termin vorbereiten konnte, hörte ich in seiner Stimme die Freude und gleichzeitig die Verwunderung. Er berief sich wieder darauf, dass er »so
viel« doch gar nicht gemacht habe. Er meinte damit die Höhe des
Sponsoring-Betrags. Natürlich hatten wir keine Tausende von Euro
für Sponsoring und Spenden ausgegeben, bei einem Unternehmen
mit 15 Mitarbeitern ist dieses Budget auch nicht nötig. Doch als
wir das Sponsoring gezielt als Marketingstrategie umstellten, war
eine vorrangige Aufgabe, genau hinzuschauen, wo in der Region
Hilfe benötigt wird. Zusammen mit seinen Mitarbeitern hatte der
Unternehmer zum Beispiel geholfen, Kindergärten mit Büchern
auszustatten, an Schulen Bewerbungstrainings durchgeführt, mit
der IHK zusammengearbeitet und Praktika angeboten, Bewer-

bungsmappen für Hauptschüler gedruckt und für Behinderte gespendet, Führungen für Kindergärten gemacht und Vereine mit
Trikots unterstützt.

Der Tag der Preisverleihung kam und wir betraten die pompöse
König-Karl-Halle im Haus der Wirtschaft. Der Unternehmer sah in
seinem Anzug beeindruckend aus.

Die am Wettbewerb teilnehmenden Unternehmen wurden auf
einer großen Leinwand namentlich aufgeführt. Im Raum waren
Stellwände aufgestellt und auch hier wurden die Unternehmen
nochmals präsentiert. Als der Unternehmer die Präsentation über
seine Firma gefunden hatte und er seinen Namen immer wieder
las, wenn dieser über die Leinwand flimmerte, entspannten sich
zum ersten Mal an diesem Abend seine Gesichtszüge und er fing
langsam an zu glauben, dass es eben nicht einfach selbstverständlich ist, Gutes zu tun, sondern wichtig für die Gesellschaft. Und
verstand, dass seine Hilfestellung und soziale Leistung Anerkennung verdienen.

Diese Meinung verstärkte sich bei ihm, als er die Rede des
Schirmherren und Wirtschaftsministers Herr Ernst Pfister hörte.
Seine Augen glänzten vor Stolz, als alle Unternehmer die nomi-
niert waren, gebeten wurden, sich von Ihren Plätzen zu erheben.
Einen solchen Moment miterleben zu dürfen, ist ein positives und
motivierendes Erlebnis, das lange in Erinnerung bleibt – und wieder Kraft gibt für den Alltag.

Was hat ihm also die Teilnahme an diesem Wettbewerb gebracht?

- Eine schön gerahmte Urkunde des Wirtschaftsministeriums,
  die jetzt seinen Besucherraum ziert und Gesprächsstoff bietet
  für die »Warm-up«-Phase in Kundengesprächen;
- Imagegewinn für das Unternehmen;
- Kunden, die ihn darauf angesprochen haben;
- Presseartikel;
- eine intensive Auseinandersetzung mit und die Anerkennung
  von Sponsoringprozessen;
- Öffentlichkeitsarbeit;
- Freude und Stolz bei seinen Mitarbeitern.

Dabei sein oder nicht dabei sein, das ist hier die Frage

Die Teilnahme an einem Business-Wettbewerb erfordert Zeit und auch Geld. Im Erfolgsfall locken dafür Geld- und Sachpreise, betriebliche Unterstützung und positive PR. Selbst, wenn die Budgetplanung für die Teilnahme an einem Wettbewerb auf den ersten Blick keine zentrale Bedeutung hat, ist es wichtig, zu bedenken, dass auch bei Awards Investitionen anfallen. Dazu gehören:

- Zeit für die Erstellung der Unterlagen: Je nach Vorgaben sind Sie mehrere Stunden mit der Erstellung einer guten Präsentation Ihres Unternehmens beschäftigt.
  Wenn Sie Ihre Erfolgschancen noch erhöhen wollen, dann lohnt es sich, professionelle Hilfe zu holen. Texter, Grafiker und Layouter sorgen dafür, dass Ihre Bewerbung einen professionellen und bleibenden Eindruck hinterlässt.
- Zeit für die Presse- und Marketingarbeit, um den Wettbewerb auf mehreren Plattformen zu nutzen.
- Kosten der Teilnahme an der Preisverleihung: Es fallen Reisekosten für Fahrt oder Flug und Hotel an.

Mein persönliches Fazit: Wenn Sie zur Preisverleihung gehen, haben Sie ein unvergessliches Erlebnis und einen großen Nutzen für die Öffentlichkeitsarbeit Ihres Unternehmens, doch Sie benötigen auch ein ausreichendes Reisebudget!

Diese Checkliste verrät Ihnen, ob sich der Aufwand lohnt.

- Haben Sie ein innovatives Produkt, eine innovative Dienstleistung oder Geschäftsidee? Was sind Ihre Stärken und was unterscheidet Sie von Ihrem Wettbewerb? Womit könnten Sie die Jury des Wettbewerbs von sich überzeugen?

_____

_____

_____

_____

_____

- Können Sie die Zeit einsetzen oder hat jemand in Ihrem Unternehmen Zeit und Know-how, den passenden Wettbewerb auszusuchen und die Bewerbungsunterlagen auszufüllen? Wer kann dies übernehmen oder wo bekommen Sie Unterstützung, um Ihre Gewinnchancen zu erhöhen (z. B. Texter, Grafiker, Dienstleister, …)?

\
\
\
\
\
\

- Auch wenn Sie nicht zu den Preisträgern gehören, lohnt sich für Sie der Aufwand? Wie könnten Sie den Wettbewerb in Ihre Öffentlichkeitsarbeit einfließen lassen? Welche Unternehmensziele werden mit dem Wettbewerb erreicht? Wie könnten potenzielle Kunden davon erfahren? Werden Sie als Arbeitgeber für potenzielle Bewerber noch attraktiver? Motiviert dies Ihre Mitarbeiter?

\
\
\
\
\
\

- Welche Vorteile bringt Ihnen die Bewerbung bei Ihrem ausgesuchten Award? Gibt es eine bekannte Jury, Träger oder prominente Schirmherren?

\
\
\
\
\
\

- Haben Sie Presseerfahrung? Wie können Sie mit der Presse zusammenarbeiten? (Schreiben Sie zum Beispiel auf Online-presseportalen Pressemitteilungen, so zeigen Sie bereits mit Ihrer Teilnahme am Wettbewerb, dass sie etwas Besonderes zu bieten haben.)

_____

_____

_____

_____

_____

_____

- Ist für Sie nur ein Wettbewerb regional interessant oder auch überregional (wo sind potenzielle Kunden)?

_____

_____

_____

_____

_____

_____

- Es gibt kostenfreie Wettbewerbe und kostenpflichtige Wettbewerbe. Wären Sie auch bereit, eine Teilnahmegebühr zu bezahlen?

_____

_____

_____

_____

_____

- Wer in Ihrem Unternehmen reist zur Preisverleihung? Bitte prüfen Sie, wo diese stattfindet. Einladungen erhalten Sie häufig auch, wenn Sie nicht zu den Preisträgern gehören. Sind Sie bereit, Reisekosten und Zeiteinsatz zu bezahlen?

_____

_____

_____

_____

_____

8.2 Wettbewerbe selbst ausschreiben

Etwas aufwendiger, dafür noch PR-wirksamer ist es, wenn Sie Wettbewerbe selbst ausschreiben.
Wie wäre es damit?

- Ein Bäcker spricht die Kindergärten im Ort an und veranstaltet einen Malwettbewerb. Das Siegerbild wird dann die neue Bäckertüte des Ortes zieren und die besten Bilder sind in der Bäckerei zu bewundern. In der Jury könnte dann ein Vertreter der Stadt sitzen, beispielsweise ein Stadtrat, Bürgermeister oder ein Vertreter des Amts für Familie. Für jedes eingereichte Bild erhält der Kindergarten von Ihnen eine Spende.
- Als Dienstleistungsbüro für Schreibarbeiten suchen Sie die beste Sekretärin. So können Sie sich für dieses oft unterschätzte Berufsbild einsetzten und die Medien über den Wettbewerb berichten lassen.
- Ein Küchenstudio engagiert prominente Kochprofis, die in einem Wettbewerb gegen den besten Koch/die beste Köchin des Ortes kochen. Die Bevölkerung fungiert als Jury.

Wenn Sie Prominente als Schirmherren für Ihre Wettbewerbe gewinnen wollen, dann finden Sie unter www.promikativ.de und www.sevenonemedia.de Vermittlungsdienste, die Ihnen helfen, VIPs in Ihre PR-Aktionen einzubinden.

Checkliste für die Planung Ihres eigenen Wettbewerbes

- Welcher Wettbewerb passt zu Ihrem Unternehmen?
- Welchen Gewinn wollen Sie stellen?
- Möchten Sie mit Prominenten arbeiten?
- Benötigen Sie eine Jury? Wer sollte in dieser Jury sitzen?
- Wie können Sie die Medien einbeziehen oder mit ihnen kooperieren?
- Wie sollen Bewerber davon erfahren?
- Wie können sich die Teilnehmer bewerben: per E-Mail, Brief, Video, Fotoeinsendung?
- Möchten Sie eine Feier zur Preisverleihung veranstalten?

9
Öffentlichkeitsarbeit

9.1 Was ist Öffentlichkeitsarbeit?

Die Deutsche Public Relations Gesellschaft (DPRG) bezeichnet PR (also Öffentlichkeitsarbeit) als das »Management von Kommunikation«.

Unter Public Relations beziehungsweise Öffentlichkeitsarbeit versteht man die gezielte Kommunikation eines Unternehmens mit dem langfristigen Ziel des Aufbaus, des Erhalts und der Gestaltung des Images und der Erhöhung der Bekanntheit. Kommuniziert wird mit Unternehmen, Geschäftspartnern, Bewohnern, Gesetzgebern, Bürgerinitiativen, der Politik, Kapitalgebern, Kunden, Lieferanten, Medien, Mitarbeitern mit dem Ziel, Vertrauen und Glaubwürdigkeit für die Botschaften und des Wirkens des Unternehmens zu erzielen.

»Kommunizieren Sie einzig- und nicht artig« ist für mich die stimmigste und einfachste Beschreibung zur Öffentlichkeitsarbeit oder anders: »Gutes tun und darüber sprechen lassen.«

9.2 Ist doch nur was für große Unternehmen, oder?

Große Konzerne beschäftigen mehrköpfige Marketingabteilungen und Forschungsinstitute, haben Verlage und Journalisten, die ihr Unternehmen und ihre Werbebotschaften ins rechte Licht rücken und Meinungen von Konsumenten beeinflussen.

Die Bedingungen für gezielte Öffentlichkeitsarbeit und Marketingstrategien von großen Konzernen, haben so viel mit den Marketingstrategien von kleinen Unternehmen zu tun, wie die drei Tenöre mit den drei Musketieren.

Sponsoring. Katja Hofmann
Copyright © 2010 WILEY-VCH Verlag GmbH & Co. KGaA, Weinheim
ISBN: 978-3-527-50507-4

Wenn Sie Fachliteratur über Marketing und Corporate Identity lesen, quälen Sie sich in der Regel durch Fachbegriffe und Fremdwörter – und eine praktische Strategie, die 96 Prozent der Unternehmen hilft (weil sie der Mittelstand sind), sucht man vergebens. Unnötig zu sagen, dass ein Wissenschaftler andere Ziele verfolgt als ein Handwerker, der mit dem Marketing seinen wirtschaftlichen Erfolg sucht und praxisorientierte Strategien benötigt.

Jeder zehnte Euro wird von Freiberuflern erwirtschaftet und wir haben erstmals über eine Million Selbstständige in Deutschland. Das heißt, als Selbstständige konkurrieren wir nicht nur mit großen Konzernen, sondern wir müssen uns auch innerhalb unseres Marktes positionieren. Nur etwa jeder dritte Neugründer schafft es, die neue Firma auf Dauer über Wasser zu halten. Ein Drittel aller Firmenneugründungen geht in den ersten vier Jahren pleite. Ein weiteres Drittel meldet in den darauffolgenden sechs Jahren Insolvenz an.

Ich erwähne diese Tatsache nicht, um Ängste zu schüren, sondern um Mut zu machen, es besser zu machen und um betonen, wie wichtig es ist, dass wir erfolgreiche Wege gehen.

Wenn ich in meinem Leben etwas gelernt habe, dann ist das, nicht daran zu zweifeln, dass etwas geht – sondern Lösungen zu finden, wie etwas geht.

Wie wichtig Unternehmenspositionierung und Öffentlichkeitsarbeit ist, erlebte ich, als Anfang 2007 in unserer Gemeinde die neue Landesmesse eröffnet wurde. Ich schlug der Wirtschaftsförderung unserer Stadt vor, die örtlichen Unternehmen zu stärken, indem wir eine Broschüre für Messeaussteller und Besucher erstellen, in der sich die Unternehmen präsentieren. Denn an einem neuen Standort benötigen alle Besucher und Aussteller vor allem Orientierung. Es müssen neue Hotels, Gastronomie, Tankstellen, Einkaufsmöglichkeiten und Freizeitaktivitäten entdeckt und gefunden werden. Dieses neue Umsatzpotenzial sollte unserer Region mit gezielten Hinweisen in dieser Broschüre erschlossen werden.

Die Stadt winkte beim Gespräch nur ab. »Das lohnt sich nicht, jetzt soll erst mal die Messe kommen.« Eigentlich sollte die Wirtschaftsförderung der Stadt doch am Wachstum der Unternehmen interessiert sein. Wir machten den Flyer im Alleingang ohne Ortsvorstände und die Stadt und unterstützten mit dem Verkauf den Verein für krebskranke Kinder.

2009 erfuhr ich aus der Zeitung, dass die Stadt 34 000 Euro ausgab für Broschüren mit genau der gleichen Idee. Zwei Jahre später! Wir wollten damals kein Geld von der Stadt, sondern nur die Kontakte, Empfehlung und ein Vorwort.

Was habe ich daraus gelernt? Der Name ist wichtig, ebenso »Vitamin B« – und wir hätten von der Stadt Geld verlangen sollen!

Oft ist also nicht die Idee erfolglos, sondern die Vermarktung und die Unternehmenspositionierung stimmt nicht. Wenn Sie eine Idee haben, dann vertrauen Sie auf Ihr Bauchgefühl. Wenn Sie als Unternehmen etwas bewegen wollen, vielleicht auch ein bisschen die Welt verbessern möchten, dann probieren Sie es! Starten Sie Versuchsballons und hören Sie wie Ihre Kunden reagieren.

Manche Menschen können sich nicht vorstellen, dass ausgerechnet Sie als Experte Anerkennung erhalten. Manchen fehlt die Erkenntnis, dass ihr Wissen und Know-how hoch gehandelt wird. Sie hängen zu sehr an der Vergangenheit und an alten Strukturen. Und denken Sie daran: Keiner entdeckt Sie als Experte – das müssen Sie schon selbst machen!

Die Öffentlichkeitsarbeit in der Praxis von mittelständischen Unternehmen ist anders als die von großen Konzernen

Unterschiede in der praktischen Umsetzung aufgrund des möglichen Personaleinsatzes und der Höhe des Budgets sind deutlich. Doch nicht nur die sachlichen Voraussetzungen sind anders, auch die emotionalen.

Wieso ist Öffentlichkeitsarbeit so oft Nebensache statt Chefsache? »Keine Zeit für so einen Schnick-Schnack; ich muss mich ums Geschäft kümmern«, höre ich oft von den gestressten mittelständischen Unternehmern. Sie konzentrieren sich auf ihr Kerngeschäft, wozu Öffentlichkeitsarbeit offenbar (noch) nicht zählt, und die PR ihres Unternehmens ist für sie überflüssig und kostet wertvolle Arbeitszeit. Und dadurch verschenken sie nicht nur Marktchancen, sondern wertvolle Pluspunkte an die Konkurrenz.

Dabei haben mittelständische Unternehmen einen großen Vorteil: Bei Ihnen steckt das Kapital für erfolgreiche Öffentlichkeitsarbeit in der Persönlichkeit des Unternehmers, denn sie arbeiten ja noch an der Basis mit und können emotional schildern, was in der Branche los ist.

Was für eine Zielgruppe hat ein Großkonzern? Was für eine Zielgruppe haben kleine Unternehmen? Welche Botschaft soll der Öffentlichkeit übermittelt werden? Welche Kontakte/Medien können genutzt werden?

In den letzten sieben Jahren habe ich meine Erfahrungen in der Öffentlichkeitsarbeit bei mittelständischen Unternehmen gesammelt. Die häufigsten »Erfolgsbremsen« habe ich für Sie zusammengestellt:

- Die Erkenntnis über die Vorteile und den wirtschaftliche Nutzen von Öffentlichkeitsarbeit fehlt. Ganz nach dem Motto »Unsere Kunden kennen uns doch, wir sind ja über 20 Jahre am Markt« wird PR als überflüssig gesehen.
- Das Vorurteil, das Öffentlichkeitsarbeit teuer sei.
- Keine Zeit für PR.
- Kein Verantwortlicher: Öffentlichkeitsarbeit ist Nebensache. Wird von irgendjemandem neben dem Alltagsgeschäft erledigt.
- Unsicherheit oder Bedenken im Umgang mit der Presse, wie zum Beispiel die Angst, negative Schlagzeilen zu bekommen; außerdem hat man ja nichts zu berichten.
- Es soll alles beim Alten bleiben – Ideen zu neuen Wegen, werden aus der Gewohnheit nicht umgesetzt: »Das haben wir schon immer so gemacht«.
- Eine Erfolgskontrolle fehlt.

Natürlich treffen nicht alle Punkte auf alle Unternehmen zu. Doch ein oder zwei findet man in den meisten. Verheerend ist, dass viele Unternehmen erst handeln, wenn sie in wirtschaftlicher Not sind, dann verkaufen sie sich zu billig, kalkulieren zu eng; sie bauen damit weder eine gezielte Marktpositionierung noch einen Markenauftritt auf.

Ich habe die Erfahrung gemacht, dass meine Honorare höher wurden und ich mehr Aufträge bekam, je mehr ich meinen Expertenstatus gezielt aufbaute. Natürlich geht es um Leistung, aber auch um die Positionierung und den Bekanntheitsgrad, Kontakte und Empfehlungen. Wenn Ihr Kunde in der Zeitung von Ihnen als Lieferant einen Presseartikel liest, wird dies Ihr Ansehen stärken.

Es gibt ein paar **Grundregeln**, die Sie beachten sollten, wenn Sie Öffentlichkeitsarbeit wirtschaftlich erfolgreich betreiben wollen

- Lernen Sie umzudenken – *Eigenlob stimmt!* Kommunizieren Sie clever.
- Nutzen Sie Ihre Bühnen, zum Beispiel in Form von Einladungen zu Preisverleihungen und Vereinssitzungen.
- Sorgen Sie dafür, dass Ihre Mitarbeiter positiv über Ihr Unternehmen sprechen.
- Bestimmen Sie in Ihrem Haus einen Verantwortlichen für Öffentlichkeitsarbeit.
- Besuchen Sie Weiterbildungen beispielsweise zum Umgang mit der Presse.
- Haben Sie Mut, mit der Presse zusammenzuarbeiten.
- Schreiben Sie Presseartikel.
- Erstellen Sie einen Presseverteiler und schreiben Sie regelmäßig Pressemitteilungen.
- Kommunizieren Sie gezielt Ihr gesellschaftliches Engagement (Sponsoring, Spenden), zum Beispiel auf Ihrer Homepage, in Ihrem Besucherraum, in der Presse.
- Machen Sie Fotos von Ihren Sponsoringaktionen oder Spendenübergaben. Ein Bild sagt mehr als 1000 Worte.
- Sorgen Sie durch emotionale Kundenerlebnisse für eine Mund-Propaganda.
- Überlassen Sie Ihr Image nicht dem Zufall.
- Planen Sie feste Zeiten ein, in denen Sie Maßnahmen und Ziele Ihrer Öffentlichkeitsarbeit besprechen.
- Kontrollieren Sie Ihren Erfolg.

9.3 Leitbild und Unternehmenskultur

Sie möchten sich am Markt positionieren?

Sie möchten Ihrer Geschäftsidee und Ihrer Arbeit eine Mission geben?

Sie haben den Entschluss gefasst, noch erfolgreicher zu agieren?

Sie haben sich Gedanken gemacht, wie Zielgruppen Sie erkennen und wie Sie Mitarbeitern eine Richtung geben.

Und jetzt wird es spannend. Jetzt ist der Moment für den Leitbild-Check gekommen. Wenn Sie Ihr Image gezielt aufbauen wollen und Sponsoring als effektive und zielgerichtete Marketingstrategie einsetzen, ist diese Vorarbeit eine Grundvoraussetzung.

Ich kenne Unternehmen, die Leitbilder einfach von anderen Unternehmen aus dem Internet für sich übernommen haben und ich kenne Unternehmen, die sich viele Gedanken gemacht haben, was Sie bewegen wollen. Und beide sind erfolgreich.

Der Schlüssel des Erfolgs ist, dass Ihr Leitbild und Ihre Werte glaubwürdig sind, zu Ihnen passen und auch von Ihren Mitarbeiter getragen werden.

Checkliste: Unternehmensleitbild

1. Wofür sind Sie angetreten? Was ist Ihre Vision oder Mission? Worin besteht Ihr Unternehmensleitbild?

_____

_____

_____

_____

_____

2. Als Mitarbeiter: Passen Sie und das Unternehmensleitbild zusammen? Können Sie hinter den Zielen Ihres Unternehmens stehen?

_____

_____

_____

_____

_____

3. Ist das Unternehmensleitbild für die Bezugsgruppen wahrnehmbar und klar? Wie kommunizieren Sie dies im Innen und im Außen? Wird zum Beispiel auf Kundenwünsche ein-

gegangen, werden Mitarbeiter informiert, wie wird mit Kritik oder Konflikten umgegangen, wie verhalten sich Telefonisten und Sachbearbeiter, wie ist der Briefstil?

_____

_____

_____

_____

_____

_____

4. Geben Sie Gründe an, mit denen Sie Bewerber davon überzeugen, dass Ihr Unternehmen das richtige ist.

_____

_____

_____

_____

_____

5. Wissen die Mitarbeiter, was die Motivation hinter der Unternehmensgründung war, zu welcher Lösung sie mit ihrer täglichen Arbeit beitragen?

_____

_____

_____

_____

_____

6. Notieren Sie den Nutzen, den die Kunden durch Ihr Unternehmen haben. Nennen Sie mehrere Aspekte, zum Beispiel nicht nur günstige Produkte oder eine hohe Qualität, sondern auch Emotionen wie Lebensfreude oder Gefühle, die durch Ihr Geschäft ausgelöst werden.

_____

_____

_____

_____

_____

Die Leitidee drückt den Sinn des Unternehmens aus, den Nutzen für Mitarbeiter, Kunden und die Gesellschaft. Sie begründet, warum ein Unternehmen besteht und wofür sie antreten.

Ob sich der ganze Aufwand für Sie lohnt? Nein, würden vermutlich diejenigen antworten, die keine einzigartige Positionierung besitzen. »Am Ende zählt doch nur der Preis beim Kunden!« Und so manche Meldungen über Dumpingpreise oder Preisverfall scheinen die Meinung zu bestätigen.

Eindeutig Ja, sagen hingegen die, die sich Gedanken über ihre Öffentlichkeitsarbeit und ihr Marketing machen und ihre Positionierung nicht dem Zufall überlassen, sondern bewusst wählen.

Dass unsere Produkte immer ähnlicher und für die Kunden mithilfe des Internets immer vergleichbarer werden, macht es nicht gerade einfacher, sich strategisch zu positionieren. Ihre Einzigartigkeit kann nur durch ein emotionales Leitbild und besondere Leistungen für Ihre Kunden entstehen und durch die Art und Weise, wie Sie dies kommunizieren beziehungsweise Ihre Öffentlichkeitsarbeit einsetzen.

Als Unternehmen mit dem Standort Deutschland ist es wichtig, gewinnbringend zu arbeiten. Wir wollen menschenwürdige Löhne, von denen unsere Mitarbeiter leben können und auch unsere Lieferanten sollen »überleben«. Dazu ist es notwendig, dass wir Preise am Markt erzielen, die das auch möglich machen und sich arbeiten lohnt.

Um als Schlüsselunternehmen am Markt anzutreten und die Weichen für die Zukunft zu stellen, ist eine nutzenorientierte Ausrichtung wichtig. Wenn Sie Kunden überzeugen und Mitarbeiter begeistern wollen, indem Sie als Unternehmerpersönlichkeit eine Vorbildfunktion einnehmen, dann lohnt es sich, über Ihre Leitidee und Unternehmensvision nachzudenken. Ohne einzigartige Positionierung ist einzigartiger Erfolg nicht möglich.

Mein Angebot für Sie: Sie finden in Kapitel 11 eine Strategie aus meiner Unternehmensberatung (für Sie zum Nachmachen), damit Sie eine Idee erhalten, wie Sie alleine oder auch mit Ihrem Team zusammen ein Stärkenprofil erstellen, um daraus Ihr Leitbild aufzubauen. Den Download für den kompletten Unternehmensworkshop erhalten Sie auf meiner Homepage www.kmu-hofmann.de oder wir erarbeiten dies in einem Workshop gemeinsam.

Das Leitbild hilft Ihnen auch, eine Sponsoringstrategie zu erstellen: Um bei über 594 000 Vereinen in Deutschland den passenden für Sie und Ihr Sponsoring herauszufinden, ist es sinnvoll, wenn Sie Ihre Auswahl an Ihrem Leitbild und Ihrer Unternehmenskultur ausrichten.

Wie wollen Sie wirken, was sind Ihre Werte? Passt dazu ein Sportsponsoring besser und wenn ja, welche Sportart spiegelt Ihre Attribute wieder. Gehören die Golfer zu Ihrer Zielgruppe oder ist der örtliche Fußballverein der richtige. Oder passt ein Sozialsponsoring, zum Beispiel die Unterstützung von krebskranken Kindern für Sie besser?

9.4 Auf die Märkte, fertig, los! Wen wollen Sie erreichen?

Unsere Wirtschaft in Deutschland braucht dringend mutige Unternehmen. Und diese sind die Kleinen und Mittelständischen, die die Macht haben, wirklich etwas zu verändern, die mit viel Herzblut für ihr Unternehmen und die Menschen tätig sind. Wir brauchen nutzenmaximiert arbeitende Menschen, die mit ihrer anderen Sichtweise Prozesse verändern, die Erfolg neu definieren, kundenorientiert und authentisch handeln. Wir brauchen Führungskräfte, die bereit sind, die Wirtschaft erfolgreich zu verändern, indem Sie mit Ressourcen und Mitarbeitern intelligenter umgehen.

Ich wurde von einem Unternehmen beauftragt, den Umsatz zu erhöhen, indem ich die Mitarbeiter des Unternehmens so ausbilden und schulen sollte, dass die Verkäufe durch den direkten Verkauf am Telefon stiegen. Das Unternehmen definierte als Kundenzielgruppe alle Unternehmen in Deutschland. Es gab keine Auswahl, sondern nach dem Motto »Auf die Kunden, fertig, los«. Das, was ich vorfand, war Verkauf der »alten Schule«. Wie mit den Kunden umgegangen wurde, war wirklich nicht mehr zeitgemäß und auch nicht mehr erfolgreich. Die Verkäufer durften erst nach dem fünften Nein, also nachdem der Gesprächspartner schon fünf Mal abgesagt hatte oder argumentierte, warum er nicht zusagen wollten, das Gespräch beenden. Denn erst bei fünf Neins begann der Verkauf für den Geschäftsführer und ob diese gewünschte »Hartnäckigkeit« auch vom Mitarbeiter ausgeführt wurde, wurde überprüft.

Die Verkäufer fühlten sich größtenteils nicht wohl und der Druck belastete sie. Die überdurchschnittlich hohe Krankheitsquote und die hohe Fluktuation im Unternehmen verursachten immense Personalkosten. Da zusätzlich der Umsatz sank, musste das Unternehmen handeln, um wieder gewinnbringend zu arbeiten. Dabei waren das Produkt und die Idee des Unternehmens wirklich gut. Schade nur, dass bisher alles in einen Topf geworfen wurde und der Kunde so lange »schwindlig« geredet wurde, bis er entweder Nein oder Ja sagte.

Wer als Verkäufer mit Selbstwert und Freude verkaufen will, der sucht intelligentere Wege, um den Nutzen zu vermitteln und Kunden zu begeistern. Meine Aufgabe war es, neue Strategien zu entwickeln und so das Unternehmen wieder in die Erfolgsspur zu bringen.

Oft ist es für Unternehmer gar nicht einfach, das eigene Handeln, das jahrelang zum Erfolg geführt hat und das jetzt nicht mehr funktioniert, infrage zu stellen. Denn wenn man selbst in der Krise steckt, wird man blind und sieht oft gar nicht, was man verändern muss, damit alles wieder funktioniert. Meistens spüren Unternehmer aber, dass sich irgendetwas im Vergleich zur Vergangenheit im Markt verändert hat.

Dies ist bei vielen Traditionsunternehmen, in denen Veränderung als Gefahr empfunden wird und Innovation nicht gelebt wird, brandgefährlich. In der heutigen Zeit kann »Das haben wir schon immer so gemacht« zu einem wirtschaftlichen Ruin führen. Ich habe Mitarbeiter in Unternehmen kennengelernt, in denen das Verschieben eines Ablagefaches schon einen inneren Boykott ausgelöst hat. Die Gewohnheit und die daraus resultierende vermeintliche Sicherheit und Bequemlichkeit sind so eingefahren, dass selbst, wenn neue Mitarbeiter Ideen einbringen, diese nicht zur Umsetzung kommen.

Daher halte ich beständige Fortbildung für wichtig, um offen zu bleiben. Anregungen zu erhalten, in dem der Markt beobachtet wird, um dann mit eigener Meinung und gesundem Menschenverstand innovativ und langfristig erfolgreich handeln zu können.

So kommen die Wunschkunden zu Ihnen!

Wer nicht den Geist aus der Flasche rufen kann, der Wünsche einfach erfüllt, kommt um die Frage nach der Definition einer geeigneten Zielgruppe nicht herum. Doch wenn wir Wunschkunden wollen, dann müssen wir auch die Grundlagen schaffen, um Wunschkunden anzuziehen. Dazu gehört ein eindeutiges Unternehmensprofil, die Einbindung der Mitarbeiter und Kunden in die Unternehmenspolitik und eine entsprechende Marketingkommunikation nach innen und außen.

Natürlich muss die Basisqualität eines Produktes oder einer Dienstleistung stimmen, bevor man den Kunden auf der emotionale Ebene erreicht und begeistert.

Und nun sind wir bei der Kernfrage der Kundengewinnung angekommen: Bin ich für meinen Wunschkunden denn überhaupt der Wunschlieferant? Weiß mein Wunschkunde, welchen besonderen Nutzen ich ihm biete? Was unterscheidet mich vom Wettbewerb? Wie gut fühlt er sich bei mir?

Ich bin überzeugt, dass nur derjenige seinen Wunschkunden findet, der einen Perspektivenwechsel vornimmt und sein Unternehmen mit den Augen der Kunden sieht.

Ikea hat Mitarbeiter, die dafür eingestellt sind, Kunden durch Ihren Gang durch das Möbelhaus zu folgen und zu beobachten, wo sie stehen bleiben oder in welches Sofa sie sich setzen und was sie interessiert. Der Erfolg von Ikea ist nicht durch die Erfindung neuer Möbel entstanden, sondern durch »neues Denken«. Ikea hat die Kunden zu Mitarbeitern gemacht, indem der Kunde selbst seine Ware aus den Regalen holt, nach Hause fährt und aufbaut. Und Ikea hat für Familien ein Kundenerlebnis geschaffen.

Wer die Wünsche seiner Kunden kennt, versteht und umsetzt, wer mit dieser Haltung in den Markt tritt und zugleich die entsprechenden Schritte geht, der findet seine Wunschkunden und kann langfristig erfolgreich sein.

> Wenn wir wissen wollen, wen wir erreichen wollen, müssen wir wissen, was unser Ziel ist.

Ziele von Öffentlichkeitsarbeit sind:

- Erhöhung des Bekanntheitsgrades,
- Aufbau, Verbesserung oder Änderung des Images,
- Ansprechen neuer Zielgruppen,
- Erschließen neuer Märkte,
- Motivation von Mitarbeitern,
- Veränderung des Meinungsklimas.

Bin ich schon eine Marke?

Bin ich noch Mitarbeiter/Unternehmer oder lebe ich schon meine Leidenschaft?

Was ist Ihr Ziel, das Sie mit Öffentlichkeitsarbeit erreichen wollen?

- Möchten Sie bekannter werden, damit mehr Kunden auf Sie aufmerksam werden?
- Oder wollen Sie einen Expertenstatus erreichen, damit Sie höhere Preise erzielen?
- Möchten Sie, dass die klügsten Köpfe Deutschlands bei Ihnen im Unternehmen arbeiten?
- Möchten Sie der Welt zeigen, mit welcher Mission Sie angetreten sind; was wollen Sie bewirken und was sollen die Menschen von Ihnen erfahren?

Was möchten Sie erreichen? Was ist Ihr Ziel?

_____

_____

_____

_____

_____

Die folgenden Fragen stelle ich meinen Seminarteilnehmern und Sie als Buchleser können noch heute damit anfangen, anhand der gewonnenen Erkenntnisse Ihre PR-Botschaften zu definieren und die ersten zielgerichteten Schritte zu machen. Diese Fragen stehen für die Situationsanalyse der Sicht im Innen und Außen:

- Wie ist Ihre Unternehmensgeschichte? Gibt es merkwürdige oder besondere Ereignisse oder Gründungsentscheidungen (Haben Sie beispielsweise durch die Verbundenheit zu Ihrem blinden Freund Hamburgs erstes Restaurant im »Stockdunkeln« eröffnet?)
- Als »Nicht-Selbstständiger«: Warum haben Sie diesen Beruf gewählt? Warum wollen Sie unbedingt bei diesem Unternehmen arbeiten? Wieso führt Ihr persönlicher Lebenslauf genau auf diese Arbeit/Position zu? Wie haben Sie diese Fähigkeiten erlangt?

_____

_____

_____

_____

_____

_____

- Was sind Ihre Ziele, Zielgruppen und Strategien?

_____

_____

_____

_____

_____

_____

- Welche Philosophie und Kultur gibt es in Ihrem Unternehmen? Legen Sie Wert auf den Standort Deutschland oder stellen Sie Mitarbeiter mit Migrationshintergrund ein, da Sie vielleicht selbst aus dem Ausland stammen?

_____
_____
_____
_____
_____
_____

- Was ist das Besondere an Ihrem Leistungsportfolio und Ihrer Produktpalette?

_____
_____
_____
_____
_____
_____

- Wie ist Ihre Branchen- und Wettbewerbssituation?

_____
_____
_____
_____
_____
_____

- Wie schätzen Sie die Marktentwicklung, -trends und -chancen in Ihrem Bereich ein?

_____
_____
_____
_____
_____
_____

Als Eckpfeiler einer zielgerichteten Planung und Maßnahme lohnt es sich, wenn wir uns über die Perspektive des CIM (Corporate Identity Management) klar werden. Konkret bedeutet dies strategische Planung. Bitte schreiben Sie dies auf, denn es hilft, wenn Sie dies verbindlich festschreiben und nachlesen können. So können Sie auch überprüfen, ob Ihre Maßnahmen zum gewünschten Ziel geführt haben und eventuell noch Korrekturen nötig sind. Ihre persönliche Erfolgsstrategie führt zum größten Gewinn, wenn Sie auf dieser Situationsanalyse aufbauen.

Die Zukunft aktiv gestalten: Alles dem Brüderchen Zufall zu überlassen, kann sich heute keiner mehr leisten

Wir müssen lernen überzeugend und kompetent aufzutreten, denn nur so werden wir auf die Zielgruppe »Kaufreize« ausüben und überzeugen. Wenn wir lernen, unsere »Denke« zu ändern und uns gezielt damit zu beschäftigen, Unverwechselbarkeit durch emotionale Qualität zu erreichen, dann ist unser Erfolg kein Zufall.

Nutzen Sie »Multiplikatoren« und binden Sie diese in die Unternehmenskommunikation mit ein. Das können die Presse, Politik, Vorstände von Vereinen, Stadt, IHK, Handwerkskammer, Internetforen und Communitys oder auch andere Unternehmen sein.

9.5 Fragen Sie Neukunden, wie sie von Ihnen erfahren haben

Planen Sie Ihr Wachstum, gewinnen Sie Neukunden

Über viele Jahre hinweg waren die Unternehmen stark damit beschäftigt, effizienter zu werden, und Controlling und Kostenstellen wurden an sinkende Umsätze angepasst. Doch Unternehmen nur schlank zu machen und Kosten einzusparen, ist eine gefährliche Denke. Denn wir sollten unser Denken auf Entwicklung ausrichten und uns nicht ausschließlich klein rechnen.

Wenn Unternehmen lohnenden Gewinn erwirtschaften, ist dies in der Regel die Folge von zahlreichen richtigen Entscheidungen und deren erfolgreicher Umsetzung.

Die Rahmenbedingungen für Wachstum verbessern sich Wirtschaftsexperten zufolge derzeit. Die einen sagen uns düstere Zeiten voraus und die anderen sind völlig euphorisch und sehen dies als größte Chance für Wachstum. Vielleicht liegt die Wahrheit irgendwo dazwischen und wir stehen, wie immer im Leben, vor der Herausforderung, uns mit Wachstum zu beschäftigen.

Damit Sie Wachstum erzielen und Ihren Umsatz erhöhen, lohnt es sich, über Wunschkunden nachzudenken. Wen wollen Sie erreichen? Wenn Sie ein innovatives, technisch hochwertiges Gerät vermarkten möchten und auf Broschüren und Ihrer Internetseite technische Daten veröffentlichen, dann kann vermutlich Ihre Konkurrenz und Fachpublikum damit etwas anfangen, doch der Endverbraucher nicht. Oft liegt es nicht daran, dass Produkte schlecht sind, dass zu wenig Umsatz erzielt wird, sondern dass die passende Zielgruppe davon erfahren muss.

Viel zu selten habe ich mir in der Vergangenheit Gedanken über meinen *idealen Kunden* gemacht. Ob durch meine Internetseite, über Vorträge, das Telefon oder eine persönliche Empfehlung: Wer mich und mein Unternehmen beauftragen wollte (und nicht völlig andere Wertvorstellungen hatte), der wurde mein Kunde. Sind Sie auch so großzügig?

Oft stellt sich die Frage für die meisten von uns gar nicht. Die meisten Unternehmen sind dankbar, Aufträge zu erhalten. Von oder mit wem, das spielt zunächst keine Rolle. Oder doch?

Wenn wir wissen, wer unser idealer Kunde ist, dann sind wir in der Lage unser Marketing und Öffentlichkeitsarbeit gezielt darauf abstimmen. Wir stochern dann nicht mehr im Nebel, sondern sehen, wo wir hinwollen.

Wie sieht er aus, Ihr idealer Kunde?

Meine Wunschkunden sind kleine und mittlere Unternehmen. Sie sind aufgeschlossen für innovative Ideen, wirksames Marketing und zeitgemäße, werteorientierte Unternehmensführung, um ihren wirtschaftlichen Erfolg zu erhöhen. Sie wünschen sich, ihr Unternehmen in einen ganzheitlichen Sinnzusammenhang zu stellen und Strategien zu entwickeln, wie es sich lohnt, Gutes zu tun. Sie wollen neue Kunden gewinnen und Mitarbeitern, Geschäftspartnern und Kunden einen hohen Nutzen bieten und so ihre Marktposition erhöhen.

Wir arbeiten in gegenseitigem Respekt zusammen. Sie schätzen an mir, dass ich Potenziale sichtbar mache und fördere. Sie profitieren von strategischem Marketing mit kreativen, passgenauen Ideen, um so eine außergewöhnlich erfolgreiche Unternehmenspositionierung zu erzielen. Dabei haben sie den Mut, auch mal etwas zu wagen und sich auf einen Perspektivenwechsel einzulassen. Sie erleben, wie sie ihr Unternehmen positiv ausrichten und gezielt bekannt machen. Dadurch erhöhen sie die Freude an ihrer Arbeit und erhöhen ihren Gewinn, indem sie neue Kunden gewinnen sowie Bestandskunden begeistern.

Wie ist Ihr Wunschkunde?

Clevere Öffentlichkeitsarbeit öffnet Wege, wie Ihre Wunschkunden Sie finden. Es ist ein Tool, um potenzielle Neukunden auf sich aufmerksam zu machen und Bestandskunden zu festigen. Die Frage lautet somit nicht »Wie finde ich Neukunden?«, sondern »Wie erhöhe ich meine Anziehungskraft vor allem für Wunschkunden?«.

9.6 Seien Sie kreativ und mutig: Guerilla-Marketing

Kreativ und mutig zu sein macht richtig Spaß! Und nicht nur das: Unterschätzen Sie den Erfolg von Guerilla-Marketing nicht! Für ein kleines Budget brauchen Sie eben große Ideen. Schieben Sie Bedenken wie »Ich bin ja viel zu klein« oder »Mein Produkt ist nicht geeignet« beiseite. Es gibt keine Branche oder Produkt, das nicht für kreatives und mutiges Marketing geeignet ist.

Als durchschnittlicher Konsument müssen wir rund eine Million Werbebotschaften pro Jahr verkraften. Da ist es kein Wunder, dass wir versuchen, klassische Werbung auszublenden und eher genervt reagieren, wenn wieder im Radio oder Fernsehen die Berieselung läuft und die Werbeprospekte unsere Briefkästen verstopfen.

Daher wird es zunehmend wichtiger, zu Ihren Konsumenten durchzudringen, indem Sie Originelles und Merkwürdiges als Werbebotschaft bieten. Mit Ihrer Unternehmenskommunikation legen Sie den Grundstein für Ihr Unternehmen, indem Sie Gewinne erwirtschaften und Kunden gewinnen.

Sie brauchen nicht übermäßig begabt sein, um kreativ zu sein und Ideen zu finden. Sie brauchen auch nicht alles neu zu erfinden: Halten Sie einfach die Augen offen und achten Sie auf gute Ideen, die Sie für Ihr Geschäft umwandeln können. Oder schreiben Sie in Ihrem Unternehmen einen Ideenwettbewerb aus, denn viele Köpfe erdenken mehr als einer.

Auch wenn Begriffe wie Guerilla- oder Sensations-Marketing noch relativ jung sind und als bahnbrechende Erfolgsstrategien vermarktet werden, mutige und innovative Ideen hatten Generationen vor uns auch schon.

Persil hatte 1908 eine völlig unkonventionelle Marketingidee: In Berlin flanierten weiß gekleidete Männer mit weißen Schirmen durch die Straßen. Und die Berliner Bevölkerung staunte nicht schlecht. Die Presse berichtete über Persil und seitdem wissen wir: Weiße Wäsche erhalten wir mit Persil. Sie kennen bestimmt das weltbekannte Motiv der weißen Dame, das in den Zwanzigerjahren daraus entstand.

Doch wir brauchen gar nicht nur in die Vergangenheit zu blicken. Ein Jeansladen hatte zur Eröffnung die Stadt mit seinen Jeans angezogen. Wie das geht? Man hatte auf alle Hauptstraßen die zu seinem Geschäft führten, die Abstandshalter am Fahrbahnrand mit Jeans bekleidet. Somit war gewiss, dass der Laden pünktlich zur Geschäftseröffnung die volle Aufmerksamkeit mit einem kostenlosen Presseartikel erhielt. Eine Werbeanzeige in der Zeitung wäre wesentlich kleiner gewesen, nicht aufgefallen und hätte Anzeigekosten verursacht. Um für mich die Aktion perfekt zu machen, hätte er noch die Jeanshosen einem Obdachlosenheim schenken können.

Oder was halten Sie von der folgenden Idee?

Die Gäste stellten bei der Geschäftseröffnung eines Gastronomen erstaunt fest, dass Speisekarten am Tisch fehlten. Der pfiffige Gastronom hatte Models engagiert, die auf ihrem Bauch die Speisekarte als Body-Painting trugen. Für die weiblichen Gäste hatte der kluge Unternehmer männliche Models engagiert. Der Verkauf von Desserts wurde so drastisch erhöht, die Presse war vor Ort und die Mund-Propaganda brachte ihm ein volles Restaurant ein. Auch hier wäre die Aktion für mich perfekt gewesen, wenn er übrige Lebensmittel beispielsweise an die örtliche Tafel gespendet hätte.

Aktionen passgenau gestalten

Sie meinen, dass spektakuläre Marketingaktionen nicht kopierbar sind? Stimmt fast! Denn die Aktion muss »passgenau« sein und die Zielgruppe Ihres Unternehmens ansprechen. Jedoch können wir uns inspirieren lassen, Ideen abwandeln und wenn Sie mit Ihrem Team zusammen »brainstormen«, dann haben Sie Ihre eigene überraschende, unkonventionelle und effiziente Marketingaktivität.

Guerilla-Marketing-Aktivitäten sind, wie die oben geschilderten Beispiele zeigen, originell und unerwartet, oftmals frech und meist auch kostengünstig. Wenn Sie sich an die Eröffnung des Jeansgeschäfts erinnern: Natürlich kam das Ordnungsamt, denn erlaubt ist es nicht, Hosen an Straßenpfosten zu hängen und der Unternehmer hatte auch eine kleine Strafe zu zahlen, doch letztlich war dies für ihn überaus lohnend. Wir müssen also manchmal auch in Kauf nehmen, dass freche Ideen vielleicht nicht immer bei allen auf Zustimmung treffen. Doch Sie bieten in Zeiten der Informationsüberflutung gute Gelegenheit, potenzielle Kunden auf wirkungsvolle Art anzusprechen. Nur darf sie natürlich nicht auf Kosten anderer passieren oder irgendjemandem schaden.

Nachhaltig planen

Was ist wichtig, um kreatives Marketing zu gestalten?

- Einmalig durchgeführte originelle, überraschende Aktionen sind zwar amüsant, aber alleine nicht auf Dauer wirkungsvoll.

- Um Nachhaltigkeit zu erzielen, müssen Sie weiter planen und dies als ein Teil oder Auftakt Ihres Marketings zu sehen.
- Dabei muss berücksichtigt werden, dass die gewünschte Zielgruppe erreicht wird und diese auch Produkte kauft.
- Auch ist die Reichweite der Aktionen wichtig, damit Mundpropaganda funktioniert und wirkt.
- Die Darstellung in Ihren PR-Arbeiten wie zum Beispiel Homepage, Presse, Fotos und Flyern ist wichtig für den nachhaltigen Erfolg.

Klar, wenn Sie mit unkonventionellem Marketing Werbung machen, erzielen Sie Aufmerksamkeit. Um aber dauerhaft Erfolg zu haben und Kunden zu gewinnen, ist es notwendig, Ihr Guerilla-Marketing und das Sponsoring in ein sorgfältig geplantes und konsequent durchgeführtes Gesamtmarketingkonzept einzubetten und über Ihr Engagement auch auf verschiedenen Plattformen zu berichten, beispielsweise auf Ihrer Homepage oder in einem Newsletter oder Blog.

9.7 Richten Sie auf Ihrer Webseite einen Bereich zu Ihrem Engagement ein

Hand aufs Herz: Wann haben Sie Ihre Webseite zum letzten Mal aktualisiert? Letzte Woche oder ist es doch schon Monate oder Jahre her? Dann geht es Ihnen wie vielen kleinen und mittelständischen Unternehmen. Die Homepage wurde irgendwann erstellt und der Alltag erfordert so viel Zeit, dass Sie sich noch nicht um einen neuen aktuellen Internetauftritt kümmern konnten.

Ihr Webauftritt ist jedoch Ihre Visitenkarte. Wenn Ihr »Webseitenhersteller« Sie auch in verschiedenen Suchmaschinen angemeldet hat, damit Sie auch von potenziellen Neukunden gefunden werden, dann ist dies wichtig. Genauso wichtig ist jedoch, dass Sie aktuell informieren. Immer wieder treffe ich auf Unternehmen, die wunderbare Aktionen gemacht haben, doch die Kosten für die Aktualisierung Ihrer Homepage scheuen. Das ist verständlich.

Daher rate ich Unternehmen dazu, sich ihre Homepage so erstellen zu lassen, dass Sie in einem Bereich (etwa unter »News« oder »Presse«) selbst tagesaktuell Änderungen einstellen können.

So sind Sie zeitlich flexibel und es entstehen keine weiteren Kosten. Dies geht auch ohne Programmierkenntnisse, sodass Sie es selbst ausführen können.

Richten Sie auf Ihrer Webseite einen Bereich für Ihr Sponsoringengagement ein. Die beste Marketingaktion, das tollste Sponsoring und das Betriebsfest mit Ihrem Lieblingsverein bringen nicht mal die Hälfte, wenn Sie es nicht kommunizieren.

Der Kindergarten war bei Ihnen in der Backstube? Ihre Auszubildenden waren genauso wie die Kinder mit mehlverschmierten Gesichtern, begeistert beim Teigrollen? Dann berichten Sie darüber und setzen Sie Fotos davon auf Ihre Internetseite!

Mit der Weihnachtsaktion haben Sie und Ihre Mitarbeiter die Kinderstation des Krankenhauses unterstützt? Dann teilen Sie dies potenziellen Kunden auf Ihrer Homepage mit!

Ein glaubwürdiges Sponsoring und ausdruckstarke Fotos wirken auch auf das Unterbewusstsein des Besuchers Ihrer Homepage und lassen Sie sympathisch wirken.

Außerdem eignet sich dieses Engagement wunderbar für einen Presseartikel. Interessierte Journalisten sollten die Möglichkeit haben, sich umfassend über Sie zu informieren. Wie Sie damit in die Presse kommen? Nur Geduld! In Kapitel 10 erfahren Sie, wie Sie eine gelungene Pressemitteilung schreiben.

9.8 Unternehmenskommunikation: Wie nach innen so nach außen

Die beste PR-Aktion und Tausende von Euro im Sponsoring von Umweltschutz bringt nichts, wenn Mitarbeiter am Stammtisch ihres Vereins darüber berichten, dass das Unternehmen Chemikalien im Abfluss entsorgt, um Müllentsorgungskosten einzusparen.

Wenn wir ein tolles Leitbild und eine Vision haben, die Kundenservice als oberste Priorität festschreiben, dann müssen alle Mitarbeiter und Prozesse auch kundenfreundlich sein.

Wenn Mitarbeitern der zusätzliche Aufwand der Sonderanfertigung in der Produktion zu viel Aufwand bedeutet und daher im Verkauf eine Anfrage abgelehnt werden muss, dann benötigen wir entweder ein neues Leitbild oder Mitarbeiter, die sich für dessen

Erfüllung auch einsetzen. Denn nur wenn das ganze Team die Ausrichtung lebt, erzielen wir die gewünschte Wirkung im Innen und Außen.

Kritiker werden nun einzuwenden haben: »Viel Aufwand für nichts, am Ende zählt ja doch nur der Preis!« Klar, Ihre gute Qualität wird als selbstverständlich vorausgesetzt und der Preis spielt eine wesentliche Rolle, das ist richtig.

Nur: Wenn Sie einen exzellenten Ruf haben, erzielen Sie auch eine Preiswürdigkeit Ihres Unternehmens und helfen dem Kunden, sich in der Flut der Wettbewerber für Sie zu entscheiden. Dieser Prozess läuft dann über Mechanismen wie Einzigartigkeit, Freundlichkeit und Service ab. Um neue Kunden zu gewinnen, ist diese Form der Positionierung die Basis dafür, überhaupt ins Geschäft zu kommen.

Das Modell von Ansgar Zerfaß (1996) teilt die Unternehmenskommunikation in drei Bereiche ein:

- *Organisationskommunikation,* die zwischen den Mitgliedern eines Unternehmens meist in direkter Kommunikation abläuft;
- *Marktkommunikation,* bei der es um die Abstimmungsprozesse zwischen Zulieferbetrieben, Abnehmern und Wettbewerbern geht sowie
- *Öffentlichkeitsarbeit oder Public Relations,* die sich um die Integration des Unternehmens in das gesellschaftspolitische Umfeld kümmert und vor allem das Image im Auge hat.

Durch die Dreiteilung der Unternehmenskommunikation in einzelne Bereiche will Zerfaß deutlich machen, dass es auch durchaus unterschiedliche Aufgaben zu erfüllen gibt. Obwohl unterschiedliche Ziele verfolgt werden, gibt es jedoch gemeinsame Instrumente und Methoden.

Externe Kommunikation

Unter externer Kommunikation versteht man die Kommunikation zwischen einem Unternehmen und seiner Umwelt, das heißt Kunden und Lieferanten, Mitbewerber, Presse, potenzielle Bewerberansprache, Bevölkerung, aber auch Ämter und Behörden sowie andere Unternehmen gehören dazu.

Interne Kommunikation

Interne Kommunikation ist ein Instrument der Unternehmenskommunikation, das zur Information sowie zur Führung durch die Unternehmensleitung dient. Der Mitarbeiter wird in Prozesse eingebunden oder informiert. Versteht es ein Unternehmen, eine gelungene Informationsstruktur zu leben, werden sich Mitarbeiter mit dem Unternehmen identifizieren, was eine wesentliche Voraussetzung für hohe Leistungsmotivation, Initiative und Engagement darstellt.

Betrachten wir ein Beispiel: Google, der beste Arbeitgeber der Welt? Google steht in Ranglisten für arbeitnehmerfreundliche Unternehmen meist ganz oben.

Die Mitarbeiter erhalten kostenloses Essen, Fitnesscenter, einen Friseur, der ins Büro kommt, Autowäsche vor der Tür, Wäschereinigung, Massageservice und so weiter – und das alles gratis.

Was hat Google davon?

Die klügsten Köpfe arbeiten eben nicht bei den langweiligsten Unternehmen. Jeden Tag bewerben sich 3000 Menschen um einen Arbeitsplatz. Das sind eine Million Bewerbungen pro Jahr. Googles Personalmanager haben wohl ganz andere Sorgen als jene hierzulande.

Dass Mitarbeiter der Erfolgsfaktor für Unternehmen sind, hat Google erkannt. Was es für den Gewinn ausmacht, wenn Mitarbeiter sich mit dem Unternehmen identifizieren und motiviert und voller Stolz dort arbeiten, zeigt das Geschäftsergebnis: Google verdoppelte im Jahr 2006 seinen Gewinn auf über 3 Milliarden Dollar und erreicht mittlerweile einen Umsatz von circa 10,6 Millionen Dollar.

Ganz nebenbei wird noch etwas für die PR und die Umwelt getan: Als erste Entwicklung wurde ein umweltschonendes Hybrid-Auto am 19.7.2007 vorgestellt. Es handelt sich um ein Plug-in-Hybridauto – einen Toyota Prius im Google-Design –, der nicht käuflich zu erwerben ist. Das Auto basiert auf der umweltschonenden Hybrid-Technologie, die 68 Prozent der CO_2-Emissionen einspart, da das Fahrzeug nicht nur mit Benzin, sondern auch mit Strom betrieben werden kann (www.googlewatchblog.de/2007/06/19/google.org-stellt-sein-hybrid-auto-vor).

9.9 Warum es wichtig ist, authentisch und glaubwürdig zu sein!

Denken Sie bei allem Marketing und Verkauf nach außen immer daran, dass Ihr Geschäft mit Hirn und Herz von Ihnen geführt wird. Sie nutzen beide Aspekte: die linke Seite Ihres Gehirns, die rational Ihre Positionierung und Gewinn erhöhen will und die rechte Seite, die Intuition einsetzt. Daher erarbeiten Sie nicht nur eine Marketingstrategie für Ihr Unternehmen, sondern Sie schreiben Ihre persönliche Erfolgsstory.

Es lohnt sich, darüber nachzudenken, denn nur wenn unsere Kommunikation im Innen und Außen identisch ist, sind wir glaubhaft und unsere Strategie erfolgreich.

Ein Unternehmen verliert sofort alle Glaubwürdigkeit, wenn es auf Sparkurs ist und die Mitarbeiter darauf eingeschworen hat, zusammenzuhalten und auf Teile ihres Lohns zu verzichten, und gleichzeitig in der Presse zu lesen ist, dass der Firmenchef eine Yacht für mehrere Millionen gekauft hat. Sie halten dies Beispiel für überzogen? So ein Unternehmen gibt es doch gar nicht? Doch, es ist genau hier bei uns von einem Vorzeigeunternehmen im Schwabenland passiert.

Öffentlichkeitsarbeit effektiv zu betreiben ist ein sensibles Thema und das Ergebnis zielgerichteten Handelns.

Unternehmenspositionierung unter ökologischen Aspekten

Da die gesellschaftlichen Anforderungen an kleine und mittlere Unternehmen beispielsweise zum Thema Umweltschutz immer mehr wachsen, lohnt es sich, darüber nachzudenken, ob das Unternehmen wirtschaften und gleichzeitig die Umwelt schonen oder fördern kann. Könnte dies eine Zielrichtung für das eigene Unternehmen sein?

Von Anfang an wollte ich als Profi wahrgenommen werden. Mit meinem Unternehmen wollte ich nicht nur Gewinne erzielen, sondern auch eine Vorbildfunktion einnehmen. Als Möbelschreiner, der auf einem hart umkämpften Markt bestehen will, brauchten wir ein eindeutiges Unterscheidungsmerkmal. An meinem Außenauftritt sollte alles stimmen und einen Sinn ergeben; ich wollte die »tödliche Mitte« verlassen. So gibt es Schreiner mit Billigpreisen, die in Billiglohnländern produzieren lassen und große Unternehmen mit viel Bürokratie. Wir wollten das innovative Unternehmen sein, die ökologische Schreinerei, die schnell wachsende Hölzer verwendet und keine Hölzer aus dem Ausland. Wir wollten unseren Kunden helfen, gesund zu bleiben und in einem guten Raumklima zu leben.

Das erklärte der Unternehmer, der den Schritt in die Selbstständigkeit wagte und als einer der ersten »ökologische Werkstätten« einführte. Über dieses kontinuierliche und glaubwürdige Engagement konnte das Unternehmen bei Kunden, Lieferanten und Mitarbeitern ein gleichermaßen positives Image aufbauen. Die Kunden sind stolz auf ihre Produkte und auch bereit, dafür höhere Preise zu bezahlen. Die Lieferanten unterstützen das Firmenimage durch hohe nach außen getragene Wertschätzung und auch die Medien berichten gerne über das Thema. Des Weiteren hat diese Ausrichtung auch dazu geführt, dass sich verstärkt potenzielle Bewerber beim Unternehmen melden.

Dies Beispiel zeigt, dass die ökologisch orientierte Unternehmensausrichtung eine erfolgversprechende Variante ist. Wichtig ist dabei, dass Sie sich mit Ihrer Strategie identifizieren können – dann wirkt die Strategie auch nach außen glaubhaft. In welche Richtung Sie Ihr Profil aufbauen, kommt auf Ihren Markt sowie auf Ihre Kunden an und darauf, wo Ihre Leidenschaft am gewinnbringendsten eingesetzt werden kann, ob im Sozialen, Sport, Bildung oder Kultur.

Halten Sie sich Ihr Ziel, dass Sie mit Öffentlichkeitsarbeit erreichen wollen, stets vor Augen und nutzen Sie alle Kommunikationswege, um Ihre Zielgruppe zu erreichen. Halten Sie es für möglich, dass Sie mit Leidenschaft Ihr Unternehmen führen und tun Sie alles dafür, dass Ihre Ziele Realität werden.

10
Pressearbeit

Ein guter Grund für Pressearbeit: *Ein Zeitungsartikel kostet nichts und ist glaubwürdiger als jede Werbeanzeige.*

Eine gut funktionierende Pressearbeit hilft Unternehmen, auf sich aufmerksam zu machen und Einzelpersonen, als Fachmann in den Medien präsent zu sein. Dies lässt Sie an Glaubwürdigkeit, Bekanntheit, an Image und letztendlich an Kunden gewinnen.

Effektive Pressearbeit ist auch ein weiterer Wettbewerbsvorteil, der Ihnen hilft, Geld zu verdienen. Wenn Sie Ihr neues Sponsoringengagement mit einer originellen Story in einem Presseartikel veröffentlichen, dann gewinnen Sie nicht nur das Einzugsgebiet des Vereins, sondern auch die Leser der Zeitung hinzu.

Doch viele Unternehmer sind unsicher, wenn wir über die Zusammenarbeit mit der Presse sprechen. Gerade kleine Unternehmer sind bescheiden. Sie halten ihren Nachrichtenwert nicht für besonders hoch oder Ihr Engagement im Sponsoring für zu klein.

Es wird jedoch zunehmend wichtiger, dass sich auch kleine Unternehmen trauen, öffentlich auf ihr Engagement und ihre Wirtschaftskraft stolz zu sein.

Wer sich noch nicht mit dem Thema Pressearbeit beschäftigt hat, macht sich oft falsche Vorstellungen, wie damit gearbeitet wird.

Seien Sie offen und erfahren Sie, wie Sie sich von Ihren Mitbewerbern absetzen, Schlagzeilen machen und Mund-Propaganda auslösen. Sind Sie bereit?

10.1 Keine Angst vor den Medien

Angst macht uns etwas, das neu ist, das wir nicht einschätzen können, und so ist es wichtig, uns Fachwissen anzueignen, bevor wir agieren.

Sponsoring. Katja Hofmann
Copyright © 2010 WILEY-VCH Verlag GmbH & Co. KGaA, Weinheim
ISBN: 978-3-527-50507-4

Sponsoring allein macht noch keine Schlagzeile

Es kommt darauf an, dass wir wissen, wie wir in die Presse kommen. Einer Mitteilung, dass Sie eine Anzeige im Vereinsheft geschaltet haben, fehlt der Nachrichtenwert, um in der lokalen Presse einen Artikel zu halten. Damit Sie Journalisten für Ihr Unternehmen gewinnen, brauchen wir kreative Ideen und die Grundlagen für professionelle Pressearbeit.

Steigern Sie Ihren Marktwert als Experte

Sponsoring ist mit der richtigen Idee ein wunderbarer Presse-Aufhänger. Wenn Sie denken dass Pressearbeit doch nur etwas für die Großen ist, dann möchte ich Ihnen an meinem Beispiel zeigen, wie Sie auch als Gründer und Selbstständiger Ihren Marktwert als Experte steigern können.

Als ich mich entschied, gezielt mit der Presse zusammenzuarbeiten, hatte ich mich vorbereitet mit Fachinformationen und einer Fortbildung in Medientraining bei PR-Profis. Die ersten Presseartikel von mir waren veröffentlicht, als eine sehr bekannte Fachzeitschrift den Vorschlag zu einem Interview machte. Ich sagte zu und vereinbarte mit dem Journalisten, der für dieses Magazin schrieb, meinen ersten Telefoninterviewtermin. Ich war aufgeregt und unsicher, obwohl ich mich vorbereitet hatte. Ich überlegte mir mögliche Antworten und machte mir schriftliche Notizen zu Fakten, die ich unbedingt mitteilen wollte. Als wir über zwei Stunden locker geplaudert hatten, war das Ergebnis: Ich fand ihn sehr nett, er hat intelligente Fragen gestellt, Antworten von mir nochmals hinterfragt und ich war erstaunt, welches Fachwissen ein Journalist schon zu diesem Thema mitbringt. Offensichtlich war auch er gut vorbereitet. Alles lief sehr professionell ab.

Nachdem das Interview beendet war, stellte sich natürlich die Frage, wie der fertige Artikel lauten würde. Ich bat den Journalisten um eine Druckfahne (das ist der Entwurf seines Presseartikels, bevor er in Druck geht). Ich wusste zwar, dass ich kein Anrecht auf diesen Auszug hatte, doch ich war unglaublich erleichtert und froh als ich ihn per E-Mail erhielt. Und dann las ich ihn, einmal, zweimal und das dritte Mal und mir wurde unglaublich heiß. Er hatte es wirklich geschafft, aus all diesen vielen Informationen eine runde und höchst interessante Geschichte für die Leser zu machen. Ich war unglaublich stolz, als ich meinen ersten Presseartikel, der über zwei A4-Seiten umfasste, las und von anderen als Expertin bezeichnet wurde und zu meiner Arbeit und deren Ergebnissen öffentlich Anerkennung erhielt.

Fazit: Dieser Artikel hat mir Kunden gebracht und weitere Presseartikel, in dem andere Journalisten auf mich aufmerksam geworden sind. Es bieten sich viele Chancen in der Pressearbeit, man muss jedoch gut vorbereitet sein, um sie auch zu nutzen.

So wirken Sie überzeugend

Gefragt sind Experten, die bereit sind, möglichst sofort eine kurze, prägnante Aussage zu Themen abzugeben. Entwickeln Sie Ihren eigenen Stil, seien Sie originell. Seien Sie vor allem authentisch. Alles was unecht, künstlich oder überheblich erscheint, wirkt negativ. Stehen Sie zu Fehlern, dies lässt Sie an Sympathie gewinnen. Mit Ihrem eigenen Markenzeichen entwickeln Sie ein Image, dem Sie auch treu bleiben sollten. So bleiben Sie in Erinnerung und schaffen einen Wiedererkennungswert.

10.2 Sieben Top-Tipps für erfolgreiche Pressearbeit

Wie erreicht man einen Expertenstatus?
Wie macht man positive Schlagzeilen?
Wie baut man einen guten Kontakt zur Presse auf?
Was macht ein Unternehmen glaubwürdiger und sympathischer als die anderen?
Warum sind einige Unternehmen öfter in der Presse als andere?
Ich habe Fachwissen und Tipps von Journalisten und Medienexperten eingeholt: Einige Tipps sind Gold wert, andere waren einfach nicht praxistauglich für kleine und mittelständische Unternehmen, die keine eigenen PR-Abteilungen im Haus haben.
Die allerbesten praxistauglichen Tipps für KMUs habe ich im Folgenden für Sie zusammengestellt:

Top-Tipp 1:
PR ist keine Holschuld der Medien. Werden Sie aktiv!

Wenn wir darauf warten, dass die Medien uns entdecken, kann es sein, dass wir ewig sitzen. Hier gilt, wie überall im Leben, Ärmel hochkrempeln und handeln! Man wartet nicht auf uns. In der Regel haben Journalisten ein Übermaß an Nachrichtenangeboten. Große Konzerne haben Presseabteilungen, Presseverteiler, Presseagenturen und auch freie Journalisten wollen ihre Artikel in den Medien sehen.

Wenn Sie in die Presse wollen, dann überlegen Sie, für welche Zeitung Ihre Information interessant ist. Suchen Sie aus dem Internet oder dem Impressum die Redakteure und melden Sie sich direkt bei Ihnen.

Vereine und Schulen haben in der Regel eine feste Rubrik in der örtlichen Presse, in der sie wöchentlich berichten. Hier können Sie mit dem Gesponserten besprechen, ob und unter welchen Umständen eine Veröffentlichung stattfinden kann.

Überlassen Sie Ihre PR nicht dem Zufall und planen Sie Ihre Kampagne: Was ist Ihr Ziel? Wen wollen Sie erreichen? Was sind interessante Themen?

Top-Tipp 2: Pressearbeit ist Beziehungsarbeit

Bauen Sie eine vertrauensvolle Beziehung auf: Seien Sie glaubwürdig und ehrlich. Die Aussagen, die Sie treffen, müssen stimmen. Wenn Sie einmal übertriebene und falsche Angaben machen, um vielleicht besser zu wirken, dann werden die Journalisten Ihnen als Interviewpartner nicht mehr trauen.

Geben Sie Anfragen von Journalisten eine hohe Priorität. Sie arbeiten oft unter großem Zeitdruck und sind darauf angewiesen, schnelle Informationen zu erhalten. Wenn Sie sich erst Tage später melden, um die Informationen oder Fotos zu liefern, dann ist der Redaktionsschluss vielleicht vorüber und Ihre Chance auch. Fragen Sie, bis wann die Informationen benötigt werden.

Laden Sie den Journalisten doch zu Ihrer Weihnachtsfeier oder zum Tag der offenen Tür ein.

Bauen Sie einen Presseverteiler auf, indem Sie in einer Excel-Liste die Kontaktdaten notieren, zusätzlich, wann welcher Journalist über Ihr Unternehmen in welchem Medium veröffentlicht hat.

Bedanken Sie sich beim Journalisten und bei der Redaktion für einen gelungenen Presseartikel und die Zusammenarbeit.

Top-Tipp 3: Ideen sind noch wichtiger als Kontakte

Der Journalist will Leser oder Zuschauer für sich gewinnen, genauso wie Sie als Unternehmen Kunden gewinnen wollen. Die obligatorische Scheckübergabe von Männern in schwarzen Anzügen erregt doch nicht wirklich noch unser Interesse. Daher benötigen wir interessante Themen, Fotos und Aufhänger.

Viele Unternehmer sind der Meinung, dass man vor allem gute Pressekontakte benötigt, um häufig in den Medien zu sein. Dies ist zwar auch gut, doch vor allem wichtig sind gute Ideen. Relevante Themen und glaubwürdige Inhalte sind die Grundlage für eine gute Beziehung.

So entwickeln Sie gute Ideen:
- Wagen Sie einen Perspektivenwechsel: Überlegen Sie, wie Sie Lesern mit Ihrem Thema nutzen können, wo Probleme liegen und welche Lösungen Sie dafür haben.
- Beziehen Sie Mitarbeiter in Ihr Brainstorming mit ein.
- Nehmen Sie sich im Alltag Zeit für die Planung.
- Legen Sie eine Ideenmappe an, in der Sie Presseartikel, die Sie gut finden, sammeln und zur Anregung nutzen.

Top-Tipp 4:
Ansprechpartner müssen kompetent und erreichbar sein

Setzen Sie auf Ihre Homepage eine gut auffindbare Presseseite, am besten nennen Sie den Button schlicht »Presse«.

Was sollte im Pressebereich zu finden sein?
1. der Ansprechpartner für die Presse;
2. seine Telefonnummer, eventuell auch Handynummer;

3. E-Mail-Adresse: Bitte keine info@-Adresse, sondern die direkte Mail-Adresse des Ansprechpartners;
4. Bildmaterial zum Download;
5. bereits vorhandene Presseartikel, Auszeichnungen oder innovative Produkte.

Bei E-Mails und Pressemappen deutlich einen Ansprechpartner mit Kontaktdaten veröffentlichen. Muss der Journalist erst suchen oder erreicht Sie telefonisch nicht, dann haben Sie Ihre Chance verpasst. Denn Ihr Mitbewerber hat eine Handynummer angegeben. Planen Sie auch die Vertretung für die Urlaubszeiten ein.

Top-Tipp 5: Abschied von der Werbedenke – Informationen und Themen liefern

Damit Sie Erfolg haben, lernen Sie den Perspektivenwechsel: Werbung will verkaufen, PR will informicren.

Bei Werbung bezahlen Sie für die Veröffentlichung Ihrer Werbebotschaft – ihre Pressearbeit muss kritische Journalisten mit interessanten Themen begeistern.

Journalisten nehmen Information auf, wenn

- das Thema neu ist;
- die Information aktuell ist;
- die Information die Leser dieser Zeitung betrifft (Ist das Medium für Ihr Anliegen das passende? Hat es die richtige Zielgruppe für Ihre Information?);
- die Information einen Nutzen bietet;
- die Information etwas Emotionales, Lustiges, Einmaliges, Originelles hat;
- die Information einen Vorbildcharakter hat;
- bekannte Menschen oder Unternehmen beteiligt sind.

Tipp: An Wettbewerben teilzunehmen ist etwas Spannendes, Wettbewerbe zu gewinnen und andere mit dem eigenen Konzept zu überzeugen ist etwas Wunderbares. Doch um den Wettbewerb auch für die eigene Pressearbeit zu nutzen, ist es klug, selbst aktiv zu werden.

Ich erhielt im Juni 2009 eine Auszeichnung und gehörte zu den Preisträgern des Mittelstandsprogramms 2009 »Erfolg durch Innovation«. Doch können Sie nicht automatisch davon ausgehen, dass der Journalist Ihrer lokalen Zeitung auch davon erfährt. Daher ist auch diese Information eine »Bringschuld«. Werden Sie selbst aktiv und informieren Sie die örtliche Presse. In der Regel werden Gewinner unter der Rubrik Lokales veröffentlicht. Ich war überrascht, dass dies sogar unsere Bürgermeisterin gelesen hat und mir ein persönliches Gratulationsschreiben schickte.

Wie und an welchen Wettbewerben Sie teilnehmen können, erfahren Sie in Kapitel 8.

Nutzen Sie einen Aufhänger für Ihre Presse-Botschaft, wie den Tag der Frauen, Frühlingsbeginn, ein Stadtjubiläum oder Ähnliches. Oder wie wäre es mit dieser Idee: Zur Feier der Einschulung lädt ein Café alle Kinder an ihrem ersten Schultag zu einem Eis ein.

Top-Tipp 6: Vermarkten Sie Ihre Pressemitteilung

Herzlichen Glückwunsch, Sie haben einen aussagekräftigen Presseartikel in einer renommierten Zeitung erhalten! Dann vermarkten Sie Ihren Artikel, indem Sie diesen gezielt Kunden und Geschäftspartner zukommen lassen oder in Ihrem Newsletter daraus zitieren.

Ein Pressespiegel erhöht Ihre Glaubwürdigkeit ganz erheblich. Im Außendienst und bei der Neukundengewinnung können Sie ganz gezielt darauf hinweisen.

Nehmen Sie dieses Beispiel. Ein Schreibwarengeschäft hat auf dem Angebotsflyer Folgendes mit aufgeführt: »Wie am … auf Seite … in der *Frankfurter Zeitung* berichtet wurde, haben wir die coolsten Schulranzen. Mit den Fördervereinen der Schulen haben wir zusammen die Schulranzenaktion für unsere Gemeinde ins Leben gerufen. Die coolsten Schulranzen haben die Kinder von … [Ortsname]. Familien mit mehr als drei Kindern erhielten den Schulranzen kostenfrei zur Einschulung in die neue Schule.

Achtung: Sie dürfen Pressemitteilungen nicht einfach kopieren und auf Ihre Homepage stellen. Bis zu sechs Kopien dürfen Sie weitergeben. Ab dann werden Sie der Verwertungsgesellschaft (VG

Wort) abgabepflichtig. Wenn Sie Artikel einscannen und online stellen, können Sie Abmahnungen oder Honorarforderungen erhalten.

So geht es: Holen Sie sich vorher das Einverständnis vom Verlag oder vom Journalisten ein. Am besten schriftlich per E-Mail. Ansonsten können Sie auch ein aussagekräftiges Zitat wählen und auf den Artikel verlinken. Legen Sie einen Presseordner an, in dem Sie Ihre Artikel mit Datum der Veröffentlichung sammeln.

Top-Tipp 7: Lernen Sie die Gesetze der Medien

Nachdem mein erster Presseartikel in einer sehr guten Zeitschrift in meiner Zielgruppe veröffentlicht war, wartete ich gespannt auf die Reaktionen. Wie viele sich jetzt wohl melden? Ich hatte Tipps zum Thema Sponsoring gegeben und eine zweiseitige Pressemitteilung mit Fotos und Internetadresse erhalten. Doch erst einmal passierte gar nichts. Keine Anfragen. Ich war enttäuscht. Funktioniert die Pressestrategie doch nicht? War die ganz Mühe umsonst? Ein halbes Jahr später erhielt ich die ersten Anfragen, Seminare zu halten – Anfragen, die sich tatsächlich auf diesen Artikel bezogen haben. In der Zwischenzeit ist daraus ein wichtiger Geschäftskontakt entstanden, der zu mehreren neuen Kunden geführt hat.

Eine Zeitung rief drei Monate nach Veröffentlichung des Artikels an, weil man gern von mir als Expertin eine Aussage haben wollte. Ich sollte ein kurzes Statement geben, ob ich der Meinung bin, dass Unternehmen in der Krise noch sponsern. Diese Journalistin schrieb einen Artikel, in der mehrere Unternehmer und Fachleute zu dem Thema befragt wurden. Somit wurde ich mit großen namhaften Unternehmen in einem Artikel genannt. Was habe ich daraus gelernt? Geduld zu lernen. Manchmal führt eine Maßnahme, die man jetzt durchführt, erst später zum Erfolg.

Eine Faustregel besagt, dass Pressearbeit nach sechs Monaten beziehungsweise zwei bis drei Mitteilungen erste Reaktionen bei Lesern zeigt. Nach ungefähr zwei Jahren beginnen Journalisten, sich bei Ihnen zu melden, wenn Sie Interviewpartner zu Ihrem Thema benötigen. Sie brauchen also Geduld.

Denken Sie daran: Journalisten und Unternehmen haben das gleiche Ziel – Sie wollen das Interesse und Vertrauen von Zielgruppen gewinnen.

- Legen Sie Ziele für Ihre Pressearbeit fest.
- Gestalten Sie Presseinformationen mediengerecht.
- Beachten Sie Redaktionsschlüsse.
- Lernen Sie mit Absagen umzugehen: Nicht jeder Pressevorschlag wird auch gedruckt, auch wenn Sie es für brandwichtig halten.
- Pflegen und nutzen Sie eine Datenbank.
- Lernen Sie die Medien kennen. Welche Medien sind für Ihr Thema die passenden?

10.3 Freiberufler und die Pressearbeit

»Vor einem Jahr habe ich den ersten Presseartikel in einer lokalen Tageszeitung erhalten. Das hat mir zunächst keine neue Kunden gebracht«, sagte ein Steuerberater über seine Erfahrung mit Pressearbeit. »Doch für mich war es wichtig zu sehen, dass mein Engagement und meine Arbeit für andere so wichtig war, dass es veröffentlicht wurde. Das hat mir Sicherheit gegeben, auf dem richtigen Weg zu sein. Inzwischen bin ich richtig kreativ geworden, wie ich Schlagzeilen mache. Meine Bekanntheit hat sich sehr erhöht. Manchmal rufen mich Vereine an, um eine Zusammenarbeit vorzuschlagen und dann wird etwas Größeres daraus. Dies ist eine gute Möglichkeit mich in die Köpfe meiner Kunden zu bringen.«

Für einige Berufsgruppen, wie Rechtsanwälte, Ärzte, Steuerberater, Architekten gibt es Werbebeschränkungen. Schade eigentlich, denn ein Werbeangebot von Rechtsanwälten würde sicher gut angenommen werden: »Sie wollen wieder frei sein? Dann nutzen Sie unseren Aktionsmonat Oktober. Scheidungen mit 20 Prozent Rabatt. Melden Sie sich noch heute.« Unglaublich? Klar, ist frei erfunden.

Diese Berufsgruppen dürfen im Rahmen ihrer Werbung und Pressearbeit nur »sachlich« über ihre Tätigkeit berichten. Daher darf ein Arzt beispielsweise nicht in seiner Berufskleidung bei der Arbeit gezeigt werden. Und Sponsoring ist eine sehr interessante Alternative. Die Regelungen zur Pressearbeit sind bundesweit nicht einheitlich.

Genauere Informationen zu diesem Thema gibt es vom Bundesverband der Freien Berufe unter www.freie-berufe.de.

10.4 Wie Sie eine professionelle Pressemitteilung verfassen

Sie haben eine Idee oder einen Anlass zur Berichterstattung gefunden? Dann entscheiden Sie, welche Medien Sie informieren wollen. Je nach dem Nachrichtenwert Ihrer Meldung ist dies für die lokale oder überregionale Presse interessant.

Damit Ihre Nachricht veröffentlicht wird, sollten Sie folgende Kriterien beachten:

- *Aktualität:* Je aktueller die Information, desto besser.
- *Neuigkeit:* Die Information ist neu und der Nachrichtenwert für Leser somit hoch.
- *Wichtigkeit:* Sind Prominente oder Personen aus dem öffentlichen Leben mit dabei?
- *Örtliche Nähe:* Ist die Information für die Zielgruppe der Medien relevant. Informationen aus dem lokalen Umfeld erzielen mehr Aufmerksamkeit. Pressearbeit am eigenen Standort ist wichtig.
- *Gefühlsdimension/Originalität:* Journalisten interessieren sich für kuriose, originelle, einmalige Aktionen.
- *Fortschritt:* Interesse erzeugen neue Ideen, Entwicklungen und Leistungen, die Vorbildcharakter haben.

Der Aufbau einer Pressemeldung

Am effektivsten ist es, Sie erstellen einmal eine einheitliche Vorlage, die Sie immer wieder verwenden können. Sie sollte folgende grundsätzliche Elemente beinhalten:

- Ihr Logo;
- das Wort »Pressemitteilung« mittig oben (Schriftgröße etwa 24 bis 30);
- 1,5-facher Zeilenabstand;
- Schriftart Arial oder Times New Roman in Größe 12;
- alle Kontaktdaten: Vor- und Nachname, Durchwahlnummer, Handynummer und E-Mail-Adresse des Presseansprechpartners.

Ihre Pressemitteilung sollte nie länger als zwei DIN-A4-Seiten sein, dabei aber Kerninformation, Zusatzinformation und Hintergrundinformation enthalten.

Gestalten Sie die Überschrift als »Hingucker«. Denn schon hier entscheidet der Redakteur, ob er Ihre E-Mail liest oder ob sie wie so viele andere im Papierkorb landet.

Schicken Sie die Pressemitteilung nicht als Anhang, sondern gleich im Text der begleitenden E-Mail.

Nutzen Sie die Zauberformel AIDA. Wecken Sie:

- Attention (Aufmerksamkeit) – Der Redakteur ist neugierig.
- Interest (Interesse) – Er liest die Mitteilung.
- Desire (Wunsch) – Er möchte das Thema veröffentlichen.
- Action (Handlung) – Er nimmt Kontakt zu Ihnen auf für ein Interview oder der Beitrag erscheint unmittelbar.

Beantworten Sie in den ersten Sätzen die sechs »W-Fragen«: Wer hat wann was wo getan? Warum und wie hat er es getan?

Schreiben Sie einen *Presse*text mit einem hohen Nutzwert für die Leser. Verzichten Sie auf Wertung und Werbung. Texte sollen objektiv sein und nur nachprüfbare Tatsachen enthalten. Selbstbeweihräucherung nervt Journalisten.

Noch etwas Beruhigendes: Sie müssen nicht Journalismus studiert haben und literarische Fähigkeiten besitzen, es reicht wenn Sie Informationen liefern. Verwenden Sie nur Fachwörter, wenn Sie in speziellen Fachmagazinen veröffentlichen wollen, ansonsten (zum Beispiel für die Tagespresse) schreiben Sie bitte so, dass es Laien auch verstehen. Schreiben Sie keine Schachtelsätze, sondern machen Sie einfach zwischendurch einen Punkt. Das ist leichter verständlich.

»Human Interest« ist einer der wichtigsten Nachrichtenfaktoren. Befriedigen Sie also das menschliche Interesse. Mehr als Zahlen und Fakten interessieren die Leser und somit auch die Journalisten die menschliche Story dahinter. Berichten Sie, warum Sie genau diesen Verein ausgewählt haben? Vielleicht haben Sie einen besonderen Grund dafür, dass Sie zum Beispiel Unfallopfer unterstützen? Mit welchen Hindernissen hatten Sie zu kämpfen? Wie bringen Sie Umsatzerfolg und Sponsoring unter einen Hut? Wie haben Mitarbeiter oder Kunden reagiert?

10.5 So kommen Sie in persönlichen Kontakt mit der Presse: die Pressekonferenz und Redaktionsreise

Die Einladung in Ihr Unternehmen: die Pressekonferenz

Sie haben etwas Außergewöhnliches vor und möchten der Presse ein neues Produkt vorstellen, das Sie mit Studenten einer Universität entwickelt haben. Doch das passt beim besten Willen nicht auf ein oder zwei Seiten für eine Pressemitteilung.

Dann laden Sie die Presse zu sich ein. Gute Idee? Doch was müssen Sie jetzt alles beachten und wie bereiten Sie eine Pressekonferenz professionell vor?

Generell gilt: Für eine Pressekonferenz geeignet sind Themen, die gezeigt werden müssen. Beachten Sie, dass Journalisten wenig Zeit haben. Sie brauchen also einen interessanten Aufhänger, warum es sich lohnt, dass die Journalisten zu Ihnen kommen.

Der Ablauf

Machen Sie Ihre Rede kurz und prägnant. Überlegen Sie, welche Informationen die Journalisten interessieren, damit Sie für Ihre Leser einen hohen Nutzwert erzielen.

Ihr Vortrag sollte nicht länger als 15 Minuten dauern. Dauerredner langweilen nicht nur Journalisten. Planen Sie nach dem Vortrag (oder den Vorträgen) noch Zeit für Fragen ein, in der die entsprechenden Experten Antworten geben. Sie schaffen eine angenehme Atmosphäre, wenn Sie zum Abschluss einen kleinen Snack anbieten, so bleibt Zeit für persönliche Kontakte.

Die Vorbereitung

Laden Sie drei bis vier Wochen vor dem Veranstaltungstermin ein, wenn Sie auch Magazin-Journalisten ansprechen. Bei Journalisten von Tageszeitungen (lokale Presse) reicht in der Regel eine Einladung sieben bis zehn Tage vor dem Termin aus.

Gestalten Sie Ihr Anschreiben übersichtlich und klar strukturiert. Schreiben Sie eine Agenda mit Datum der Pressekonferenz, Ort, Uhrzeit, Thema und Ablauf. Geben Sie einen Ansprechpartner für Rückfragen mit der direkten Durchwahlnummer an. Fügen Sie Ihrer Einladung eine Rückantwort bei, damit Sie wissen, ob und wie viele Journalisten kommen. Bitte beachten Sie, dass die Entscheidungen für oder gegen einen Termin, von Journalisten je nach aktuellem Tagesgeschehen, sehr kurzfristig getroffen werden.

Folgendes sollten Sie vorbereiten:

- thematisches und solides Fachwissen zum Thema;
- einen Ablaufplan: wer spricht in welcher Reihenfolge und wie lange;
- Pressemappe: Darin enthalten sein sollte ein Deckblatt mit Vor- und Zunamen und Titel der Ansprechpartner (Ansprechpartner für die Journalisten mit Telefon), einen Ablaufplan, die Pressemeldung(en), Rede(n), wenn vorhanden auch Flyer und Ähnliches zum Thema, Fotos, Charts;
- der Raum und die Technik: Sie können beispielsweise auch für zwei Stunden einen Seminarraum in einem zentral gelegenen Hotel buchen;
- Namensschilder;
- Bewirtung der Journalisten;
- eine Anwesenheitsliste für die Pressevertreter ist ebenfalls sinnvoll, damit Sie wissen, welche Medien eventuell berichten werden.

Tipp: Machen Sie ein paar Stichproben, ob Ihr Thema für Journalisten interessant ist und sie zur Pressekonferenz kommen. Sonst haben Sie alles perfekt vorbereitet und es kommt kaum jemand. Sollten Sie keine Antwort erhalten, können Sie in (für Sie wichtigen) Redaktionen gegebenenfalls nochmals nachfragen. Wenn der Journalist keine Zeit hat, bieten Sie an, Medienunterlagen zuzusenden.

Mit einer Hauptschule und der IHK habe ich das Projekt »Traumjob – ich komme« ins Leben gerufen und sponsere dieses auch. In dem Bewerbungstraining entdecken die Jugendlichen Ihre Stärken für den Berufsweg. In fünf Modulen üben wir dann, diese Stärken im persönlichen und telefonischen Bewerbungsgespräch einzusetzen, um die Chancen auf einen Arbeitsplatz zu erhöhen. Das Besondere daran ist, dass die Jugendlichen die Rolle des Chefs oder Personalleiters einnehmen und dadurch in der Lage sind zu erkennen, wie bestimmtes Verhalten wirkt. Das Projekt zeigt die Leistungsfähigkeit einer stark kritisierten Schulart, die derzeit im Umbruch ist.

Zusammen mit der Schulleitung haben wir beschlossen, eine Pressekonferenz durchzuführen. Die Journalisten hatten so die Möglichkeit zu einer lebendigen Berichterstattung. Im Anschluss an die Pressekonferenz besuchten die Journalisten die Trainingseinheit. So konnten Aufzeichnungen zu den Originalaussagen während der Aktion sowie Fotos gemacht werden.

Die Reise zu den Journalisten – Redaktionstournee

Im Gegensatz zur Pressekonferenz ist eine Redaktionsreise für die Journalisten natürlich wesentlich zeitsparender. Zudem erhalten Sie Informationen exklusiv und müssen sie nicht wie auf der Pressekonferenz mit anderen Kollegen teilen. Ihre Reise zu den Medien kann lokal oder deutschlandweit sein, je nach Thema.

Überlegen Sie zunächst allgemein, welche Medien für Ihr Thema die passenden sind: Tageszeitung, Fachzeitschriften, Wirtschaftsmagazine und so weiter. Suchen Sie den Redakteur für Ihr Thema aus und nehmen Sie ungefähr vier Wochen vor dem geplanten Termin Ihrer Reise Kontakt auf. Machen Sie den Medien einen Vorschlag zu Ihrem Thema. Auch hier lohnt der Perspektivenwechsel. Was ist an Ihrem Thema neu? Interessant? Hat einen hohen Nachrichtenwert für die Leser?

Nehmen Sie circa drei Tage vor Ihrem Reisetermin nochmals Kontakt mit den Redaktionen auf, um den Termin zu bestätigen. Lassen Sie genug Zeit, zwischen den Terminen, um konzentriert und entspannt dort aufzutreten.

Wenn Sie eine Woche für die Redaktionsreise einplanen und pro Tag maximal drei Termine wahrnehmen, dann haben Sie so Kontakt mit 15 Redaktionen.

Welche Form Sie wählen, um in persönlichen Kontakt mit den Journalisten zu treten, liegt an Ihrem Thema und an Ihrer »Reisefreude«.

10.6 Presseportale im Internet nutzen

Sie haben einen Aufhänger für Ihre Story, ein ansprechendes Foto und den Text geschrieben? Jetzt ist nur noch die Frage, wo Sie Ihren Artikel veröffentlichen wollen. Und veröffentlicht Ihr Wunschverlag auch Ihren Presseartikel? Wenn Sie sichergehen möchten, dass Ihr Artikel erscheint, dann sind die Presseportale im Internet eine gute Möglichkeit.

Immer mehr nutzen PR-Portale im Internet. Viele Plattformen veröffentlichen Ihre Pressemitteilung kostenlos, andere verlangen eine Gebühr. Das bekannteste Portal ist »openPR« mit über 20 000 Autoren und über 75 000 Mitteilungen.

Der Vorteil von Presseportalen im Internet:

- Viele Portale sind kostenfrei.
- Journalisten durchsuchen die Meldungen zu bestimmten Themen und können so auf Ihren Artikel stoßen.
- Fast alle Portale geben die Meldung auch an Google News, was für eine zusätzliche Verbreitung in der Suchmaschine führt, sodass Ihre Homepage besser gefunden wird.

Ihre Artikel werden vor der Veröffentlichung geprüft. Wenn Sie also Werbung präsentieren statt zu informieren, kann Ihre Pressemitteilung gesperrt werden. Achten Sie darauf, dass Sie die Rechte an den Fotos haben, die Sie veröffentlichen. Wenn Ihnen ein Verein ein Foto zur Verfügung stellt mit den neuen Bällen, die Sie gesponsert haben, dann klären Sie, ob Sie dieses Foto weiterverwenden dürfen.

Ich selbst habe mit den Presseportalen gute Erfahrungen gemacht, da dies dazu führt, dass man im Internet besser gefunden wird. Eine Fachhochschule suchte eine Referentin zum Thema

»Frauen in Führungspositionen« und hatte in einem Online-Presseportal meinen Artikel gefunden. Drei Monate zuvor hatte ich eine große Veranstaltung »Erfolgstag für Frauen« zusammen mit der bga, der bundesweiten Gründerinnenagentur, durchgeführt und darüber einen Artikel veröffentlicht. So hat sie meine Kontaktdaten herausgefunden und einen Vortrag gebucht.

In Kürze: Die Nutzung von Presseportalen im Internet lohnt sich, da Ihnen keine Kosten entstehen und Sie auf diese Weise im Internet besser gefunden werden. Doch ein Presseartikel in einer renommierten Zeitung ist sicher wesentlich effektiver, zumal bei der Pressemitteilung im Internet Ihr Unternehmen als Autor des Artikels steht. Und die Glaubwürdigkeit der Information für Leser ist höher, wenn ein neutraler Journalist positiv über Sie berichtet, als wenn Sie über sich selbst schreiben.

Haben Sie einen wirklich interessanten Artikel geschrieben, dann lohnt sich auch eine kostenpflichtige Veröffentlichung im Originaltext-Service der Deutschen Presseagentur (dpa). Eine Veröffentlichung kostet ungefähr 300 Euro, dafür wird dieses Portal auch tatsächlich von Journalisten genutzt (www.Presseportal.de).

Einige preiswertere Alternative von Internetpressportalen sind www.openPR.de, www.firmenpresse.de, www.Pressemitteilung.ws und www.businessportal24.com.

Zum Teil müssen Sie sich registrieren und können dann nach der Freischaltung Ihre Artikel verfassen. Achten Sie auch hier auf die Form der Pressemitteilung. Sie tragen als Autor Ihre Kontaktdaten ein und der Artikel wird von der Redaktion geprüft, bevor er veröffentlicht wird.

Zusammenfassung

- Machen Sie Lust auf Ihr Unternehmen.
- Seien Sie so attraktiv, dass Journalisten Sie sich merken.
- Begeistern Sie die Leser und machen Sie sie zu Kunden.
- Zeigen Sie Herz, Emotion und Ihre Geschichte.
- Werben Sie für sich, indem Sie zum Vorbildunternehmen werden.

11
Genug der Theorie: Schreiten Sie zur Tat

Wie setzen Sie Ihre Sponsoringstrategie erfolgreich in die Tat um?

Eine gewinnbringende Strategie für das eigene Unternehmen zu finden, ist eine Herausforderung. Sie haben schon von vielen Beispielen gelesen und viel gelernt über Marketing und PR/Öffentlichkeitsarbeit. Doch nun geht es darum, sich an die Umsetzung dieses Wissens in Ihrem Unternehmen zu wagen. Daher nähern wir uns jetzt Schritt für Schritt Ihrer individuellen Marketingstrategie mit Sponsoring. Werden Sie zum Social Entrepreneur. Wirtschaftlich sinnvolles, gutes Handeln ist mehr es ist eine reale Notwendigkeit in unserer sich verändernden Welt.

Dabei stellen sich drei Fragen:

- Es gibt in Deutschland über 590 000 eingetragene Vereine, welcher passt zu mir?
- Wie viel Geld benötige ich, um erfolgreich zu sponsern?
- Wann habe ich genug an Hintergrundwissen, um zur Tat schreiten zu können?

In diesem Kapitel werde ich Ihnen meinen ganzen Erfahrungsschatz zur Verfügung stellen, Sie können damit aus dem Vollen schöpfen.

Die kreativen, mutigen Unternehmen, die festgestellt haben, wie viel Freude und Erfolg es bringen kann, auf clevere Weise Gutes zu tun, werden die klassischen Werbeformen verlassen und erkennen, welches Potenzial in einem mit tieferen Sinn geführten Unternehmen steckt. Und sie werden Kunden auf einer ganz anderen Ebene gewinnen.

Das heißt, jeder von uns sollte ein kreatives Konzept für die Positionierung am Markt haben, um Kunden zu begeistern, Mitarbeiter zu motivieren und selbst Freude an der Arbeit zu erleben.

Sponsoring. Katja Hofmann
Copyright © 2010 WILEY-VCH Verlag GmbH & Co. KGaA, Weinheim
ISBN: 978-3-527-50507-4

Der amerikanische Business-Trainer Doug Stevenson hat auf einer Veranstaltung der German Speakers Association (GSA) sein »Konzept der 50 Eindrücke« vorgestellt. Danach braucht der Mensch etwa 50 Impulse, um wirklich zu verändern, was er sich vorgenommen hat. Ich wünsche Ihnen, dass dies genau der 50. Impuls für Sie ist.

Alles hat jedoch seine Zeit, auch der Schritt in sinnstiftende Zukunftsunternehmen. Wenn Sie selbst schon länger darüber nachdenken, dann lassen Sie uns jetzt zusammen auf die Reise gehen. Los geht's!

Erfolg buchstabiert sich T-U-N.

Susanne Westphal, deutsche Unternehmerin

11.1 Die wichtigste Frage: Was wollen Sie erreichen?

Vielen Unternehmen ist gar nicht bewusst, über welches Potenzial sie verfügen und wie sie Vereine und Projekte nutzen können. Sie erinnern sich an die Hauptmotivationen von Unternehmen, Sponsoring zu betreiben:

1. Imagegewinn,
2. Bekanntheit erhöhen,
3. Mitarbeiter motivieren,
4. Geschäftskontakte herstellen,
5. mittel- bis langfristige Absatz- und Umsatzziele,
6. gesellschaftliche Verantwortung.

Legen Sie als erstes Ihre eigenen Marketingziele fest.

- Wollen Sie Bestandskunden festigen, Ihr Produkt oder Ihre Dienstleistungen verkaufen? Wollen Sie potenzielle Neukunden gewinnen?
- Wollen Sie eine neue Unternehmenskultur schaffen?
- Wollen Sie eine Vorreiterrolle einnehmen?
- Welches Leitbild haben Sie? Welche Gefühle wollen Sie bei potenziellen Kunden ansprechen?
- Welches Image wollen Sie mit Ihrem Sponsoring verstärken?

- Wollen Sie mit der Maßnahme auch potenzielle Bewerber auf Ihr Unternehmen aufmerksam machen, um teure Stellenanzeigen einzusparen?
- Wollen Sie Ihre Mitarbeiter motivieren?
- Wollen Sie am Markt höhere Preise durchsetzen?
- Was benötigen Sie, um noch erfolgreicher zu sein?

Hier ist Raum für Ihre Marketingziele:

_____

_____

_____

_____

_____

_____

Eine gründliche Analyse der eigenen Ziele, Möglichkeiten und Erwartungen sollte somit am Anfang der Marketingstrategie mit Sponsoring stehen. Dafür habe ich zwei Methoden für Sie zusammengestellt: eine Checkliste für die, die schnelle Ergebnisse und gleich beim Lesen erste Ziele definieren wollen, und eine Workshop-Methode, die umfassendere und passgenaue Ergebnisse zusammen mit Ihren Mitarbeitern liefert. Entscheiden Sie selbst, was für Sie optimal ist.

Die Checkliste

Die Checkliste unterstützt Sie dabei, Ihre Unternehmenssituation einzuschätzen, Potenziale offenzulegen und zu nutzen. Sie finden im Anschluss Aussagen, die unterschiedliche Unternehmenssituationen widerspiegeln. Bitte vergeben Sie Punkte von 1 bis 10 für die Beurteilung Ihrer aktuellen Situation: 1 steht dabei für »trifft gar nicht auf mich zu«, 10 bedeutet »trifft mich voll oder sehr stark«.

Checkliste: Ihre momentane Unternehmensausrichtung
Teil 1

1. Ich bin zurzeit in einer beruflichen Krise und frage mich nach dem Sinn.
2. Ich benötige neue Kunden oder mehr Umsatz um weiter zu existieren.
3. Ich habe viele Bestandskunden verloren.
4. Ich habe starken Preisdruck, meine Preise muss ich zu eng kalkulieren.

Gesamtpunktzahl: _____

Das bedeutet für Sie:

Wenn Sie insgesamt über 22 Punkte haben oder mehr, dann lohnt es sich, tiefer zu schauen. Hier hilft die Planung einer gezielten Unternehmenspositionierung. Eine einzelne Sponsoringstrategie ist sicher zu dieser Zeit nicht die alleinige Lösung. Lassen Sie sich aber nicht entmutigen! Viele Unternehmer haben aus dieser Situation erfolgreich einen Wendepunkt für sich gemacht. Denken Sie daran: Schwierigkeiten sind Herausforderungen, erfolgreichere Wege zu finden.

Checkliste: Ihre momentane Unternehmensausrichtung
Teil 2

Wichtig für den Erfolg und den Misserfolg von Sponsoringstrategien sind die Ziele, die erreicht werden sollen. Die folgenden Aussagen betreffen die Unternehmenskommunikation nach innen und außen.

1. Ich bin in meiner Kundenzielgruppe bekannt.
2. Mein Unternehmen hat einen guten Ruf.
3. Meine Kunden und Geschäftspartner respektieren und schätzen mich.
4. Ich respektiere meine Kunden und Geschäftspartner und lasse sie dies auch spüren. Dies zeige ich mit verschiedenen Aktionen. Pro Jahr organisiere ich mehr als drei Marketingmaßnahmen, wie zum Beispiel persönliche Besuche, Einladungen zu Events, Blog, Newsletter et cetera.
5. Meine Mitarbeiter/Kollegen respektieren und schätzen mich.

6. Ich schätze meine Mitarbeiter/Kollegen und zeige ihnen dies, indem ich regelmäßig Anerkennung gebe.
7. In der Presse wird regelmäßig positiv über uns berichtet.

Gesamtpunktzahl: _____

Das bedeutet für Sie:

Wenn Sie insgesamt 40 und mehr Punkte haben, dann seien Sie stolz auf sich. An den Stellen, an denen Sie niedrige Punktzahlen angesetzt haben, zeigen sich Ihre zukünftigen Potenziale und Strategien, die Sie entwickeln müssen. Es geht nicht darum, dass Sie in allen Bereichen die Höchstpunktzahl erreichen müssen, sondern um das rechte Maß. Prüfen Sie Ihre Punkte und entwickeln Sie daraus Schritt für Schritt Ihre persönliche Erfolgsstrategie.

Wenn Sie zum Beispiel feststellen, dass in der Presse noch nie über Sie berichtet wurde und Sie öffentliche Anerkennung (und kostenlose Zeitungsartikel) zu selten erhalten haben, dann nutzen Sie die Tipps zum Thema Pressearbeit. Verfallen Sie nicht dem Irrglauben, dass Pressearbeit doch nur etwas für große Unternehmen ist und nutzen Sie zukünftig wichtige Chancen.

Da diese Checkliste zwar eine schnelle Einschätzung gibt, aber natürlich auch nur eine grobe Übersicht über Ihre Potenziale gibt, lohnt es sich, mit Ihren Mitarbeitern eine SWOT-Analyse durchzuführen.

2. Methode: Unternehmensworkshop ›Marktpotenziale und Wachstumschancen erkennen und nutzen‹

Diesen Workshop können Sie selbst mit Ihren Mitarbeitern durchführen, Sie können aber auch einen externen Trainer zur Unterstützung hinzuziehen. Das Training gibt einen genauen Fahrplan, um den Unternehmensworkshop zu leiten, um Marktpotenziale und Wachstumschancen zu erkennen und zu nutzen. Es lohnt sich für die bewusste Entwicklung des Unternehmens, die Strategie festzulegen und sich einen ganzen Tag Zeit zu nehmen. Wenn ich dies Unternehmern vorschlage, höre ich oft lautes »Stöhnen«, wie soll das denn im Alltagsgeschäft gehen? Wenn Sie dies allerdings am Samstag durchführen, dann haben Sie noch die komplette Arbeitswoche. Und letztendlich ist es doch so im Leben wie die Schriftstellerin Bertha Eckstein schon sagte: »Das einzige Mittel, Zeit zu haben, ist, sich Zeit zu nehmen.«

Die besten Ergebnisse erzielt man in diesem Workshop, wenn man mit Mitarbeitern unterschiedlicher Abteilungen arbeitet. Ziehen Sie sich mit den Führungskräften und Mitarbeitern Ihres Unternehmens zum Beispiel an einem Wochenende an einen Ort zurück, der Kreativität zulässt und freies Denken fördert. Vielleicht mieten Sie eine Berghütte, einen schönen Seminarraum im Hotel oder Sie gehen in die Natur und lassen Sie dort »Ihren Markt« entstehen.

Wenn Sie als Einzelunternehmer tätig sind, können Sie diese Fragen natürlich auch alleine beantworten. Wichtig ist, dass Sie sich bewusst darauf einlassen und Zeit nehmen, um Ihre Stärken zu erkennen und Potenziale daraus nutzen.

Sie können den ausführlichen Muster-Workshop »Marktpotenziale und Wachstumschancen erkennen und nutzen« auch im pdf-Formular erhalten. So können Sie den Unternehmensworkshop mit Ihren Mitarbeitern Schritt für Schritt durchführen. Senden Sie mir einfach eine E-Mail an info@kmu-hofmann.de und geben Sie die Gutschein-Nr. GW-2703 an. Die Unternehmen, die mit mir als Trainerin den Workshop bereits durchgeführt haben, waren erstaunt über Ihre Ergebnisse. Die daraus resultierenden Unternehmenserfolge haben sogar die Erwartungen der Geschäftsleitung weit übertroffen.

Nutzen Sie es – es lohnt sich!

Durchführung

Die Vorbereitung

Richten Sie den »Markplatz« Ihres Unternehmens visuell ein, damit er von allen begreifbar und anschaubar wahrgenommen wird. In einem Seminarraum lasse ich auf einer Seite des Raumes, dem Markt des Unternehmens, Projekte, Produkte oder andere Dinge aufbauen, die den Betrieb nach vorne gebracht haben. Ich stelle Tische auf, auf denen die Produkte ausgestellt werden (sind die Produkte zu groß, wie beispielsweise Maschinen, dann reichen auch Fotos); die Entwicklungen der Produkte des Unternehmens werden im Zeitraffer dargestellt – versehen mit Jahreszahlen oder

Broschüren und Werbeflyern. Wenn die Geschäftsführung zum Beispiel durch eine Unternehmensnachfolge gewechselt hat, dann kommt auch hier der Name dazu. Urkunden, Patente, wichtige Presseartikel oder Auszeichnungen et cetera werden auf einer Stellwand (eine Kopie reicht auch) sichtbar und begreifbar für alle: Was zeichnet dieses Unternehmen aus, was ist das Besondere an diesem Unternehmen, auf was sind Sie besonders stolz?

Auf einer anderen Seite des Seminarraumes werden die Kunden mit ihren wichtigsten Produkten und Imagedarstellungen präsentiert. Auf einem Tisch oder an Stellwänden werden zum Beispiel Statistiken über die Anzahl und die Umsätze der Kunden dargestellt, Ergebnisse aus Kundenumfragen, Referenzschreiben, Dauer der Zusammenarbeit, besonders treue Kunden, vorhandene Fotos von Events oder Firmenveranstaltungen mit Kunden oder die wichtigsten Namen von den Kunden, auf Papier geschrieben und ausgestellt.

Auf einer weiteren Seite des Seminarraums ist aufgebaut, wie Ihre Mitbewerber, Ihre Geschäftspartner, Lieferanten, das Umfeld und die Bevölkerung Sie sehen – also alles, was Sie auszeichnet. Als Anschauungsmaterial dienen hier Presseartikel, Zusammenarbeit mit Projekten der IHK oder Handwerkskammer, Mitgliedschaften in Verbänden und Vereinen, Lieferantenbefragungen, Spenden, Stiftungen, Sponsorings, Marktanalysen und so weiter.

Die Eröffnung: den Ist-Zustand analysieren und begreifen

Der Workshop wird eröffnet, die Teilnehmer betreten gemeinsam den Raum – den Marktplatz Ihres Unternehmens.

Für die meisten Unternehmer und Mitarbeiter ist dies ein großer Aha-Moment, wenn man selbst begreift, anfasst und sieht, was man gemeinsam alles geschafft hat. Denn die erreichten Erfolge und technischen Vorsprünge haben im stressigen Alltagsgeschäft etwas »Normales« und finden selten Anerkennung. Meistens konzentrieren wir uns auf das, was wir dringend noch erreichen sollten. Dies ist die Gelegenheit, kurz stehen zu bleiben, zu reflektieren und daraus Kraft zu schöpfen für die nächsten Schritte.

Die Ausarbeitung mit den Teilnehmern:
Wachstumschancen erkennen und Marktpotenziale ausarbeiten
Die Teilnehmer beginnen mit der Ausgangsanalyse:

- Wie sehen wir uns?
- Wie werden wir von anderen gesehen?
- Wie wollen wir von den anderen gesehen werden?
- Wie würden wir uns gerne sehen?
- Wie würden die anderen uns gerne sehen?

Die Ergebnisse werden von den Teilnehmern auf Flip-charts, Papier oder Karten notiert und dem jeweiligen Platz im Raum zugeordnet (eigenes Unternehmen, Kunde, Wettbewerb und Umfeld). Jetzt geht es zum Kern: Machen Sie eine SWOT-Analyse (Strengths, Weaknesses, Opportunities, Threats – Stärken, Schwächen, Chancen und Risiken).

Die besten Ergebnisse erzielen Sie, wenn Sie darauf achten, dass die Grundstimmung in Ihrem Workshop aufbauend und konstruktiv bleibt. Legen Sie Ihr Augenmerk bewusst auf Ihre Stärken und Produkte, die Sie in der Vergangenheit erfolgreich gemacht haben. So sind Sie in der Lage, Marktchancen leichter zu erkennen und schneller lösungsorientierte Wege zu finden.

Dies gibt Energie und führt zu stärkenden Ergebnissen. Diese positive Grundhaltung hilft Ihnen mehr, als sich auf Fehlersuche zu begeben und verpassten Chancen nachzujammern. Viele Abteilungen in Unternehmen stehen noch immer in einer allzu großen Konkurrenz zueinander. Die Mitarbeiter aus unterschiedlichen Abteilungen sollten lernen, dass Sie an einem Strang ziehen und Teil eines Unternehmens mit gemeinsamem Ziel sind. Das Spiel mit der Macht, mit der Konkurrenz, mit Siegern und Verlierern kostet unsere Wirtschaft zu viel Energie und Geld. Es gibt wohl kaum etwas Destruktiveres, als sich von Abteilung zu Abteilung gegenseitig Vorwürfe zu machen und Fehler zuzuschieben, statt an Lösungen zu arbeiten. Konzentrieren Sie sich stattdessen auf die Zukunft, was wollen Sie erreichen? Was sind Ihre Ziele und wie sieht die Planung aus?

Kundenpotenzial erkennen

Danach nehmen Sie die Sicht des Kunden ein. Wechseln Sie dazu am besten räumlich auf die »Kundenseite« des Raums, sodass Sie die Sicht so real wie möglich vor Augen haben. Je nach Gruppengröße bilden Sie zwei Teams, die sich mit den treuen, umsatzstarken, den A-Kunden beschäftigen und zwei Teams, die sich mit den schwierigen C-Kunden beschäftigen, die ständig nach einer Preisreduzierung fragen, unregelmäßig bestellen, nur den billigsten Anbieter suchen und häufig Reklamationen oder Beschwerden haben – also kritische Kunden.

Aus der Sicht des Kunden sollten Sie nun folgende Kernfragen beantworten: Welchen Nutzen bieten Sie ihm, damit er erfolgreicher ist? Was wird er in Zukunft benötigen? Welche Bedürfnisse hat er?

Strategien entwickeln und festlegen

Wenn Ihnen bewusst wird, was die Kunden jetzt und in Zukunft von Ihnen benötigen, um noch erfolgreicher zu sein, dann wird klar, welche Strategie Sie wählen sollten, um die Bedürfnisse Ihrer Kunden zu unterstützen oder gar zu erfüllen.

Betrachten Sie nicht nur das Produkt (zum Beispiel in einem Hotel freundlichen Service, bequeme Betten und saubere Zimmer), sondern hinterfragen Sie kritisch, welches emotionale Bedürfnis oder welchen Wunsch Ihr Kunde hat. Vielleicht zählen zu Ihren A-Kunden immer wieder Familien. Dann wollen diese das Gefühl haben, willkommen zu sein und nicht zu stören, auch wenn die Kinder einmal lauter spielen. So sponsern Sie Kinderprojekte und richten in Ihrem Frühstücksraum ein Familienzimmer ein, mit kindergerechten Speisen, Spielen und einem Clown als Bedienung – einem Raum, in dem Spaß anstelle von gequältem Stillsitzen erwünscht ist.

Das Gute daran ist: Dadurch, dass Sie die Aspekte der beiden Kundengruppen (Lieblingskunden und schwierige Kunden) gegenüberstellen, erhalten Sie aus beiden Gruppen ein klares Anforderungsprofil, das geprägt ist von den tatsächlichen Bedürfnissen und Emotionen Ihrer Kunden. Werden Sie zum Experten in Ihrem Kundenmarkt!

Umsetzung und Unternehmenskommunikation festlegen

Jetzt kommt die eigentliche Aufgabe. Ich liebe diesen Schritt, denn jetzt werden die Vorarbeiten deutlich sichtbar und der Nutzen ist schon zum Greifen nah: Wie können Sie Ihr Leistungsangebot, Ihre Unternehmenskommunikation auf die Kundenbedürfnisse besser abstimmen? Und vor allem: Wie wird der Nutzen für den Kunden sofort erkennbar? Wie erhält der Kunde die emotionale Ansprache, die er wünscht?

Welche Schritte sind nötig, um die unternehmensinterne Kommunikation darauf abzustimmen? Wie können Sie die Informationskultur im Unternehmen klar, motivierend und strategisch umzusetzen?

Welche Schritte sind nötig, um die Unternehmenskommunikation nach außen, also Ihre Öffentlichkeitsarbeit, abzustimmen oder zu optimieren?

An dieser Stelle ist ein wichtiger Schritt erreicht.

Damit Sie wirklich herausragenden Erfolg haben, ist es wichtig, dass die Kunden und Ihr Umfeld davon erfahren. Gestalten Sie die Unternehmenskommunikation nach innen und außen gezielt und überlassen Sie nichts dem Zufall. Wenn Sie glauben, Ihre Stärken sprechen sich schon von alleine herum, dann freut sich Ihre Konkurrenz. Nein, das tun sie eben nicht! Image »passiert« nicht einfach so über Nacht, sondern ist geplant und bewusst aufgebaut.

- Welche Marketingstrategie bringt Sie nachhaltig in die Köpfe der Kunden und stärkt Ihr Image? Nach dem Motto:
  Gutes tun – und darüber sprechen lassen.
- Wenn Sie die wichtigsten Stärken Ihres Unternehmens kennen, dann kommunizieren Sie Ihren Kunden, was Ihr Unternehmen in Zukunft Besonderes bietet.
- Werden Sie zum starken Magneten für Ihre Kunden!
  Bauen Sie ein einzigartiges Image auf, überlegen Sie, wie Sie mit maßgeschneiderten Kampagnen Ihre Stammkunden erreichen und neue Kunden hinzugewinnen.
- Überlegen Sie sich zusammen mit Ihren Mitarbeitern eine Strategie für erfolgreiches, begeisterndes Verkaufen.
- Die Motivation und das Engagement der Mitarbeiter sind entscheidend, um die Strategien und erarbeiteten Potenziale um-

zusetzen. Ihre Mitarbeiter bestimmen den Erfolg von Veränderungsprozessen und die Zufriedenheit Ihrer Kunden. Fordern Sie Einsatz von Ihren Mitarbeitern, aber erkennen Sie auch Leistungen an und danken Sie ehrlich für ihr Engagement. So schaffen Sie ein Klima des Vertrauens und des Wachstums.

Definieren Sie Ihren Marketing-Mix über Sponsoring, Öffentlichkeitsarbeit, interne und externe Unternehmenskommunikation (Kunden, Lieferanten, Bevölkerung, Umfeld, Geschäftspartnern). Nutzen Sie die »Bühnen«, über die Sie Ihre Leistung transportieren können.

11.2 So werben Sie effizient: mit den sieben Grundlagen des KMU-Sponsorings

Was macht öffentlichkeits- und kundenwirksames Sponsoring aus? Was macht die einen Unternehmen glaubwürdiger und sympathischer als die anderen? Warum geben Unternehmen weniger Geld aus und haben trotzdem einen höheren Nutzen, indem Sie bekannter sind als die anderen?

Um dies zu verstehen, habe ich über zehn Jahre in der Praxis geforscht. Und bin der Frage nachgegangen: Warum setzen einige Unternehmen Sponsoring immer wieder ein und bezeichnen dies als sehr lohnend – und warum ist es für andere Unternehmen eine unnütze Geldausgabe?

Was macht die Unterschiede aus? Was machen die Erfolgreichen anders? Oder welche anderen Rahmenbedingungen haben Sie? Ist es nur für bestimmte Branchen oder Unternehmensgrößen interessant?

Ich habe festgestellt, dass es einen gravierenden Hauptunterschied gibt – und dieser ist unabhängig von Produkten, Branche oder Orten. Es ist wie Boris Becker sagte: »Das Match wird zwischen den Ohren gewonnen.« Der Unterschied liegt in der Einstellung, also in der Zielrichtung, mit der Unternehmen Sponsoring ausführen. Sind Sie überrascht von der Einfachheit der Lösung?

Die genialsten und gewinnbringendsten Lösungen sind jedoch oft ganz einfach. Die gute Nachricht: Egal, in welcher Branche Sie tätig sind, Sie können aus einem sinnvollen Sponsoring nach den KMU-Grundlagen immer einen Gewinn für sich erzielen. Die Quintessenz ist dabei die Zielausrichtung: Statt einfach Geld auszugeben, weil man helfen will, muss man Sponsoring als cleveres Marketinginstrument für das eigene Unternehmen nutzen. Es liegt also häufig nicht an dem Projekt, das unterstützt wird, sondern an ein paar Kniffen und Stellschrauben, die beachtet werden müssen, damit es sich gleichzeitig für den wirtschaftlichen Erfolg des Unternehmens lohnt, Gutes zu tun. Wer sich dabei mit seinen Werbestrategien und der Öffentlichkeitsarbeit von seinen Mitbewerbern absetzt, wird Mundpropaganda auslösen und zum Kundenmagneten werden.

Beachten Sie die *sieben Grundlagen des KMU-Sponsorings*, damit Ihr Engagement eine effiziente Marketingstrategie für Ihr Unternehmen wird:

1. Führen Sie Sponsoring in Ihrer Kundenzielgruppe durch.
2. Führen Sie Sponsoring in Ihrem Kundeneinzugsgebiet durch.
3. Vermarkten Sie Ihr Sponsoring auf mehreren Plattformen – seien Sie kreativ, mutig und unverwechselbar.
4. Wählen Sie Vereine/Organisationen, die glaubwürdig sind und zu Ihrem Unternehmensleitbild passen.
5. Nutzen Sie Presse und Medien für sich.
6. Bauen Sie Netzwerke auf.
7. Nutzen Sie den steuerlichen Vorteil.

11.3 Analyse Ihrer Kundenzielgruppe: Wissen Sie, wer Ihre Kunden sind und es noch werden könnten?

Damit das Sponsoring auch effektiv wird und Sie das passende Projekt für sich wählen, ist es wichtig, dass Sie Ihre Kundenzielgruppe erreichen.

Elke Bauer ist die Inhaberin einer Helen Doron Sprachschule für Kinder, die ab dem Kindergartenalter Englisch lernen. Der örtliche Tierschutzverein hat sie um ein Sponsoring gebeten, um einen neuen Zwinger zu bauen. Da sie selbst große Tierfreundin hat, hat sie zugesagt. Sie hat eine für sie sehr große Summe investiert.

Nach einem Vortrag von mir kamen bei ihr Zweifel über ihr Sponsoring auf und in der Pause sprach sie mich an: »Ich hatte das Ziel, mit dem Sponsoring dem örtlichen Tierheim zu helfen, jetzt habe ich in ihrem Vortrag von effizientem Sponsoring gehört. Klar, bin ich als Unternehmerin daran interessiert. Wie sehen Sie das bei mir?« Während sie sprach, bildeten sich kleine Falten auf ihrer Stirn. Um zu sagen, ob die Ausgabe sinnvoll ist, musste ich noch mehr Hintergrundwissen haben, und so erklärte sie weiter: »Das Tierheim ist bei mir im Ort, also so, wie Sie sagen, im Kundeneinzugsgebiet. Was kann ich denn noch anders machen, dass ich neue Kunden gewinne?«

Leicht unsicher schaute sie mich an. Ich hatte Zeit, sie zu betrachten. Sie ist eine sportliche, attraktive Mittdreißigerin mit kurzem stufigem Haar. Doch ihr hübsches Gesicht sah sehr angespannt aus. Ich vermutete, dass sie ganz dringend neue Kunden benötigte. Und nun hatte sie Bedenken, dass ich ihr sagen würde, dass die Geldausgabe unnütz war. Keiner bekommt gerne gesagt, dass er uneffektiv Geld ausgegeben hat.

Doch es geht nicht darum, Frau Bauers Sponsoringentscheidung schlecht zu reden, sondern es geht darum, Ihre Bekanntheit zu optimieren und neue Kunden anzuziehen. Selbst aus bereits ausgeführtem Sponsoring können noch Marketinggewinne erzielt werden, wenn bestimmte Hebel genutzt werden. So können für die Zukunft erfolgreiche Wege für das eigene Unternehmen besser erkannt und schneller und lösungsorientierter vorgegangen werden.

Sicher sind auch beim Tierheim ein paar Familien mit Kindern dabei, die das Schild von ihr an der Tafel des Tierheims wahrnehmen oder auf der Homepage ihren Namen als Sponsor lesen.

Doch letztendlich hatte sie für Ihr Marketing einen viel zu hohen Streuverlust. Wesentlich effektiver wäre ein Sponsoring des Kindergartens oder der Grundschule. Ich schlug vor, dass sie als erstes ihre Kundenzielgruppe analysiert und wir uns dann gemeinsam an die Vermarktung ihres Sponsorings machen.

Sind Sie von Ihrer Idee und Ihrem Angebot überzeugt?

Um dies effektiv und mit einem geringen Streuverlust anzubieten, sollten Sie genau wissen, wer Ihre Kundenzielgruppe ist.

Checkliste Kunden

Wer sind bisher Ihre Kunden?

- Haben Sie Privatkunden?
- Haben Sie Geschäftskunden?
- Haben Sie beides?
- Kleine und regionale Unternehmen oder große Konzerne?
- Eine bestimmte Branche?
- In welcher Altersgruppe sind Ihre Kunden (Kinder, ältere Menschen)?
- Sind diese vorwiegend männlich oder weiblich?
- Gibt es eine Verbindung zu einem Hauptinteressengebiet Ihrer Kunden, zum Beispiel Umwelt, Kinder, Tiere, Technik, Innovation?

Meine bisherigen Kunden:

_____

_____

_____

_____

_____

_____

Welche Emotionen erhalten oder verknüpfen Kunden mit Ihrem Unternehmen?

_____

_____

_____

_____

_____

Um auch neue Kundenzielgruppen zu erschließen, definieren Sie auch die Bedürfnisse von potenziellen Kunden:

- Welche Bedürfnisse haben die Menschen oder Unternehmen, die bei Ihnen Kunden werden?

- Gibt es neue Trends oder Entwicklungen, die Sie nutzen können und die zu Ihrem Unternehmen passen (beispielsweise ein spezielles Angebot für die steigende Anzahl der Singles)?

Meine potenzielle Kundenzielgruppe:

_____

_____

_____

_____

_____

_____

11.4 Analyse des Kundeneinzugsgebietes

Damit eine Werbemaßnahme effektiv platziert werden kann, ist es wichtig zu wissen, wo Ihr Kundeneinzugsgebiet liegt. Unter Marketinggesichtspunkten ergibt es keinen Sinn, einer großen Organisation wie zum Beispiel dem BUND (Bund für Natur und Umweltschutz in Deutschland) mit über 200 000 Mitgliedern etwas zu spenden, wenn Sie als örtliche Kosmetikerin nur Kunden aus Ihrem direkten Einzugsgebiet haben. Sinn würde diese Maßnahme aus Marketingsicht wieder ergeben, wenn Sie zusätzlich einen Online-Shop mit Naturkosmetik haben.

Woher kommen meine Kunden?

KMU arbeiten nach einem bestimmten Erfolgsrezept – der »Zielgruppe Nachbar«.

Der größte Vorteil für kleine Firmen beim regionalen Marketing ist die Kundennähe. Während große Konzerne Ihre Kunden kaum kennen und auf klassische und oft teure Werbung angewiesen sind, finden Sie Ihre Zielgruppe in Ihrem direkten Umkreis: in den Vereinen vor Ort, Ihren Nachbarn und der Bevölkerung.

Kunden befragen

Ihre Mitarbeiter kennen durch die tägliche Arbeit viele Kunden persönlich. Systematisieren Sie dieses Wissen: Führen Sie Kundenbefragungen durch und legen Sie eine gut nutzbare Kundenkartei oder ein Intranet an, um Antworten zu erhalten.

Folgende Fragen helfen bei der Klärung Ihrer optimalen Werbemaßnahme:

- Woher kommen die Kunden? Ausschließlich aus dem regionalen Gebiet, der eigenen Stadt, dem Dorf?
- Erreichen Sie auch Kunden aus dem Nachbarort oder überregional, aus ganz Deutschland oder Europa (beispielsweise über Verkauf im Internet oder telefonische Beratungsdienstleistungen)?
- Wie häufig kauft der Kunde bei Ihnen ein?
- Wie viele neue und wie viele Bestandskunden haben Sie?
- Wie viele Besucher haben Sie auf Ihrer Homepage?
- Welche Werbemaßnahme oder Weiterempfehlung hat die Kunden zu Ihnen geführt?

Mein Kundeneinzugsgebiet:
Regional (Name der Städte):

_____

_____

_____

_____

_____

Überregional:

_____

_____

_____

_____

_____

Deutschlandweit:

_____

_____

_____

_____

_____

_____

Europaweit:

_____

_____

_____

_____

_____

Sonstige:

_____

_____

_____

_____

_____

11.5 Wie finden Sie das passende Projekt für Ihr Unternehmen?

Bevor Sie den nächsten Schritt planen, sollten Sie das passende Projekt heraussuchen. Es gibt allerdings ein großes Angebot: In Deutschland gibt es 594 277 eingetragene Vereine. Das sind ungefähr sieben auf 1000 Bundesbürger. Spitzenreiter ist der Postleitzahlbereich 5 mit mehr als 86 000 Vereinen. Die vorliegende Vereinsstatistik 2005 enthält ausschließlich Zahlenmaterial eingetragener Vereine. Das tatsächliche bürgerschaftliche Engagement ist jedoch weitaus größer, denn nicht eingetragene Vereine, Klubs, Gewerkschaften, Stiftungen, gemeinnützige Gesellschaften mit beschränkter Haftung (gGmbH), Genossenschaften und so weiter wurden nicht erfasst.

Was tun, wenn wieder Sponsoringanfragen an Sie gestellt werden? Soziale Verantwortung für die Region übernehmen? Oder sparen? Gibt es Wege, Sponsoring zu einem lohnenden Geschäft auf Gegenseitigkeit zu machen?

Lassen Sie sich nicht verwirren. Mit der erarbeiteten Strategie und Checkliste können Sie jederzeit prüfen, ob das Angebot Ihren Anforderungen entspricht.

Gutes zu tun und positiv darüber sprechen zu lassen, ist eng mit einer guten Planung verknüpft und passiert nicht einfach »so«. Das bedeutet, dass jede Spende oder jedes Sponsoring vorher clever durchdacht werden sollte, wenn es zu einer effektiven Marketingstrategie für Sie werden soll.

Dabei dient Ihnen folgende Checkliste zu Ihrer persönlichen Erfolgsoptimierung Ihres Sponsorings:

Checkliste effizientes Sponsoring
▶ Was will ich mit dem Sponsoring erreichen?
▶ Wer ist meine Zielgruppe?
▶ Lässt sich mit dem Sponsoring der Bekanntheitsgrad meines Unternehmens steigern?
▶ Passt die Thematik zu meinem Unternehmensleitbild?
▶ Welche Verbindung lässt sich zum Unternehmen herstellen?
▶ Ist der Verein/die Organisation akzeptiert/wie ist der Ruf?
▶ Wie groß ist das Interesse von Medien und Öffentlichkeit?
▶ Welche Reichweite ist für mich sinnvoll – lokal, regional, bundes- oder europaweit?
▶ Welche Mitgliederzahl und Altersstruktur hat der Verein, wie viele Zuschauer, wie ist die Historie, wer sind die wichtigen Personen in der Vorstandschaft?
▶ Welches Budget steht zur Verfügung?
▶ Welche Werbemaßnahmen sind für mich sinnvoll (Plakat oder sonstige Werbemittel, Signet/Logo und ein Prädikat wie »offizieller Förderer«, der vom Unternehmen genutzt werden darf)?

► Wird mein Unternehmen in Presseinformationen hervorgehoben oder dürfen wir ein Grußwort schreiben oder eine
Eröffnungsansprache halten?

► Erhalten wir Freikarten, beispielsweise zur Motivation für
verdiente Mitarbeiter?

► Kauft der Verein/die Organisation bei mir ein oder nimmt
meine Dienstleistung in Anspruch?

Checkliste Sponsoringauswahl

Diese Checkliste unterstützt Sie dabei, sich gezielt über die
wichtigsten Fragen zur Projektwahl Gedanken zu machen.

• Haben Sie eine Vorliebe für eine bestimmt Sportart.
Was möchten Sie fördern?

• Wie ist das Image des Vereins? Lesen Sie die Presse oder
fragen Sie in Ihrem Umkreis, wie beliebt er ist. Wenn der
Verein einen schlechten Ruf hat, weil bekannt ist, dass die
Spieler sich beispielsweise häufig prügeln, dann wirft dies
kein gutes Licht auf Ihr Unternehmen.

• Wie ist die Einstellung Ihrer Mitarbeiter zu diesem Sponsoring?

• Stimmen die Ziele des Vereins mit Ihren Unternehmens-
zielen überein?

• Passt der Verein zu Ihren Kunden?

• Passen die Personen im Verein zu Ihnen?

• Möchten Sie für Ihr Sponsoring eine prominenten Menschen
gewinnen? Wenn ja, wen?

• Gibt es einen aktuellen Anlass für Ihr Sponsoring
(Tag des …, Vereins- oder Firmenjubiläum)?

• Können Sie sich gemeinsam mit mehreren Firmen
engagieren, um mehr zu erreichen?

• Hat Ihre Idee/Ihr Motto eine Vorbildfunktion für die Region?

• Erzielen Sie damit Ergebnisse, die für die Medien und die
Öffentlichkeit interessant sind und über die berichtet wird?

• Wie gut ist die Pressearbeit? Haben Sie die Möglichkeit,
dass der Verein Sie auf der Presseseite veröffentlicht? Die
meisten Vereine haben eine Rubrik in der örtlichen Zeitung.

• Unterstützt Sie der Verein bei Ihren Vertriebsinteressen?

- Ist schon ein Sponsoren-Pool vorhanden? Kennen Sie die Unternehmen und passen Sie dazu?
- Haben Sie die Möglichkeit mit Mitarbeitern einen VIP-/Business-Raum zu besuchen?
- Können Sie Spiele besuchen?
- Stimmt das Preis-Leistungs-Verhältnis? Wie oft oder wie lange werden Sie als Sponsor beworben?
- Werden die Werbeflächen vom Verein gepflegt?
- Erhalten Sie Branchen-Exklusivität?
- Wie sind die Vertragsmodalitäten (Laufzeit, Kündigungsfrist, Bezahlung)?

Wie Sie erste Kontakte finden

In örtlichen Zeitungen haben Vereine feste Rubriken und stellen sich immer wieder vor. Hier haben Sie auch die Möglichkeit, vor Ort ein Training zu besuchen und den Verein kennenzulernen. Auch die Internetauftritte der Städte bieten meistens ein Vereinsregister Ihrer Region.

Im Vereins-Verzeichnis (www.VereinsVerzeichnis.eu) finden Sie Vereine aus ganz Deutschland mit Link zu deren Homepage. Alle Vereine sind nach Rubriken geordnet. Die Recherche in der Vereins-Datenbank ist kostenlos und umfasst circa 100 000 Vereine und Verbände. Allein 6 700 davon finden sich in der Kategorie Fußball-Vereine.

Wenn Sie Ihre potenzielle Zielgruppe kennen und wissen, wer Ihr Angebot braucht, können Sie entscheiden, wo Sie investieren und wo Sie den größten Nutzen erwarten können.

Nehmen Sie Kontakt mit dem Verein auf und informieren Sie sich auf der Homepage über das Angebot. Oft gibt es eine Rubrik »Sponsoren«. Dort sehen Sie, wer schon sponsert, und Vereine stellen dort häufig auch bereits laufende Projekte vor.

Falls Sie eigene Ideen oder Wünsche haben, scheuen Sie sich nicht, offen auf den Verein zuzugehen und ein Geschäft vorzuschlagen. Die meisten Vereine sind dankbar und froh, wenn Sponsoren von selbst kommen und sie nicht eine zeitintensive Sponsorensuche machen müssen. Sprechen Sie den Bedarf und

Ihr Angebot ab. Vergleichen Sie auch mit anderen Vereinen, bevor Sie Geld ausgeben.

Eine letzte Überlegung zum Abschluss: Bedenken Sie, Ihre Sponsoringstrategie mittel- bis langfristig anzulegen, damit es wirklich lohnt. Der Wiedererkennungswert Ihrer Marke ist wichtig. Eine einmalige Aktion in Ihrem Ort, wegen der Sie irgendwo auf der Homepage des Vereins einmalig als Sponsor genannt werden, bringt Ihnen vermutlich noch keine neuen Kunden. Es ist also richtig und wichtig im Sponsoring mit mehreren Werbeplattformen zu planen.

Mit folgenden Vereinen möchte ich Kontakt aufnehmen:

_____

_____

_____

_____

_____

_____

11.6 Finanzplanung Ihres Marketings

Wie hoch ist Ihr Werbebudget? Haben Sie ein fest geplantes Werbebudget oder entscheiden Sie aus der Notwendigkeit heraus, welche Ausgaben Sie für Werbung tätigen?

In der Regel beträgt der Anteil des Sponsoringbudgets von großen Unternehmen am gesamten Kommunikationsbudget durchschnittlich 15 Prozent (Hermanns/Bagusat: *Sponsoring Trends 2006*).

Folgende Fragen helfen bei der Finanzplanung Ihres Marketings:

- Wie viel Geld darf die gesamte Maßnahme maximal kosten?
- Wie viel Umsatz machen Sie im Durchschnitt pro Jahr mit einem Kunden und wie viel ist Ihnen deswegen ein Neu- oder Erstkunde wert?
- Wie viel Geld dürfen Sie pro gewonnenem Kunden ausgeben, damit Sie noch Gewinn machen?

Bereits mit einem kleinen Budget und einem durchdachten, professionellen Sponsoring machen Sie sehr effektiv auf sich aufmerksam. Es gibt keinen Mindestbetrag, den Sie einsetzen müssen, damit Sie erfolgreich sind, denn die Möglichkeiten im Sponsoring sind sehr vielfältig.

Der entscheidende Erfolgsfaktor ist, dass Sie lernen umzudenken. Die entscheidende Frage ist daher: Wie können Sie diese Ausgabe, wie hoch sie auch sein möge, für Ihr Marketing nutzen?

Nehmen Sie zum Beispiel einen Gerüstbauer, der von einem Schulförderverein gefragt wird, ob er für das örtliche Schulfest Gasflaschen für den Grill sponsern könnte. Der finanzielle Einsatz liegt hier bei circa 20 Euro für den Unternehmer. Ergibt diese geringe Ausgabe Sinn für ein Marketing? Die Antwort ist ein klares Nein, wenn er die Gasflaschen nur abholen lässt und sonst nichts weiter macht. Dies ist bei vielen Unternehmen so. Die tun Gutes und nutzen es nicht. Die Investition lohnt sich aber doch, wenn er als Sponsor sich die Zeit nimmt, das Fest zu besuchen genüsslich eine Wurst isst und dabei ein T-Shirt mit seinem Logo trägt; wenn er den Vorstand begrüßt und den persönlichen Kontakt mit seiner Kundenzielgruppe nutzt, um auf sich aufmerksam zu machen. Dann ist auch diese geringe Summe effektiv eingesetzt und zwar sowohl für den Verein als auch für ihn selbst. So günstig hätte er keine Werbeanzeige in der Zeitung erhalten und der persönliche Eindruck ist auch wesentlich einprägsamer.

Im Gegensatz dazu nehmen Sie einen Friseur mit drei Filialen, der richtig tief in die Tasche gegriffen und 2 000 Euro für ein Kinderheim in Russland ausgegeben hat. Die finanzielle Unterstützung ist zwar eine nette Geste, doch das Sponsoring findet außerhalb der Kundenzielgruppe und des Kundeneinzugsgebietes statt.

Wichtig ist also die clevere Umsetzung des Sponsorings für Ihren Unternehmenserfolg. Viele Unternehmen suchen Alternativen zur klassischen Medienwerbung, da sie diese nicht nur als überteuert empfinden, sondern auch als zu kurzlebig bemängeln. Machen Sie etwas weniger Anzeigenwerbung in Zeitungen und investieren diesen Teil in Sponsoring.

Nutzen Sie den steuerlichen Vorteil

Wie hoch ist der Gewinn Ihres Unternehmens? Lassen Sie Ihren Steuerberater *vor* Ablauf des Jahres Ihr zu versteuerndes Einkommen errechnen. Es lohnt sich! Bei Ausstellung einer Spendenbescheinigung Ihres Vereins wird die Aufwendung als Spende vom steuerpflichtigen Einkommen abgezogen. Das bedeutet, sie unterstützen einen Verein und minimieren Ihr steuerpflichtiges Einkommen. Je nach Rechtsform Ihres Unternehmens erlaubt der Staat jedoch nur einen bestimmten Betrag pro Jahr.

Oft verschenken Unternehmen Sachleistungen an Vereine, Malpapier für den örtlichen Kindergarten oder Sachpreise für die Tombola des Vereins – super! Nur lassen Sie sich dafür eine Spendenquittung ausstellen, dann können Sie dies steuerlich auch geltend machen.

Wenn Sie ein Sponsoring durchführen, also eine werbliche Gegenleistung vom Verein erhalten, dann bekommen Sie eine Sponsoringrechnung vom Verein ausgestellt und setzen diese als Betriebsausgabe ab. Für Betriebsausgaben gibt es, anders als bei Spenden, kein Limit.

Genauere Beratung erhalten Sie von Ihrem Steuerberater oder vom Finanzamt.

11.7 In fünf Schritten zu Ihrer Sponsoringstrategie

Schritt 1:
Marketingkonzept für das Sponsoring ausarbeiten

- Definieren Sie Ihre Unternehmensziele: Was wollen Sie erreichen? Wollen Sie neue Kunden gewinnen oder wollen Sie Ihre Öffentlichkeitsarbeit verbessern, um bekannter zu werden? Wollen Sie Mitarbeiter motivieren?
- Formulieren Sie auch für diesen Bereich Leitlinien zum Thema Sponsoring. Was passt zu Ihrem Unternehmen und ist glaubwürdig?
- Entwickeln Sie ein Sponsoring-Konzept für Ihre Marke und Ihr Unternehmen.

- Ermitteln Sie Ihren konkreten Bedarf. Definieren Sie Ihre kurz-, mittel- und langfristigen Sponsoringziele.
- Formulieren Sie konkret und schriftlich Ihr Vorhaben.
- Projekte auf »Zuruf« sind für alle frustrierend.
- Erstellen Sie für Ihr Unternehmen eine Sponsoring-anforderung (Kundenzielgruppe, Kundeneinzugsgebiet, Unterstützung Ihrer Marke oder Image). Dann sind Entscheidungen für Anfragen leichter zu treffen.
- Wie lange soll das Sponsoring insgesamt dauern? Was ist in Ihrem Fall sinnvoll?
- Kalkulieren und budgetieren Sie die Maßnahme.

Schritt 2: Zuständigkeit festlegen

- Wer ist verantwortlich für das Thema Sponsoring in Ihrem Hause? Wer koordiniert und erhält Anfragen oder wer ist Projektleiter für die Marketingstrategien?
- Wer sucht nach geeigneten Sponsorships?
- Wer nimmt Kontakt zu den Gesponserten auf und ist Ansprechpartner und verhandelt über die Gestaltung und Ausarbeitung des Sponsorings?
- Erstellen Sie ein Konzept, in dem Einzelpositionen, Zuständigkeiten und Zeitrahmen festgelegt werden.
- Vereinbaren Sie regelmäßige Treffen.
- Halten Sie Ergebnisse schriftlich fest.
- Wer muss bis wann informiert werden?

Schritt 3: Die Wahl des Sponsoringpartners

- Grundsätzlich gilt: Erst festlegen, welches Ziel erreicht werden soll und danach die Partner auswählen, die mit den Anforderung Ihres Unternehmens übereinstimmen.
- Der erste Schritt ist die Marktanalyse: Welcher Verein vor Ort/in der Region ist für unser Vorhaben das richtige?
- Welche Vereine im lokalen oder regionalen Umfeld stehen bereits mit Ihnen in Kontakt oder sind Kunden?

- Sind Mitarbeiter Ihres Unternehmens in bestimmten Vereinen aktiv?
- Welche Vereine im lokalen und regionalen Umfeld könnten auch Ihre Produkte oder Dienstleistungen in Anspruch nehmen?
- Mit welchen Vereinen haben Ihre Kunden zu tun?
- Handeln Sie die Gestaltung des Sponsorships inklusive des Preis-Leistungs-Verhältnisses aus.
- Ein Tipp: Behalten Sie die lokale Presse im Auge. Welche Vereine haben ein besonders gutes Image? Welche Vereine haben eine gute Presse- und Öffentlichkeitsarbeit?

Schritt 4: Tun!

- Gehen Sie mit Plan und gezielt vor: Welches Angebot des Vereins könnte für Ihr Marketing ein Gewinn sein?
- Prüfen Sie vorhandene Sponsoringengagements auf Marketinggewinn und stellen Sie sie gegebenenfalls um.
- Beziehen Sie Ihre Mitarbeiter mit ein.
- Holen Sie Informationen zum Verein ein, wie zum Beispiel, ob er bereits Kunde von Ihnen ist oder es werden könnte, ob Mitarbeiter Mitglied im Verein sind, ob er einen guten Ruf hat, zum Anforderungsprofil passt …
- Greifen Sie dann zum Telefonhörer und vereinbaren am besten ein persönliches Gespräch vor Ort.
- Erarbeiten Sie eine schriftliche Vereinbarung des Sponsorships, die die Leistung des Vereins und die Leistung des Unternehmens festlegt.
- Bieten Sie dem Verein Marketingmöglichkeiten an und sprechen Sie die Pressearbeit ab.
- Lassen Sie sich im Verein einen festen Ansprechpartner nennen, der für Ihre Fragen und Absprachen zuständig ist. So ersparen Sie sich lästiges und zeitintensives Durchfragen.
- Behalten Sie die Vermarktung des Sponsorings aktiv in der Hand. Mitglieder sind ehrenamtlich tätig, wenn Sie also Sonderleistungen haben möchten, dann fragen Sie und machen Sie gegebenenfalls Ihre Fotos selbst, anstatt auf die Lieferung vom Verein zu warten. Vereinbaren Sie bei Sach-

leistungen (wie Trikots und Bälle) eine persönliche Übergabe. Fragen Sie Ihren Verein, wie man die Übergabe arrangieren kann.

- Kontrollieren Sie den Werbeerfolg und die Umsetzung der werblichen Vereinbarungen.
- Entwickeln Sie Verbesserungsvorschläge für zukünftige Engagements.

Schritt 5: Öffentlichkeitsarbeit

Viele kleine Unternehmen geben an, dass sie Nachholbedarf bei der Gestaltung ihrer Öffentlichkeitsarbeit haben.

- Prüfen Sie: Wie bekannt ist Ihr Unternehmen, welchen Ruf hat Ihr Unternehmen?
- Legen Sie Strategien fest, wie Sie in der Unternehmenskommunikation nach innen und außen darüber kommunizieren.
- An welchen Initiativen oder Wettbewerben können Sie mit dem Projekt teilnehmen?
- Machen Sie Pressarbeit: Medien kontaktieren, über Projekte informieren, gegebenenfalls zur einzelnen Veranstaltung einladen.
- Bestimmen Sie einen Ansprechpartner für die Presse in Ihrem Hause und nennen Sie diesen auch auf der Homepage mit Kontaktdaten.

11.8 Netzwerke bilden: der Nutzen von Empfehlungen

Viele Unternehmensberater raten Gründern, sich mindestens in einem Verein anzumelden.

Ich rate Unternehmern, mindestens einen Verein zu sponsern. Die beste Werbung, die Sie als Unternehmen erhalten können, ist die Mundpropaganda und diese funktioniert in einem Verein hervorragend.

Wenn Sie einem Vereinsmitglied das Auto repariert haben und sich vielleicht noch eine Marketingmaßnahme einfallen lassen haben – zum Beispiel eine Flasche Sekt, die Sie dem Vereinsmitglied auf den Beifahrersitz gelegt haben mit einer Notiz, dass man ihm als Fußballer des Vereins … einen angenehmen Abend wünscht –, dann seien Sie sicher, wird dies im Verein weitererzählt.

Lassen Sie sich auf Weihnachtsfeiern, beim Tag der offenen Tür des Vereins oder ähnlichen Veranstaltungen als Sponsor sehen. Fragen Sie, ob Sie Flyer auslegen dürfen, oder nehmen Sie Visitenkarten mit.

Bieten Sie für die Mitglicder »Ihres« gesponserten Vereins einen besonderen Service. Das muss gar nicht viel kosten. Legen Sie der Rechnung einen netten Zettel mit einem »Herzlichen Dank« und eine kleine Pralinenschachtel bei – eine solche Geste freut die Menschen und »versüßt« die Bezahlung.

Wichtig zu wissen ist, dass vier von zehn Deutschen angeben, sie würden beim Einkaufen ein Geschäft bevorzugen, das als regionaler Sponsor bekannt ist. Bei den Befragten, die sich für Sport interessieren, nannte gar jeder Zweite diese Einstellung (Untersuchung veröffentlicht von Sport + Markt 2000).

Welche Ideen haben Sie, um Netzwerke zu bilden oder zu nutzen?

Folgende Vereine werde ich persönlich besuchen:

_____

_____

_____

_____

_____

_____

Meine Ideen für Vereine für besondere Angebote oder Marketingmaßnahmen:

_____

_____

_____

_____

_____

_____

11.9 Kontrollieren Sie regelmäßig Ihren Erfolg

Wie können Sie den Erfolg Ihrer Marketingmaßnahmen mit Sponsoring messen? Wie können Sie feststellen und protokollieren, welche Maßnahme genau wie viele Kunden, Umsätze oder Aufträge gebracht hat? Wie haben Sie dies bisher gemacht oder wie messen Sie den Erfolg Ihrer Werbemaßnahmen?

Viele Unternehmer sind überzeugt, die Erfolge intuitiv erfassen zu können, im hektischen Alltag geht eine aufwendige Erfolgsmessung eben unter. Und wenn wir ganz ehrlich sind, wissen wir dann doch nicht genau, wie viel uns der neue Flyer an Gewinn gebracht hat.

Was sagt denn die Wissenschaft zur Wirkung von Sponsoring? Es gibt zwar einschlägige Instrumentarien der empirischen Marktforschung, doch diese beziehen sich vorwiegend auf große Unternehmen, die Sponsoring mit hoher Medienberichterstattung durchführen. Als Indikator nennen Sie den Tausender-Kontakt-Preis (TKP). Dieser Preis gibt an, wie viele Kommunizierende für 1000 Kontakte in einem Medium bezahlen müssen (Schneider/Henning: *Kennzahlen in Marketing und Vertrieb,* Landsberg am Lech 2001). Da wir dies in lokalen Projekten und bei Amateurvereinen mit vielleicht 100 Zuschauern beim Spiel gegen den Nachbarort und ohne Fernsehübertragung nicht berechnen können, ist diese Methode für KMUs nicht sehr nützlich.

Die Wissenschaft ist bemüht, die Wirkung von Sponsoring darzulegen und die Lücken der Erkenntnis zu schließen. Da Sponsoring jedoch auch im Unterbewusstsein wirkt und auf verschiedenen Kanälen unserer Wahrnehmung, gibt es verschiedene Modelle aus der verhaltenswissenschaftlichen Erkenntnis:

Nufer (2002) hat die Wirkung von Sportsponsoring mit einer empirischen Studie am Beispiel der Fußball-Weltmeisterschaft 1998 in Frankreich analysiert. Dabei wurde insbesondere die Erinnerungswirkung bei jugendlichen Zuschauern untersucht (Hermanns/Marwitz, *Sponsoring*). Die Entwicklung des S-O-R-Modells (Stimulus-Organismus-Reaktions-Modell), soll helfen, die Wirkungszusammenhänge festzustellen, die durch einen Reiz ausgelöst werden und sich in einer sichtbaren Verhaltensreaktion zeigen.

Die Erklärung der Wissenschaft zur Steigerung der Bekanntheit des Sponsors ist zum einen, dass die Sponsoring-Botschaft mit geringer Aufmerksamkeit vom Zuschauer mit nur wenigen, leicht verständlichen Informationen aufgenommen wird. Bei Wiederholung der Werbebotschaft reicht dies jedoch, damit sich der Zuschauer den Namen des Produktes merkt. Die Experten sind überzeugt, dass dieses neue Wissen später das Kaufverhalten beeinflusst, wenn der Konsument beim Einkauf das gesponserte Produkt wiedererkennt und dies dem Wettbewerb vorzieht. Warum ist das so? Durch die nur mit schwacher Aufmerksamkeit wahrgenommene Werbebotschaft in einem emotionalen Umfeld, zum Beispiel beim Ansehen eines spannenden Fußballspiels, werden emotionale Prozesse in Gang gesetzt und bewirken eine Einstellungsbildung, also eine klassische Konditionierung. Auf einen neutralen Reiz (beispielsweise den Begriff »Red Bull«) wird in einer bestimmten Weise reagiert und dieser mit sportlichen Inhalten verknüpft wie Aktion, Sportlichkeit, Schnelligkeit, Dynamik. Die Wissenschaftler gehen davon aus, dass sich verschiedene Wirkungsketten miteinander verbinden. Daher ist auch deutlich, dass es keine allgemeingültige Formel für die Wirkung eines Sponsorings gibt.

Das erschlägt einen doch förmlich, oder? Als Unternehmer eines kleinen oder mittelständischen Unternehmens haben wir keine Zeit für die Forschung, sondern wollen schnelle und einfach umsetzbare Wirkungskontrolle mit der Frage: Hat sich unsere Geldausgabe gelohnt? Haben wir unsere Ziele erreicht?

Daher habe ich Ihnen keine wissenschaftliche Ausarbeitung vorbereitet, sondern eine Checkliste, die Sie in der Praxis umsetzen können einfach, effizient und schnell durchführbar.

Um beim Sponsoring Ihren Marketinggewinn voll auszuschöpfen, ist es wichtig, eine Erfolgskontrolle in Bezug auf alle Werbeformen durchzuführen, die der Verein umsetzt und die Sie in Verbindung mit dem Sponsoring machen. Sagt Ihnen der Verein zum Beispiel zu, Sie in einem bestimmten Monat im Vereinsheft zu veröffentlichen und auf der Homepage bereits einen Monat früher als Sponsor zu präsentieren, dann sollte der Verantwortliche für Sponsoring in Ihrem Hause einen Überblick über die Werbemaßnahmen haben und gegebenenfalls beim Verein nochmals nachfragen, falls dies nicht termingerecht ausgeführt wurde.

Checkliste für die Umsetzungskontrolle der Sponsoringleistung Ihres Vereins

Vereinbarte Werbemaßnahmen mit dem Verein	Zeitpunkt der Umsetzung	erledigt
Veröffentlichung in der Vereinszeitschrift	einmalig Juni 20XX	
Veröffentlichung auf der Homepage des Vereins	ein Jahr ab März 20XX	

Ebenso ist es wichtig, dass Sie Ihre geplanten Maßnahmen mit dem Sponsoringengagement in Ihrem Unternehmen wie im folgenden Beispiel schriftlich festlegen.

- Im Juli macht der Mitarbeiter Herr Muster im Verein vor Ort ein Foto der neuen Trikots.
- Im August schreibt Frau Muster einen Presseartikel und veröffentlicht ihn auf folgenden Portalen oder Medien.
- Im September findet das Sommerfest des Vereins statt, dort spielen die Mitarbeiter Ihres Unternehmens gegen die Mitarbeiter des Vereins.
- Frau Muster sendet im August die Einladungsschreiben an Ihre Kunden.

Checkliste für die Umsetzungskontrolle in Ihrem Unternehmen

Marketingmaßnahmen mit dem Verein	verantwortlicher Mitarbeiter	erledigt bis

Checkliste für die Erreichung Ihrer Ziele
mit dem Sponsoringengagement

Ihre Ziele	Preis/Leistung	erreicht

Checkliste Verbesserungspotenzial

Gerade beim Sponsoring ist es sehr wichtig, schnell zu lernen, welche Maßnahmen Erfolg und Umsatz bringen oder nur Geld kosten. Nur so können Sie entscheiden, welche Projekte Sie wieder wählen und von welchen Sie zukünftig die Finger lassen.

Verbesserungsvorschläge für Unternehmen und für den Verein:

_____

_____

_____

_____

_____

_____

Die Sponsoring-Strategie – über kurz oder lang

Sponsoring wirkt in der Regel nicht nach einer einmaligen Aktion. Unterscheiden Sie daher Ihre Ziele in kurzfristige Ziele (ein bis drei Jahre), beispielsweise 15 Prozent mehr Umsatz in zwei Jahren und längerfristige Ziele (vier bis fünf Jahre), zum Beispiel Marktführerschaft im Bereich Dichtungen in fünf Jahren.

11.10 Seien Sie ›kmu‹: kreativ – mutig – unverwechselbar

Vereine benötigen finanzielle Mittel. Die Mitgliedsbeiträge und Zuschüsse von Bund und Ländern reichen oft nicht aus, um den Verein zu finanzieren. Daher sind die meisten Vereine auf der Suche nach Sponsoren. Wenn Sie gute Ideen haben, bieten Sie diese den Vereinen an. Warten Sie nicht, dass die Vereine mit einer Idee auf Sie zukommen. Werden Sie aktiv!

Natürlich sollte der von Ihnen gesponserte Verein von Ihrer Idee ebenso profitieren. Und denken Sie daran, dass in Vereinen ehrenamtliche Mitarbeiter tätig sind, die oft keine Marketingprofis sind und wenig Zeit haben.

Seien Sie kreativ und haben Sie Mut, zu richtigem, sinnvollem und frechem Marketing. Hier ein paar überzeugende und bewährte Ideen:

- Machen Sie einen Bericht über Ihre Motivation für Ihr Sponsoring und setzen Sie dies mit Foto auf Ihre Homepage.
- Fragen Sie beim Verein nach, ob er auf seiner Presseseite ein Foto von der Übergabe Ihrer Sponsorenleistung veröffentlicht. Die meisten Vereine haben in der örtlichen Presse einen festen Platz. So sind Sie mit Foto und einem positiven Image in der örtlichen Presse.
- Sie haben einen Tag der offenen Tür, dann laden Sie Ihren Verein ein (eignet sich auch gut für ein Pressefoto). So locken Sie neben Ihren Stammkunden auch potenzielle Neukunden an.
- Nehmen Sie lokale Ereignisse zum Anlass für spezielle Spenden- oder Aktionstage. Bieten Sie doch einmal einen »50-Jahre-TSV-Rabatt« an oder backen Sie Fußballbrot.
- Veranstalten Sie einen Event und kündigen Sie das in den Medien an. Organisieren Sie beispielsweise ein Tischtennis- oder Fußballturnier – Ihr gesponserter Verein gegen Ihre Mitarbeiter. Hierzu können Sie auch andere Unternehmen oder Kunden einladen.
- Haben Sie einen bekannten, erfolgreichen Sportler, den Sie unterstützen, dann laden Sie diesen zu Ihrem Firmenjubiläum ein und lassen Sie Mitarbeitern, Kunden und anderen Interessierten Autogramme geben oder richten Sie ein Freundschaftsspiel aus.
- Besuchen Sie auch mal in Ihrer Freizeit eine regionale Veranstaltung, zum Beispiel das Springreitturnier. Auch auf dem Feuerwehrfest kommen Sie mit potenziellen Kunden ins Gespräch und präsentieren sich als »einer von uns«.

- Tun Sie Gutes und trauen Sie sich, darüber zu sprechen.

Die Erfahrung zeigt, dass Unternehmen, selbst wenn Sie exzellente Leistungen erbringen, dann erst richtig erfolgreich sind, wenn sie gelernt haben, sich selbst zu vermarkten. Immer wieder lassen sich Unternehmer beraten, die zwar ein gutes Produkt anbieten, aber darüber klagen, dass sie nicht genügend Aufträge erhalten. Zeigen Sie auf, wo der Nutzen Ihrer Unternehmensleistung für potenzielle Kunden liegt. Machen Sie Werbung für sich, bringen Sie sich ins Gespräch, machen Sie positiv auf sich aufmerksam. Dies ist vor allem für Neugründer oder Kleinunternehmer ungewohnt, doch die Welt sucht nicht nach Ihnen, Sie müssen sich als Experte schon zeigen. Und eine effektive und kostenbewusste Möglichkeit das zu tun, ist das Sponsoring.

Meine Ideen um »kmu« zu sein – kreativ, mutig und unverwechselbar in der Unternehmenskommunikation nach innen und außen:

_____

_____

_____

_____

_____

_____

Wie kann ich mein vorhandenes Sponsoring besser nutzen?

_____

_____

_____

_____

_____

_____

Welches neue Projekt fällt mir ein?

_____

_____

_____

_____

_____

_____

Was kann ich im Unternehmen einführen, um »kmu« zu sein?

_____

_____

_____

_____

_____

11.11 Richtig ist es, wenn es Freude macht: Werden Sie Social Entrepreneur

Was macht mehr Freude als der eigene Unternehmenserfolg?
Was macht mehr Freude, als anderen Menschen Freude zu bereiten?
Was macht mehr Freude, als beides miteinander zu vereinen?

Das ist kluges Sponsoring nach den KMU-Grundregeln. Und es führt dazu, Ihr Image und Ihre Bekanntheit zu erhöhen, Kundenbindung zu erlangen, neue Aufträge zu erhalten und zu einem großen Glücksgefühl.

Ein Social Entrepreneur ist laut Wikipedia ein Unternehmer,

• der eine gesellschaftliche Aufgabe zu bewältigen sucht;
• der keine finanzielle Gewinnerzielung anstrebt, sondern mit der Aufgabenerfüllung gesellschaftlichen Erfolg anstrebt;
• der für die Erfüllung der selbst gestellten Aufgabe eine geeignete Organisation einbezieht, welche eine nachhaltige Entwicklung für die Gesellschaft anstrebt;

- der die nötigen finanziellen und materiellen Ressourcen akquirieren kann.

Vielleicht betreiben Sie selbst schon eine Form des Social Entrepreneurship, ohne dass Sie es diesem Begriff zugeordnet hätten. Es lohnt sich jedoch, sich bewusst damit zu beschäftigen, um den Unternehmen eine gezielte Richtung in die Zukunft zu geben.

Nicht jeder Mensch oder jedes Unternehmen ist in gleicher Weise geeignet für ein Social Entrepreneurship. In diesem Kapitel können Sie prüfen, ob dies für Sie infrage kommt.

So sieht es in der Praxis aus

»Hinter den meisten gesellschaftlichen Innovationen stehen außergewöhnliche Frauen und Männer, die ein Problem sehen, eine neue Lösung finden und sie selbst umsetzen – statt die Lösung von anderen zu fordern. So wie einst Maria Montessori die Pädagogik veränderte, Florence Nightingale die Krankenpflege revolutionierte oder Muhammad Yunus den Mikrofinanzsektor begründete«, heißt es auf der Website von Ashoka Deutschland.

Als sozialer Investor mit philanthropischem Risikokapital sucht und fördert Ashoka seit 1980 in fast 70 Ländern Social Entrepreneurs. Sie bekommen finanzielle Unterstützung, Beratung und Anschluss an Netzwerke, damit sie ihre Innovation verbreiten können. So werden zum Beispiel einige Projekte zur Wiedereingliederung gewalttätiger Jugendlicher durchgeführt, andere, um Migranten in Schulen zu stärken, wieder andere, um Bürger zu CO_2-Sparern zu machen oder Journalisten zu Friedensberichterstattern und so weiter (Quelle: www. germany.ashoka.org).

Doch Ashoka ist nicht die einzige Institution, die sich der Förderung von Social Entrepreneurs verschrieben hat. Als weitere Beispiele seien die Schwab Foundation for Social Entrepreneurship, die Avina Stiftung und Echoing Green genannt.

Um einzuschätzen, ob Sie zum Social Entrepreneur werden, kommt es darauf an, welche Grundhaltung Sie haben. Kann dieses Thema ein Wettbewerbsvorteil und Alleinstellungsmerkmal für Ihr Unternehmen sein? Haben Sie Interesse, sich fördern zu lassen

und Projekte unter dem Aspekt des Social Entrepreneurs anzugehen? Die Einsatzbereiche von Social Entrepreneurs sind vielfältig.

Positionieren Sie sich mit verbindlichen und glaubwürdigen Werten als ›Local Hero‹

Als lokales Unternehmen, das im regionalen Ortsgeschehen eingebunden ist, die Wirtschaft vor Ort fördert und Arbeitsplätze si-
chert, machen Sie nicht nur bei Kunden einen bleibenden Eindruck, sondern präsentieren sich auch als attraktiver Arbeitgeber
für neue Fachkräfte in Ihrer Region.

In diesem Zusammenhang ist regionales Sponsoring eine gute
Investition – vorausgesetzt, das gesponserte Projekt hat einen Bezug zu Ihrem Produkt. Denn nur so erreichen Sie Ihre Zielgruppe.

12
Erfahrungsberichte

In der Bandbreite »gewöhnlicher« Werbemaßnahmen ist Sponsoring für kleine und mittelständische Unternehmen meist nicht vorgesehen. Fortbildungen gibt es in den Bereichen Internetpräsenz, B2B-Kontakte, Telefonverkauf, Servicequalität – doch eine Marketingstrategie gezielt mit Sponsoring einzusetzen, scheint (bisher) das Terrain von großen Unternehmen zu sein. Und dieses Tabu gilt es jetzt zu brechen. Denn diese Marketingform ist gerade für kleine Unternehmen ideal geeignet.

Was haben denn Unternehmen konkret davon, Sponsoring in Ihr Marketing einzusetzen? Welche Voraussetzungen haben Sie? Welche Erwartungen hatten Sie – und welche Ergebnisse haben Sie erzielt?

Diese Erfahrungsberichte schildern Erfahrungen und Erfolge. Sie geben Beispiele, an denen Sie sich orientieren können. Sie regen zur Ideenfindung an, zeigen aber auch ehrlich Grenzen auf.

Profitieren Sie von den Beispielen dieser Unternehmen. Ich wünsche Ihnen viele Anregungen, die Sie in bares Geld und in Freude für Ihr Unternehmen verwandeln können.

Ich bedanke mich hier nochmals ganz herzlich für die Zusammenarbeit mit den Unternehmen.

Beispiel 1: Erfolgreich trotz Krise

Zur Situation

»Ob wir bekannt sind? Klar, unsere Kunden kennen uns«, sagt der Unternehmer. »Ja und darüber hinaus? Wie ist Ihr Ruf? Kennen Sie die Firmen im Umkreis und kennen Sie potenzielle Kun-

Sponsoring. Katja Hofmann
Copyright © 2010 WILEY-VCH Verlag GmbH & Co. KGaA, Weinheim
ISBN: 978-3-527-50507-4

den in ganz Deutschland?«, fragte ich zurück, um zu erkennen, wo wir ansetzen konnten, damit die Druckerei die dringend benötigten neuen Kunden fand.

Der Firmeninhaber, ein dynamischer Unternehmer Ende 30, hatte vor zehn Jahren die erfolgreiche Druckerei mit einem hervorragenden und treuen Kundenstamm übernommen. In dem Betrieb hatte er seine Karriere als Druckermeister begonnen. Als dann der Unternehmerwechsel anstand, hatte er die Chance genutzt, sein Ziel zu verwirklichen und selbst zum Chef zu werden. Jahrelang sorgten die vielen Aufträge von großen Unternehmen dafür, dass die 15 Mitarbeiter Überstunden leisteten, damit das Auftragsvolumen überhaupt bewältigt wurde. Über zusätzliche Kundengewinnung mussten sie sich bisher keine Sorgen machen.

Dann kam die Wende: Durch die Veränderung am Markt 2009 und den zunehmenden Preisdruck mit vielen Onlinedruckereien aus Niedriglohnländern wurden bestehende Kunden zu Schnäppchenjägern und wollten mit dem günstigsten Lieferanten als Einkäufer punkten. Das Unternehmen verlor ein Drittel seiner Kunden. Doch die Lohn- und Maschinenkosten waren gleichbleibend hoch.

Der Unternehmer hatte mich empfohlen bekommen und wollte ganz dringend für die nächste Woche einen Besprechungstermin, denn er musste sofort handeln. So trafen wir uns bei ihm im Unternehmen, um die Strategie für das Unternehmen zu besprechen. Ich wurde sehr freundlich von der Sekretärin empfangen und in eine zweckmäßige, doch gemütliche Besprechungsecke eingeladen. Während ich einen Kaffee bekam, hatte ich Zeit mich umzuschauen. Ein Bild mit einer Landschaft an der Wand und auf dem Tisch ein Block und ein Stift. Ein Bild der Firma konnten sich Besucher in diesem Raum nicht machen. Weder Flyer noch Bilder des Unternehmens waren vorhanden. Ich machte mir die erste Notiz auf meinem Strategieplan für das Unternehmen. Als der Unternehmer kam, war ich beeindruckt von seiner Dynamik und positiven Ausstrahlung.

»Ich brauche dringend mehr Umsatz«, sagte er mir als Erstes im Gespräch. »Die Bank sitzt mir im Nacken und hat mich schon zu einem Gespräch geladen. Der absolut letzte Schritt wäre es, Mitarbeiter zu entlassen. Die sind alle schon seit Jahren hier, zum

Teil mehr als 20 Jahre und ich kenne die Familien.« Bei diesem Satz senkte sich sein Blick, die Schultern fielen nach unten und man sah den Druck und die Verantwortung förmlich, die auf ihm lasteten. »Wie geht es Ihnen denn persönlich mit der Situation?«, fragte ich. »Ich schlafe nachts schlecht«, sagte er leise und dann richtete sich sein Blick auf und seine Augen funkelten, »aber meinen Mitarbeitern scheint das alles egal zu sein. Die machen Fehler, die mich Geld kosten, das wir nicht haben. Jetzt, da weniger zu tun ist, dürfen diese Fehler einfach nicht passieren. Sie haben doch Zeit, ich verstehe das nicht. Ich würde mir wünschen, dass sie auch Verantwortung übernehmen. Alles trage ich allein.« Er drehte den Kugelschreiber in seiner Hand und rückte den Block auf dem Tisch zurecht. Die Lethargie war verflogen. Er lehnte sich in seinem Stuhl zurück und sah mich mit geradem Rücken herausfordernd an.

Ich spürte die Erwartungshaltung nach dem Motto: So, jetzt mach mal! So funktioniert jedoch keine Zusammenarbeit. Sonst würde ich ja »Zauberfee« heißen, statt »KMU – kreative Marketingunterstützung« und hätte einen Zauberstab statt meines Kopfes dabei.

Die Druckerei hatte wunderbare Jahre hinter sich. »Unsere Kunden sind sehr zufrieden mit der Qualität und der Flexibilität, die wir bieten. Zu unseren Kunden gehören hochklassige Unternehmen, auch andere Druckereien, die als Wiederverkäufer absoluten Kundenschutz erhalten und sehr zufrieden mit uns sind. Auch wenn es mal Reklamationen gibt, lösen wir diese schnell und kundenfreundlich.« Er spricht voller Stolz von der Arbeit der vergangenen Jahre. »Jetzt brauchen wir mehr Umsatz – und das vor allem schnell«, sagt er nachdenklich und schaut mich hoffnungsvoll an. »Unser Geschäft muss mit allen Mitarbeitern weitergehen.« Ich fragte ihn, was er denn bisher an Marketing und Werbung gemacht hat. »Ich hatte eine Telefonistin, die Firmen angerufen hat – das war aber nicht sehr erfolgreich. Dann habe ich es selbst gemacht und damit sehr guten Erfolg gehabt. Klar, ich kenne ja den Markt und mir hat das auch viel Spaß gemacht.« Ich bestärkte ihn und fragte, warum er es nicht mehr weiter macht. Er sagte mir, dass er im Alltag einfach nicht mehr dazu komme. Meine Erfahrung in kleinen und mittelständischen Unternehmen zeigt, dass Unternehmer sich so im Alltagsgeschäft einbringen, dass sie zwar im Unternehmen arbeiten, aber nicht am Unternehmen. Da die Zeit knapp ist, läuft das Marketing oft »nebenher«, eine Strategie, eine Vision und das Ziel fehlt und häufig auch ein Verantwortlicher. Dieser junge Unternehmer schien zu dieser Gruppe zu gehören.

»Ich muss Angebote kalkulieren, Bankgespräche führen und mit dem Steuerberater die Abschlüsse besprechen und im Betrieb Probleme lösen mit der Druckmaschine und der Druckweiterverarbeitung. Bei Fragen kommen die Mitarbeiter zu mir und dann muss ich oft nochmals von vorne anfangen mit der Kalkulation.« Seine Stimme wirkt müde, während er das sagt. »Ich möchte Mitarbeiter, die Verantwortung übernehmen. Ich möchte gerne Bereiche abgeben. Ich möchte wieder aktiv Kundengewinnung betreiben, doch ich habe einfach keine Zeit.«

»Haben Sie Ihren Mitarbeitern das schon gesagt? Und wissen Ihre Mitarbeiter vom Ernst der Unternehmenslage?«, fragte ich, um mehr über die Kommunikationskultur im Unternehmen zu erfahren. »Nein, so direkt nicht. Ich wollte auch keine Ängste schüren.«

»Was empfinden Sie persönlich als Unternehmensinhaber als Stärke Ihres Unternehmens? Was ist Ihre Motivation, täglich hierher zu kommen?« Er schaute irritiert und fragte, ob als Unternehmen hochwertige Druckprodukte herzustellen und den Mitarbeitern und deren Familien ein Einkommen zu geben, nicht genug sei. Dann war er einige Sekunden lang ganz still und schaut mir in die Augen, als er mit klarer Stimme sagte: »Ich will wieder Freude empfinden, wenn ich ins Geschäft komme. Ich will stolz sein auf unsere Leistung und die zufriedenen Kunden. Ich will nicht mehr abhängig sein von der Bank und mich ducken, wenn ich zum Gespräch muss. Ich wünsche mir, dass ich meine Arbeit als sinnvoll empfinde und nicht nur von morgens bis abends das Alltagsgeschäft bewältige.« Wow, denke ich. Dann haben wir jetzt eine Aufgabe – und wir sind im Dialog.

Um die Basis für eine erfolgreiche Unternehmenskommunikation nach innen und außen zu schaffen, müssen wir von »oben« beginnen. Denn wenn der Chef Enthusiasmus ausstrahlt und Ziele verfolgt, dann wird dies Mitarbeiter berühren. Wenn nur die Mitarbeiter motiviert werden sollen und die Führung dazu nicht stimmig ist, verpufft die Wirkung oder erweist sich sogar als kontraproduktiv. Dies geschieht in vielen Seminaren, zu denen der Chef seine Mitarbeiter zwingt, weil diese dringend motiviert werden sollen. Das kann unmöglich funktionieren. Ich frage ihn, ob er das Gefühl, das er sich jetzt wünscht, zu Beginn seines Geschäftes hatte. Er bejahte dies. »Dann ist ja eigentlich alles klar. Sie brauchen nur diesen Zustand wieder einnehmen.«

»Das geht so nicht. Ich fühle mich ausgebrannt. Es ist jeden Tag so viel zu tun. Ich muss Kundengespräche führen, Reklamationen bearbeiten, Rechnungen kontrollieren, Aufträge vorbereiten, Angebote kalkulieren, Verhandlungen führen und wenn jemand Urlaub hat oder krank ist, stehe ich zum Teil selbst an den Maschinen.« Eine Aufgabe reiht sich an die andere. Wenn die eine erledigt ist, sollte die andere schon fertig sein.

Wie soll ein Unternehmer so Spaß empfinden, etwas bewirken, Ziele und Visionen für die Firma entwickeln und eine zielgerichtete Marketingstrategie entwickeln? Ich fragte ihn, wann er zuletzt ernsthaft über Ziele und Visionen nachgedacht hatte. »In den ersten Jahren der Geschäftsübernahme hatte ich Marktführer in unserer Region werden wollen und ich wollte sichere Arbeitsplätze für die Mitarbeiter schaffen. Aber nach und nach hat mich der Alltag immer mehr aufgefressen.«

Ich fragte nach dem Grund, warum er sich nicht um die Unternehmenskommunikation gekümmert hat. Das Unternehmen hatte neue Kundenpotenziale kaum angesprochen, da dies in den Jahren zuvor auch nicht nötig war. Es waren ja schließlich genügend Aufträge da. Somit fehlte im gesamten Unternehmen das Know-how, wie gesundes Marketing durchzuführen ist. Es gab eine veraltete Internetseite und eine Imagebroschüre. Gezielte Öffentlichkeitsarbeit fehlte und das Unternehmen war noch nie in einem Presseartikel erwähnt worden. Seit Jahren spendete man aber regelmäßig an verschiedene Organisationen, setzte dies jedoch nicht als Marketingstrategie ein. Obwohl der Betrieb schon seit über 20 Jahren am Ort war, stellte er fest, dass er im Umfeld kaum bekannt ist – nur im bestehenden Kundenstamm und in Druckerkreisen.

Er hatte das Coaching gebucht, um mithilfe einer sinnvollen Marketingstrategie Wege zu finden, neue Kunden zu gewinnen. Dort setzte ich inhaltlich an. Wie konnte dieses Unternehmen die Bekanntheit und das Image verbessern, damit potenzielle Kunden aufmerksam werden, und wie konnten Mitarbeiter und Chef sich wieder Ziele setzen, die sie motivieren und Freude bringen?

»Was denken Sie, wäre die Lösung für Ihre Probleme?« fragte ich. »Was benötigen Sie, damit es Ihnen wieder richtig gut geht?« Er schmunzelte und meinte: »Mehr Aufträge«, und fügte dann mit skeptischem Blick zu mir hinzu: »Ich weiß allerdings nicht, wie das mit Marketing und Sponsoring funktionieren soll, da wir schnelle Ergebnisse brauchen. Marketing wirkt doch eher langfristig, oder?« Ich fragte naiv: »Bis wann brauchen Sie denn Ergebnisse?« »In drei Monaten will die Bank eine Veränderung sehen. Ich habe jetzt schon Eigenkapital eingeschoben, nur kann ich das nicht endlos machen«. Ich sah ihm direkt in die Augen, dehnte den Moment ein wenig aus: »Dann haben Sie jetzt eine Aufgabe. Nehmen Sie sich Zeit im Alltag. Legen Sie los.« Er starrte mich an und ich fügte hinzu: »Wenn wir den gleichen Weg weiter gehen, werden wir höchstens das Ergebnis erzielen, das Sie jetzt haben. Daher benötigen wir neue Wege. Wir brauchen eine ehrliche und offene Kommunikation mit Ihren Mitarbeitern und wir brauchen die Potenziale und Stärken Ihrer Mitarbeiter.« Er schluckte und nickte langsam. »Wenn Unternehmen nicht stolz sind auf Ihre Leistung und Sie Gutes tun, ohne darüber zu sprechen, dann verschenken Sie Chancen und Geld. Sie müssen lernen, clever zu kommunizieren, sodass der wirtschaftliche Erfolg Ihres Unternehmens wieder gesichert wird. Sie haben ein Recht darauf, dass Ihr Tun Sie glücklich macht, dass Sie Mitarbeitern einen sicheren Arbeitsplatz bieten und selbst gut verdienen, finden Sie nicht?« Er lächelte befreit, zog den Schreibblock zu sich heran und sagte: »Dann legen wir los. Ich bin bereit.«

Das Vorgehen

Zeitmanagement

Als Erstes veränderten wir die Struktur des Arbeitsalltags. Da der Unternehmer seine Hauptschwierigkeit darin sah, im Alltag Luft für die Unternehmensplanung und Kundengewinnung zu schaffen, führten wir eine Organisation ein. So konnten wir sein Gefühl »Ich habe keine Zeit« mit Struktur lösen.

An seiner Bürotür machte ich einen Aushang: *Chef bei der Um-*
satzgewinnung. Von 10.30 bis 12.00 Uhr und 14.30 bis 15.30 Uhr bin
ich nur in Notfällen erreichbar. Davor und danach stehe ich gerne für
eure Anliegen zur Verfügung.

Die Sekretärin erhielt eine Postmappe, in der sie die dringenden
Anliegen, die in dieser störungsfreien Zeit angefallen waren, der
Dringlichkeit nach sortierte. Und stellte auch nur die wirklich dringenden Telefonate durch. Es ist verrückt, wie oft wir meinen, etwas
sofort erledigen zu müssen und dann nach einer Überlegung feststellen, dass vieles auch noch Zeit hat.

Durch diese eingeführte Struktur erhielt die Umsatzgewinnung
die Priorität, die sie so dringend benötigte. Und durch die Disziplin in der Durchführung hielten sich alle daran. Auch die Mitarbeiter reagierten mit Verständnis und konnten sehr gut entscheiden,
was noch eine Stunde warten konnte oder was sofort geklärt werden musste.

Umsatz erhöhen durch sinnvolles Handeln

Wir definierten das Ziel, das der Unternehmer erreichen wollte
und die Kundenzielgruppe. Dabei wurde klar, dass mittelständische
Unternehmen in ganz Deutschland potenzielle Kunden waren und
wir die Marketingaktivitäten räumlich so weit ausdehnen konnten.

In einem weiteren Termin mit den Führungskräften des Unternehmens stellten wir eine Potenzialanalyse des Unternehmens auf:

- Was sind die Stärken des Unternehmens im Vergleich zum
  Wettbewerb?
- Was muss erreicht werden, damit das Unternehmen
  wirtschaftlich erfolgreich ist?
- Was muss erreicht werden, damit das Arbeiten Freude
  macht?

Wir sammelten alle Möglichkeiten und Ideen zu Marketingmaßnahmen, solche, die bereits durchgeführt wurden, und neue:

- Welche Marketingmaßnahmen wurden bereits eingesetzt,
  mit welchem Erfolg?
- Welches Sponsoring oder welche Spenden wurde bereits
  durchgeführt, mit welchem Erfolg? Dazu haben wir mit der

Checkliste »KMU-Sponsoring« geprüft, ob die Ausgabe lohnend war.

- Wie sieht der Budgetrahmen aus?
- Wer ist bisher verantwortlich, wer könnte zukünftig verantwortlich sein?
- Wie könnte Öffentlichkeitsarbeit aussehen?
- Wie findet externe Unternehmenskommunikation statt?
- Wie findet unternehmensinterne Kommunikation statt?

Wir begannen mit dem letzten Punkt. Eine Mitarbeiterversammlung, in der wir offen über die Situation redeten und Lösungsansätze präsentierten, um die Lage zu ändern und um Mithilfe zu bitten. Wir hängten im Pausenraum große Flipchart-Papiere aus, auf denen die Mitarbeiter Ideen zu Kundengewinnung, Kosteneinsparung und Umsatzerhöhung eintragen konnten. Als ich nach einer Woche wieder in das Unternehmen kam und erwartungsvoll zu den Papieren im Pausenraum steuerte, blieb ich wie angewurzelt davor stehen: gähnende Leere. Nicht eine Idee.

Sollte der Unternehmer doch Recht mit der Behauptung haben, dass seine Mitarbeiter keine Verantwortung übernehmen wollen? Das hatte ich noch nie erlebt und ich fragte mich, was hier schiefgelaufen war. Als ich mich gerade wieder auf den Rückweg machen wollte, kam eine Mitarbeiterin auf mich zu, die in der Druckweiterverarbeitung tätig war, hielt einen Zettel in der Hand und sagte zögerlich: »Ich habe mir Gedanken gemacht, ich kenne mich ja auch in der Geschäftsführung nicht aus, doch ich habe jetzt einfach mal überlegt, was wir machen können. Ich will ja auch, dass die Firma gerettet wird, es ist doch fast meine Familie. Ich komme schon seit acht Jahren her. Ich will hier weiterarbeiten. Hier habe ich einige Ideen aufgeschrieben. Ich hoffe, da ist etwas Sinnvolles dabei.«

Etwas Sinnvolles? Sie hatte geniale Vorschläge, die dem Unternehmen bares Geld brachten. Nach und nach kamen weitere Mitarbeiter mit Ideen und Vorschlägen. Wir wurden von tollen Ideen nur so überrollt. Als ich die Mitarbeiter fragte, warum sie dies nicht eingetragen hätten, antworteten sie: »Wir wollen nicht auffallen, nachher ist unsere Idee nicht gut.« Und ich erkannte, dass es Menschen gibt, die nicht gerne auf große Flipchart-Papiere schreiben, weil dies für sie ungewohnt ist und sie sich unsicher fühlen.

Jetzt war ich gespannt, wie der Unternehmer auf die Ergebnisse reagieren würde. Die letzte halbe Stunde nutzte ich, um die Ideen auf einer Umsetzungsliste zu erstellen. Was wird er umsetzen? Wie wird er auf die Vorschläge reagieren?

Wir trafen uns in seinem Büro und er sah mich neugierig an, als ich den Stapel Blätter auf seinem Tisch ausbreitete. Nachdem er einen Blick darauf geworfen hatte, sah er mich völlig verdutzt an und sagte: »Das ist genial. Sind das Ihre Ideen oder haben das meine Mitarbeiter aufgeschrieben? Warum bin ich nicht selbst darauf gekommen?« Ich lächelte und sagte: »Das ist Ihr Unternehmenspotenzial und Ihre große Stärke im Unternehmen, auf das Sie jetzt zurückgreifen können. Sie haben es geschafft, wunderbare Mitarbeiter zu beschäftigen, die hinter Ihnen stehen und bereit sind, mit anzupacken. Das ist Ihr Verdienst.« Ich wendete meinen Blick ab und hängte die Flipchart-Papiere an den Wänden auf. Er griff in seine Hosentasche und zog ein Taschentuch heraus. Eine Träne rollte ihm langsam die Wange hinunter. Ich tat so, als hätte ich es nicht gesehen, doch auch ich war sehr berührt und dankbar.

In der verbleibenden Beratungszeit arbeiteten wir an der Umsetzung der besten Ideen. Einen Auszug über sieben umgesetzte Strategien habe ich Ihnen hier aufgelistet:

1. Die Rest-Papierrollen werden nicht mehr kostenpflichtig entsorgt, sondern den Kindergärten im Ort als Malpapier gebracht.

   Der Nutzen: Die Kinder haben als Dankeschön ein Bild für das Unternehmen gemalt und seitdem ziert ein Foto und das Kunstwerk den Besucherraum. In der örtlichen Presse erschien ein Artikel über die Aktion. Der Mitarbeiter, der die Rollen ausgefahren hat, bekam die Freude der Kindergärten zu spüren und teilte dies den Kollegen im Unternehmen mit. Außerdem: Von der Gemeinde wurde dem Unternehmen eine Spendenquittung über 120 Kilogramm Papier ausgestellt.

   Kosten: Keine. Im Gegenteil: Die Entsorgungskosten wurden eingespart.

2. Mitarbeiter, die in Vereinen tätig sind, ließen Werbung des Unternehmens auf ihre Kleidung drucken.

Der Nutzen: Der Billardverein, der sehr erfolgreich Turniere in ganz Deutschland bestreitet, nutzt nun Poloshirts mit dem Logo der Druckerei – und gewinnt seitdem kräftig.

Ein Mitarbeiter, der im Faschingsverein in ganz Deutschland herumreist und dabei mit anderen Faschingsvereinen Visitenkarten tauscht, hat auf der Rückseite seiner Karten Werbung des Unternehmens aufgebracht.

Außerdem steigt die Motivation der Mitarbeiter, weil sie für ihren Verein kostenfreie Materialien erhalten haben.

Kosten: Für die Visitenkarten, ein Eigenprodukt der Druckerei, fallen ein paar Euro Papierkosten an. Dazu kommt der Kauf der T-Shirts für den Billardverein im Wert von ungefähr 100 Euro.

3. Die Druckerei ließ für Faschingsvereine Konfetti regnen. Das wurde der Aufhänger eines Presseartikels, in dem über das Sponsoring berichtet wurde.

Der Nutzen: Der Presseartikel und die Veröffentlichung als Sponsor auf der Homepage des Faschingsvereins. Der Presseartikel sorgte für Imagegewinn und die Erhöhung des Bekanntheitsgrades.

Kosten: Keine. Das Konfetti ist ein Abfallprodukt aus dem Druck aus der Lochung bei Formularen.

4. Die Weihnachtskarten wurden selbst gedruckt und ein soziales Projekt unterstützt. Die Mitarbeiter suchten sich für dieses Jahr einen großen Behindertensportverein aus, der statt Weihnachtsgeschenken eine Geldspende für Mutter-Kind-Sport erhielt. Somit wird den Kleinsten schon der Umgang mit dem Rollstuhl spielerisch erleichtert.

Der Nutzen: Die Einsparung durch den Kauf der Weihnachtskarten bei Verlagen wurde für das Wahl-Projekt eingesetzt. Auf den Weihnachtskarten wurde das Projekt mit Foto vorgestellt und auf der eigenen Homepage veröffentlicht. Daneben wurden die Mitarbeiter mit einbezogen, indem sie das Projekt mit aussuchten.

Kosten: Keine Mehrkosten.

5. Der Unternehmer telefonierte kontinuierlich zwei Stunden am Tag mit alten Bestandskunden. Die Mitarbeiter wussten, dass sie zu festen Uhrzeiten nicht stören durften, da ihr Chef

mit der Umsatzgewinnung beschäftigt war. Im Büro wurde eine Mappe angelegt, in der dringende Anliegen der Reihe nach für ihn geordnet wurden. Mit diesem System und etwas Disziplin schaffte er es, den Alltag in den Griff zu bekommen und innerhalb von drei Monaten zwölf neue Kunden zu gewinnen.

6. Das Unternehmen bekam beim LEA-Mittelstandspreis 2009 vom Wirtschaftsministerium Baden-Württemberg und von der Caritas den Titel »sozial engagiert« verliehen. Diese Urkunde ist ein besonderer Stolz des Unternehmens: Sie hängt im Besucherraum und ziert bei E-Mail-Kontakten die Signatur des Unternehmens.

7. Im *handwerk magazin* erschien eine zwei Doppelseiten umfassende Reportage mit dem Thema »Im Team die Krise meistern« mit Foto der Mitarbeiter. Der Journalist führte ein Interview über unsere Arbeit und die erzielten Ergebnisse.
Er schrieb: »An Krisen ist nicht nur der Markt schuld, sondern auch die mangelnde interne und externe Kommunikation. Die Tatsache, dass das Unternehmen bislang ohne systematisches Marketing auskam, zeigte beispielhaft die noch ungenutzten Potenziale. Die Umstrukturierungsexpertin Katja Hofmann nutzte die Möglichkeiten der Ideen jedes Einzelnen. Alle packten begeistert an.«

Als wir uns nach fünf Monaten zu einem Feedbackgespräch trafen, saß ich einem gut gelaunten Chef gegenüber und als ich ihn fragte, wie es ihm ging, freute ich mich aus ganzem Herzen über die Antwort: »Alle, auch ich selbst, haben Spaß an der Arbeit. Wenn ich heute mein Unternehmen betrete, sind da dieselben Mitarbeiter und Alltagsaufgaben wie vor fünf Monaten, aber die Firma ist eine andere.« Der Steuerberater und die Hausbank waren über die Wende völlig begeistert und erstaunt, da sie auch die Entwicklung der anderen Druckereien aus dem Umkreis sehen, die in die entgegengesetzte Richtung läuft. Er nahm das Lob der Bank gerne entgegen. Wie sehr das Sponsoring und die Unternehmenskommunikation sein Unternehmen veränderten, verblüffte den Unternehmer selbst am meisten. Er zwinkerte mir zu und sagte: »Ich habe ja nicht wirklich geglaubt, dass das mit dem Marketing was bringt, doch ich hatte gar keine andere Chance mehr, als etwas Neues auszuprobieren. Und so habe ich mich einfach entschieden, Ihnen zu vertrauen.«

Die Arbeitsweise

Potenziale und vorhandene Abläufe des Unternehmens wurden mit ein paar Kniffen so verändert, dass sie effektiv für gezielte Marketingkampagnen des Unternehmens eingesetzt wurden. Es wurden kostenbewusste Maßnahmen zur Kundenbindung festgelegt.

Durch Sponsoring im direkten Umfeld, mit Presseberichten in der örtlichen Zeitung schaffte sich der Unternehmer größere Bekanntheit. Durch gezielte Öffentlichkeitsarbeit machte er auf sich aufmerksam. Die Entwicklung einer innovativen und hoch wirksamen Strategie wurden an die Bedürfnisse der Branche und speziell an das Unternehmen angepasst. Diese Strategie beinhaltete, nicht als Billigpreisdruckerei zu arbeiten, sondern Qualität und Service in der Beratung und Leistung zu bieten – und gute Aufträge zu erhalten. Darüber hinaus schaffte man es, auch überregional die Bekanntheit zu erhöhen und einen Imagetransfer zu schaffen.

Der besondere Nutzen lag für den Unternehmer in der Erarbeitung eines Marketingkonzepts, das er alleine weiterführen kann.

Beispiel 2: Der Traum des Neugründers von beruflichem Erfolg droht zu zerplatzen

Zur Situation

Der Neugründer hatte eine vorbildliche Laufbahn: Abitur, Studium und dann eine hoch dotierte Managerposition in einem großen deutschen Unternehmen. Eigentlich hätte alles so bilderbuchmäßig weitergehen können. Doch das Leben rüttelte an seiner Tür. Erst kam die private Krise und letztendlich die Scheidung und dann folgte die berufliche. Er fühlte sich ausgebrannt, wurde häufig krank und es kam zu immer mehr Differenzen am Arbeitsplatz, bis er sich gezwungen fühlte, seinen Job aufzugeben.

Jetzt ist er wütend. Er funkelt mich mit grünen Augen an. »Ich verstehe nicht, warum es bei mir nie klappt. Ich habe ein gutes Konzept, arbeite wie ein Tier und dann kommt einfach zu wenig Geld rein.« Als er seinen Arbeitsplatz verlor, war er zwar menschlich enttäuscht, doch mit der Abfindung und seinen Qualifikationen war er zuversichtlich, schnell wieder einen neuen Job zu haben. Wie sehr er sich täuschte, stellte er fest, nachdem er erfolglos Hunderte von Bewerbungen geschrieben hatte. Er kam zu der Erkenntnis, dass in dem Lohngefüge und in dem Alter (er war Ende 40) eine Festanstellung in einem gleichwertigen Job nahezu unmöglich für ihn war. Somit traf er die Entscheidung, sein Wissen aus dem betriebswirtschaftlichen Studium und seine Lebenserfahrung in sein eigenes Unternehmen einzubringen und sich selbstständig zu machen. Er hatte es satt, überall auf Ablehnung zu stoßen oder Hilfsjobs zu machen. Er wollte etwas Sinnvolles tun. Ich habe in Beratungen die Erfahrung gemacht, dass es gerade für Menschen über 40 immer wichtiger wird, etwas Sinnvolles zu tun. Sie wollen ihre Lebenszeit nicht vergeuden, sondern einen Beitrag zum Ganzen leisten.

»Dabei kam mir die Idee, ein Servicedienstleistungsunternehmen zu gründen. Ich liefere Menschen Brötchen und kaufe ein, wenn sie krank sind oder nicht mehr gut zu Fuß. Ich mache Housesitting im Urlaub oder wenn jemand ins Krankenhaus oder zur Reha muss und füttere ihre Tiere. Denn gerade, wenn Menschen alleine leben, ist dies für sie eine große Belastung. Ich setzte meine handwerklichen Fähigkeiten bei Reparaturen und Renovierungen ein. Immer mehr Frauen mit Kindern leben allein und diese kann ich dann unterstützen.« Ich fand diese Idee mutig und sehr sinnvoll. Und er erzählte weiter: »Ich stehe also um 5 Uhr auf, um Brötchen zu liefern und abends um 21 Uhr helfe ich noch bei einem Umzug. Doch insgesamt habe ich einfach zu wenig Umsatz.« Er ist frustriert. So kann er nicht mal Winterreifen für sein Auto kaufen. »Wie soll ich denn ohne Winterreifen zu den Kunden fahren und Geld verdienen?« Sein Gesicht ist bei dieser Aussage voller Kummerfalten.

»Jetzt sorgen wir dafür, dass Sie bekannt werden!«, sagte ich aufmunternd. Seine Hände zitterten. Er hatte wirklich Existenzangst. Er hatte zufällig einen Vortrag von mir gehört, in dem ich sagte, dass man über einen gezielten Aufbau von Image und Bekanntheit Kunden gewinnen und über diesen Expertenstatus auch höhere Preise erzielen kann. Und mehr Einkommen brauchte er dringend.

»Dann sehen wir uns das Ganze mal an.« Ich holte einen Block und überschrieb das Blatt mit *So erfuhren in der Vergangenheit die Kunden von mir.* Ich drehte den Block zu ihm hin und bat ihn, aufzuschreiben, welche Marketingmaßnahmen er bisher durchgeführt hat. »Ich möchte wissen, welche Wege Sie bisher gegangen sind«, erklärte ich das Vorgehen. Er zuckte mit den Schultern und sagte: »Ich habe BWL studiert, ich habe alles schon gemacht. Die Menschen wollen in dieser Zeit eben kein Geld ausgeben.« »Das glaube ich gerade nicht«, widersprach ich ihm. »Und wenn Sie alles gemacht hätten, wie Sie sagen, dann wären Sie heute auch nicht bei mir«, fügte ich hinzu. »Ich bitte Sie, sich ernsthaft mit Ihrem Erfolg auseinanderzusetzen. Gerade wenn es darum geht, bekannt zu werden. Bitte schreiben Sie Ihre bisherigen Werbemaßnahmen auf.« Er schrieb, er habe Zeitungsanzeigen aufgegeben, Flyer in Briefkästen verteilt; er habe sogar auf einem Ortsfest Kunden persönlich angesprochen und Flyer ausgegeben, einen Anhänger mit Werbung hatte er bedrucken lassen und gut sichtbar an der Straße abgestellt. Jetzt musste er feststellen, dass dies zwar viel kostet, doch nicht die gewünschte Kundenanzahl einbringt, um gewinnbringend zu arbeiten. Für weitere Werbeanzeigen in der Zeitung ging ihm langsam das Geld aus, denn diese verschlangen den Großteil seines Budgets. Als er zu mir kam, stand er vor der Wahl, entweder sein Geschäft aufzugeben oder neue Wege zu gehen. Somit hatte er viel Hoffnung in einen Termin mit mir gesetzt, denn er wusste, dass es um seine Zukunft ging.

»Das zeigt, dass sie bereits aktiv waren, die klassische Werbeschiene jedoch nicht dazu geführt hat, dass genügend Kunden zu Ihnen kamen, und wir noch weitere Marketingideen benötigen, bis wir den richtigen Weg gefunden haben, oder?« Er überlegte und nickte schließlich. »Und jetzt haben Sie sich entschieden, Ihre Werbestrategie zu verändern«, fuhr ich fort. »Denn um die Menschen zum Handeln zu bringen und in ihren Köpfen präsent zu bleiben, brauchen wir Emotionen. Es geht darum, dass Sie gezielt Ihr Image und Ihre Bekanntheit erhöhen und dies nicht dem Zufall überlassen. Die Zielgruppe für Ihr Geschäft ist da, davon bin ich überzeugt. Es geht nun darum, dass die Menschen in Ihrem Umfeld von Ihnen erfahren. Eine Werbeanzeige oder der Werbeanhänger mit Ihrem Namen sorgen nur für die kurzfristige Wahrnehmung wie beim Vorbeifahren oder Durchblättern der Zeitung, doch bereits am nächsten Tag ist die alte Zeitung im Mülleimer und die neue mit anderen Werbebotschaften voll. Damit die Menschen einen Auftrag an Sie vergeben und Sie in Ihr Haus lassen, benötigen Sie Vertrauen und Sympathie. Und dies gilt es, jetzt gezielt aufzubauen.« Er schaute mich fragend an: »Ich kann mir nicht vorstellen, wie das gehen soll. Um Vertrauen aufzubauen, müssten mich ja alle kennenlernen. Deshalb habe ich mir ja auch ein Führungszeugnis ausstellen lassen, damit sie sehen, dass ich mir nichts habe zuschulden kommen lassen.« »Das ist gut, jedoch können Sie das Zeugnis erst vorzeigen, wenn die Leute sie schon kennengelernt haben«, antwortete ich. »Was wir brauchen, sind Marketingmaßnahmen für Ihre Selbst-PR.«

»Sie haben ein wunderbares Thema, eine ehrenwerte Vision. Die bisherigen Kunden sind zufrieden und buchen Sie wieder, haben Sie mir gesagt. Dieses Thema ist so aktuell und hat einen interessanten Nachrichtenwert, dass es sich lohnt, mit der Presse zusammenzuarbeiten, denn wenn Sie eine Pressemitteilung erhalten, sparen Sie die Anzeigenkosten und es ist zudem viel glaubwürdiger und sympathischer, wenn über Ihr tolles Angebot für die Region von einem Journalisten berichtet wird, als wenn Sie eine bezahlte Anzeige schalten.« Und ich fügte hinzu: »Wir brauchen hierzu nur den passenden Aufhänger – und den finden wir mit Sponsoring.«

Er blickte mich an, bewegte sich aber nicht. »Das heißt, wir finden eine Lösung, wie ich meinen Traum erfolgreich realisiere, auch mit der Maßgabe, dass ich nur ein kleines Werbebudget habe?« »Ja, davon bin ich überzeugt. Nur geht das nicht von heute auf morgen. Wir benötigen Zeit für den Imageaufbau.« Er lächelte dann sogar ein bisschen und wir machten uns auf den Weg.

Das Vorgehen

Wir haben eine Analyse des Ist-Zustands durchgeführt und seine persönliche Stärken herausgearbeitet:

- Kundenzielgruppenanalyse: Sind die Kunden eher Frauen oder Männer, in welchem Alter, aus welchen sozialen Schichten?
- Kundeneinzugsgebiet: Aus welcher Entfernung kommen die Kunden zu ihm beziehungsweise wie weit fährt er zu ihnen? Beim Ausfahren der Brötchen haben wir uns auf einen 5-Kilometer-Umkreis geeinigt. Für Reparaturen oder Renovierungen, die einen mehrstündigen Einsatz verlangen, würde er bis zu 30 Kilometer weit fahren. Somit haben wir festgelegt, wie weit er die Werbeaktivitäten ausdehnt.
- Wir haben einen Budgetrahmen festgelegt. Um Geld einzusparen, sollte das Sponsoring vor allem im Sachbereich eingesetzt werden.
- Wir stellten eine Strategie zusammen, welche Vereine oder Organisationen unterstützt werden sollten. So kamen wir auf Vereine mit Kindern und Vereine für ältere Menschen.
- Wir sammelten Ideen und interessante Presseaufhänger und suchten die geeigneten Medien heraus, darunter waren Fachebenso wie Tageszeitungen. Wichtig war hier der regionale Bezug.
- Wir planten einen Radiobeitrag bei einem regionalen Sender.
- Dann haben wir seine Preise geprüft. Diese waren viel zu niedrig, um wirtschaftlich zu arbeiten. Das ist ein Problem vieler Kleinunternehmer – sie wollen ja schließlich nicht unverschämt sein oder sind froh, wenn sie einen Auftrag erhalten. Dann wird allerdings vergessen, dass Rücklagen gebildet werden sollten und beispielsweise Werkzeuge angeschafft werden müssen, Steuern zu zahlen sind oder zusätzliche Mitarbeiter eingestellt werden, für die Sozialabgaben und Lohnkosten anfallen. Somit kalkulierte er nochmals nach. Es ist immer schwieriger bei Bestandskunden die Preise zu erhöhen, als von Anfang an klare Preisabsprachen zu haben.
- Er hatte in der Vergangenheit Kunden, die zwar dringend seine Hilfe benötigten, doch kaum Geld hatten, sehr günstige Preise gemacht. Ich empfahl ihm, keine Dumpingpreise anzusetzen, damit er noch wirtschaftlich arbeiten konnte. Wenn er diese Kunden unterstützen wollte, dann sollte er nur die Materialkosten und Fahrtkosten in Rechnung stellen und

ansonsten unentgeltlich arbeiten – und das Ganze als Sponsoring unter dem Motto »Hilfe für bedürftige Familien« zu gestalten. Als Unternehmer dürfen wir nicht in erster Linie anderen helfen und kostenlos oder zu billig arbeiten, sondern müssen profitabel arbeiten, um am Markt zu bestehen.

- Zudem arbeiteten wir eine Zielvereinbarung aus, bis wann welcher Teil des Prozesses erledigt sein sollte.

In einem Brainstorming haben wir dann Ideen für richtig kreatives Marketing erstellt. Viele Ideen waren so verrückt, dass sie nicht praxistauglich waren und andere wiederum so wertvoll, dass wir sie direkt umgesetzt haben. Die besten Ideen möchte ich Ihnen im Folgenden vorstellen.

Sach-Sponsoring bei Vereinen für ältere Menschen

Da das Dienstleistungsangebot des Unternehmers genau zu den Bedürfnissen von Senioren passt und er mit seiner Arbeit eine große Hilfe für ältere Menschen sein kann, war es wichtig, dass sie ihn kennenlernten. Je nach Zielgruppe ist es wichtig, die Marketingaktivitäten darauf auszurichten. Eine Internetadresse oder ein Flyer sind hier nicht so effizient wie der persönliche Kontakt. Zumal auch der Unternehmer einen guten persönlichen Umgang mit den Senioren hat. Wir entschieden uns, mit drei Vereinen im regionalen Umfeld des Unternehmers Kontakt aufzunehmen: Viele ältere Menschen suchen Geselligkeit und Unterhaltung und treten einem Verein bei, um kulturelle Angebote zu nutzen und der Einsamkeit ein Schnippchen zu schlagen. Daher kamen folgende Projekte in die engere Wahl:

- Arbeiter-Samariter-Bund e.V.: Dort wird gemalt, musiziert und gemeinsam Gymnastik gemacht.
- Arbeiterwohlfahrt e.V.: Die AWO unterhält eine Vielzahl von Seniorentreffs, in denen sich interessierte Senioren montags bis freitags von 14.00 bis 18.00 Uhr zu gemeinsamen Aktivitäten treffen.
- Graue Panther e.V.: In dieser Seniorenselbsthilfeorganisation setzen sich die jungen und alten Mitglieder aktiv für ein selbstbestimmtes und würdevolles Altern ein.

Er hat mit den Vorständen der Vereine Termine ausgemacht und unentgeltlich seine Hilfe angeboten. Bei einem Verein hat er den Gestaltungsraum neu gestrichen – dieser leuchtet jetzt in einem gemütlichen Gelb statt einem sterilem Weiß. Bei einem anderen Verein musste der Gartenzaun dringend gestrichen werden, der zu verrotten drohte. Leider ergab sich mit dem dritten Verein bisher noch keine passende Zusammenarbeit.

Der Nutzen: Die Senioren hatten eine Gelegenheit, den Unternehmer kennenzulernen. Sie nehmen ihn als Persönlichkeit wahr, wenn er Dinge im Verein verschönert. Er konnte die Freude der Menschen spüren, zum Teil auch die Verwunderung darüber, dass er seine Hilfe kostenfrei anbietet. Er hat die Möglichkeit zu einem persönlichen Gespräch genutzt und bei der Einweihungsfeier des neuen Gestaltungsraums mit den Vereinsmitgliedern einen Kaffee getrunken.

Er wurde vom Vorstand persönlich vorgestellt. Er hat einen Brief an die Senioren geschrieben und im Verein persönlich übergeben, in dem er sein Angebot genau beschrieb. In der örtlichen Presse wurde über die Aktion berichtet. Er durfte Fotos machen und veröffentlichte diese auf seiner Homepage.

Kosten: Seine Arbeitszeit und die Farbe für 30 Euro.

Sach-Sponsoring bei Vereinen für Alleinerziehende und Kindergärten

Da das Dienstleistungsangebot des Unternehmers auch zu den Bedarfen von Alleinerziehenden passt, fiel die Wahl auf diese Vereine. Er hat mit den Vorständen der Vereine Termine ausgemacht und wieder kostenfrei seine Hilfe angeboten. Bei einem Verein stand ein Umzug an und er konnte mit seiner Technik und Muskelkraft sinnvolle Hilfe leisten. Bei einem anderen Verein stand ein Umbau an. Das Spielezimmer platzte aus allen Nähten und sollte vergrößert werden. Auch hier half er, eine Wand zu durchbrechen und neu zu tapezieren.

Der Nutzen: Da der Umzug des Vereins an die neue Adresse auch einen politischen Hintergrund hatte, war die Presse mit dabei, um darüber zu berichten. Und somit profitierte der Unternehmer davon. Er wurde als Sponsor auf der Homepage des Vereins erwähnt, mit Link auf seine Internetseite. In den Vereinsräumen durfte er Flyer auslegen. Er hielt ein Seminar über den Umgang mit Bohrmaschinen und über handwerkliche Kniffe für Frauen.

Auch privat hat sich die Aktion für den Unternehmer gelohnt: Er hat die neue Frau an seiner Seite gefunden – und ist jetzt sehr glücklicher »Patchworkpapa«.

Kosten: Arbeitszeit, Benzin- und Materialkosten im Wert von etwa 250 Euro.

Aktion: Kunden tun Gutes

Der Unternehmer hat ein Angebot, dass wir »Gute Dienstleistung« genannt haben, um Menschen in Not zu helfen. Einer in Armut geratenen Familie hat er den Besuch in einem Freizeitpark ermöglicht. Einer jungen Frau, deren Wohnungseinrichtung verbrannt war, hat er ein neues Bett bezahlt. Dass er diese Hilfe leisten kann, hat er seinen Kunden zu verdanken. 10 Prozent seines Umsatzes bei der »Guten Dienstleistung« sammelt er für soziale Zwecke. Die Kunden entscheiden selbst, ob sie Gutes tun möchten, in dem Sie bei der Erteilung des Auftrages das Stichwort angeben oder nicht. Dies ist auf seiner Homepage und auf den Flyern vermerkt und die Kunden kreuzen es einfach an. Das hat sich mittlerweile so weit herumgesprochen, dass er auch E-Mails und Anrufe mit Vorschlägen erhält, wem geholfen werden soll. Er berichtet auf seiner Homepage regelmäßig über dieses Engagement. Die einzige Bedingung ist, dass es in seiner Kundenzielgruppe und dem Kundeneinzugsgebiet liegt.

Der Nutzen: Auf seiner Homepage hat er einen Blog, über den die Menschen in der Region mit ihm im Austausch stehen. Außerdem wird er als Sponsor auf der Homepage der Vereine genannt.

Er wurde in mehreren Presseartikeln erwähnt und Journalisten interessieren sich für seine Idee und haben Interviews mit ihm geführt. Dies sorgte für Imagegewinn und einen erhöhten Bekanntheitsgrad. Er hat auch immer wieder Kontakt mit der Stadt oder dem Kirchengemeinderat.

Kosten: 10 Prozent seines Umsatzes als Werbebudget. Durch die Bekanntheit und Erhöhung des Auftragsvolumens ist die Aktion für ihn nicht nur emotional, sondern auch wirtschaftlich ein Gewinn.

Der Erfolg

Der Unternehmer hat gezielt neue Kunden in der Kundenzielgruppe angesprochen und gewonnen. Er konnte die Preise seiner Dienstleitungen erhöhen.

Er wird zu offiziellen Anlässen eingeladen und genießt einen exzellenten Ruf in der Gemeinde. Selbst von Unternehmen wird er gebucht, da diese über die Medien auf ihn aufmerksam geworden sind und ihn unterstützen wollen. Somit hat er nun so viele Aufträge, dass er mit freien Mitarbeitern zusammenarbeitet, die das gleiche Konzept verfolgen wie er.

Die Stadt, die Bank und die Zeitung schreiben in verschiedenen Städten jährlich den Ehrenamtspreis aus. Dieser soll das Bewusstsein und Interesse für bürgerschaftliches Engagement stärken und durch öffentliche Anerkennung diese besonders vorbildlichen gemeinwesensorientierten Tätigkeiten auszeichnen. Die Teilnehmer in der engeren Auswahl werden dann in der Zeitung vorgestellt, mit einem Foto und Bericht. Diese Menschen, die sich für andere einsetzen, erhalten mit dieser Auszeichnung Anerkennung und ein Preisgeld, wenn sie gewinnen. Man muss für diesen Preis empfohlen werden, was ein Kunde von ihm getan hat, sodass der Unternehmer an dem Wettbewerb teilnehmen konnte.

Grundsätzlich weiß er nun um seine Potenziale und Stärken und kann diese jetzt gezielt einsetzen. Er hat wieder Freude und ist motiviert … und er ist wirtschaftlich überaus erfolgreich tätig.

Beispiel 3: Falsches Sponsoring gefährdet die Liquidität des Unternehmens

Zur Situation

Die Marketingabteilung und der Vorstand eines Finanzdienstleistungsunternehmens haben mich zu einem Beratungstermin gebeten. Sie haben in einem Presseartikel über meine Arbeit gelesen und kurzfristig entschieden, mich zu kontaktieren. Es ging um die Optimierung ihres Sponsorings.

Die goldenen Zeiten sind für viele Finanzunternehmen vorbei und sie müssen sehr genau entscheiden, wo Geld ausgegeben wird und wie wirtschaftlich sinnvoll eine Investition ist. Etwas rein aus Prestigegründen zu machen, kann sich kaum jemand mehr leisten. Somit fuhr ich los, ohne Lösung in der Tasche, dafür mit dem Plan, einfach offen zu sein und aufzunehmen, wo der Schuh drückt. Was ich bisher wusste, war, dass die Marketingabteilung die Erfolge der Sponsoringengagements auswertet. Kunden werden befragt und Mitarbeiter haben die Gelegenheit an einer solchen Befragung teilzunehmen. Der Vorstand erhält die Auswertung.

Das Unternehmen hat ein Sponsoringship bei einem großen Fußballbundesligaverein und gibt dafür jährlich Tausende von Euro aus. Dieser Verein hat einen hohe Bekanntheitsgrad durch Fernsehen und Medienberichterstattungen und ist auch bei den Mitarbeitern sehr beliebt. Also ein hochklassiges Sponsoring, allerdings auch sehr kostenintensiv. In der Regel sind die Verträge langjährig abgeschlossen. Das heißt, die hohe Sponsorensumme des Unternehmens ist auf Jahre festgelegt und kann bei Engpässen die Liquidität des Unternehmens gefährden. Darüber hinaus unterstützt das Unternehmen ein Kinderheim in Russland. Die Ergebnisbögen der Auswertung der Marketingabteilung bescheinigten die Wirkung des Sponsorings. Also wieso riefen sie mich zu ihnen? Ich war wirklich gespannt.

Als ich ankam, wurde ich am Empfang freundlich und professionell mit Namen begrüßt und in ein Besprechungszimmer geführt, das keine Wünsche offen ließ. Perfekte Präsentationstechnik und Imagewerbung an den Wänden: professionelle Bilder des Unternehmensneubaus, Auszeichnungen und das Leitbild sowie Bilder mit Prominenten, Vereinen und Organisationen, die sie unterstützen. Sehr beeindruckend. Dann kam ein Mitarbeiter mit einem Wagen mit Getränken und Speisen. Ich hätte bestimmt Hunger nach der Anfahrt, man hätte mir eine Auswahl von Speisen zusammengestellt. Was für ein Empfang!

Und dann erschienen der Vorstand und der Marketingchef. Beide gut gekleidet, mit dunklem Anzug und Krawatte. Der Vorstand ist Mitte 50. Sehr höflich und mit aufmerksamen, wachen Augen. Er hat eine sehr angenehme und höfliche Art. Der studierte Marketingchef ist jung, ehrgeizig und höchstens Mitte 30. Der Vorstand zog den Bericht der Marketingabteilung aus seiner Mappe und blätterte ihn durch. Seine Augen wurden schmal, während er das Thema eröffnete: »Also, wir haben Sie zu uns gebeten, da wir Einsparungen im Marketing vornehmen müssen. Durch die veränderte Situation sind wir gezwungen, Budgets erheblich zu kürzen. Da wir aber nicht komplett auf Sponsoring verzichten wollen, benötigen wir Strategien, wie wir auch mit einem kleinen Budget viel erreichen. Da wir von Ihnen gehört haben, dass Sie außergewöhnliche Erfolge auch für kleine und mittelständische Unternehmen mit einem maßgeschneiderten Budget erzielen, sind wir froh, dass der Termin so kurzfristig geklappt hat. Wir müssen unser Sponsoring optimieren. Das heißt unsere bisherige Strategien zu überdenken. Wir wollen zukünftig weniger investieren und dafür gezielt unser Geld einsetzen.«

Er sah seinen Marketingchef an, der mit versteinerter Miene dasaß. Oh je, dachte ich, jetzt sitze ich zwischen den Stühlen und dann auch noch als Frau, soll Strategien umwerfen, die die Marketingabteilung bewusst gewählt hat. Jetzt sprach der Marketingchef: »Wir haben nur noch ein Viertel des Budgets, sollen aber der Unternehmensleitung zufolge das gleiche Ergebnis erzielen. Da bin ich gespannt, wie das gehen soll«, fügte er noch bissig hinzu.

»Was ist denn das Ziel, das wir erreichen sollen?«, fragte ich, um die Strategie zu erkennen. Hierin waren sich beide einig. Die Bestandskunden sollten weiter von ihnen hören und gehalten werden und neue Kunden sollten gewonnen werden. Zudem wollte auch das Unternehmen auf sich aufmerksam machen, um neue Mitarbeiter für den Außendienst anzuziehen.

Ich wandte mich an den Marketingabteilungsleiter und sagte ihm, dass ich schon viele Ergebnisberichte gesehen hatte und dass die positive Auswertung seines bisherigen Sponsorship mich überraschte. Es zeigte, dass sie eine richtig gute Arbeit geleistet hatten. Daraufhin schaute er mich an und sagte: »Und was denken Sie, wie wir das mit einem Viertel des Budgets hinbekommen sollen? Ich weiß wirklich nicht, wie das umgesetzt werden kann, was sich die Geschäftsleitung vorstellt.« »Das ist die Zukunftsstrategie, die wir nur zusammen entwickeln können«, antwortete ich ihm »Sie haben eine so professionelle Unternehmenskommunikation auf Ihrer Homepage, in diesem Besucherraum und auch das Verhalten Ihrer Mitarbeiter, allein der Empfang in Ihrem Hause ist herausragend.« Nun sahen mich beide fordernd an. »Was meinen Sie wie wir das erreichen, mit der Kürzung im Budget?«

»Sie haben in Ihrem Unternehmen viel erreicht und geleistet, durch die Veränderung im Finanzmarkt ist jetzt ein Strategiewechsel nach dem Mini-Max-Prinzip angesagt. Vielleicht lehrt uns diese Krise, Ressourcen klug zu nutzen und eben den maximalen Erfolg rauszuholen, indem wir Chancen erkennen und neue Wege gehen«, gab ich ihnen zur Antwort.

»Ich finde Sie sollten sich einmal überlegen, ob das Logo auf dem Kragen des Trainers bei einem Bundesligaverein wirklich Tausende von Euro Wert ist, ob Sie sich mit langjährigen Verträgen weiter binden und ob Sie das investierte Geld in Projekten in Ihrer Zielgruppe nicht gewinnbringender einsetzen können. Ist das Kinderheim in Russland der richtigen Ort in Bezug auf Ihre Kundenzielgruppe?« Der Vorstand setzte seine Brille ab und rieb sich die Augen. »Sie meinen, dass wir zum Beispiel mit Trikotspenden an örtliche Vereine mehr bewirken und Kosten sparen?« Gerade wenn es darum geht, neue Mitarbeiter für den Vertrieb zu gewinnen, ist die Präsenz in einem örtlichen Sportverein effektiver, weil man dort die Trikots übergeben und das persönliche Gespräch und die Kontakte nutzen kann. »Das ist ein guter Ansatz«, sagte der Marketingchef, da er erkannte, dass ich nicht nach Fehlern suchte, sondern gemeinsame Lösungsansätze erarbeiten wollte. Es ging nicht darum, besser zu sein oder jemand anderen schlechter zu machen, sondern Ziele unter neuen Gegebenheiten zu erreichen. Blickwinkel auf neue Wege zu eröffnen.

Das übrige Gespräch war ganz der Frage gewidmet, wie die Ziele erreicht werden und welche Projektrichtungen dafür in Frage kommen. Wir vereinbarten einen Termin für einen Workshop mit den Mitarbeitern der Marketingabteilung und entwickelten Ideen in einem Brainstorming.

Das Vorgehen

Wir führten eine Analyse des Ist-Zustands durch. Die Checkliste wurde abgearbeitet und eine glaubwürdige Botschaft und Strategie für das Unternehmen definiert. Außerdem prüften wir, ob und wie lange die bisher geschlossenen Sponsoringverträge noch liefen und legten einen neuen Budgetrahmen fest. Zudem wurde eine Zielvereinbarung getroffen, bis wann was erarbeitet wird. Dies haben wir in dem Workshop in drei Teile eingeteilt.

Der Nutzen

Das Unternehmen hat Einsparungen im Sponsoringbudget von 65 Prozent vorgenommen und somit hat ihm das Coaching noch Geld eingebracht. Es hat sein Sponsoring effektiv platziert und gestreut: Im Kundeneinzugsgebiet und der Zielgruppe wurde die Auswahl der Vereine und Organisationen effizient eingesetzt und mit einer glaubwürdigen Botschaft verbunden, die das Unternehmen transportieren möchte.

Durch die Arbeit in den Workshops haben sie gemeinsam ihre Marketingstrategie erarbeitet. Dadurch dass sie die Strategie für die geänderten Rahmenbedingungen für ihr Unternehmen festgelegt haben, ist die Gruppe nun in der Lage, dies zukünftig selbstständig umzusetzen. Das Unternehmen konnte neue Kunden und neue Mitarbeiter gewinnen.

Beispiel 4: Nichts ist schlimmer als das Mittelmaß

Zur Situation

»Ich weiß gar nicht, was ich Ihnen genau sagen kann.« Die Unternehmerin sah mich mit lebhaften Augen hinter einer modernen Brille an. Freundlich, einfühlsam und gebildet wirkte sie auf mich. Sie erzählte lebhaft von ihrem Geschäft.

Sie bietet in ihrem Institut Nachhilfeunterricht für Schüler an. Bereits seit einigen Jahren ist sie am Markt und freut sich über ihre Kundensituation. »Wissen Sie, jetzt schießen die Nachhilfeinstitute wie Pilze aus dem Boden. Sogar mit Flatrate-Angeboten: einmal zahlen, so viel Nachhilfe, wie die Kinder wollen. Ich setzte jedoch auf meine Erfahrung und Qualität und die Ergebnisse sprechen für sich«, erzählte sie weiter. Sie ist Anfang 40 und hat eine ruhige, vertrauensvolle Ausstrahlung; ich kann mir vorstellen dass sie Kinder gut unterstützt und motiviert.

Jetzt plant sie eine Erweiterung ihrer Dienstleistung und möchte diese gezielt in der Kundenzielgruppe publik machen und neue Kunden gewinnen. Da sie in ihrer Arbeit auf immer mehr Kinder mit ADHS (Aufmerksamkeitsdefizit-/Hyperaktivitätsstörung) traf, besuchte sie entsprechende Fortbildungen und hat ihr Unternehmensangebot erweitert. Sie möchte gezielt mit Kindern mit der Diagnose ADHS arbeiten. Sie beherrscht besondere Methoden, um diese Kinder in ihrer schulischen Leistung zu fördern. Sie hat gute Erfolge darin und sieht es als wichtige Aufgabe, Kindern und Familien zu helfen.

Die Unternehmerin sprach begeistert und mit viel Herzblut über ihre beruflichen Pläne. Für jedes Thema, das sie ansprach, hatte sie bereits eine Lösung. Ich fragte mich langsam, was sie von mir an Unterstützung braucht und was sie will, und so fragte ich sie schlicht: »Was kann ich für Sie jetzt tun? Warum sind Sie zu mir gekommen?« Sie stutzt und unterbricht den Redefluss.

Für Menschen in Führungspositionen und Unternehmer ist es oft nicht einfach, um Hilfe zu bitten oder nach Beratung zu fragen. Zu oft müssen Stärke bewiesen und Entscheidungen getroffen werden; das Gefühl der Schwäche wird weit weg geschoben. Ein Unternehmer hat häufig den Anspruch, alles allein lösen zu müssen und so anderen das Gefühl zu geben, er hätte alles im Griff. Doch dieser Anspruch an sich selbst ist übermenschlich und führt zu Überforderung. Daher fühlt es sich für »Macher« ungewohnt an, um Hilfe zu bitten und diese auch anzunehmen. Sie wollen nicht das Bild des Hilflosen abgeben.

Ich sprach sie darauf an und sagte ihr, dass es eine große Stärke ist, nach Unterstützung zu fragen und Hilfe anzunehmen. Nur starke und erfolgreiche Menschen lassen sich darauf ein. »Es geht nicht darum, dass ich Ihnen sage, was falsch ist oder was Sie nicht wissen. Es geht darum, dass wir in einen Austausch gehen, gemeinsam Ideen und Strategien erarbeiten, die Sie zu Ihrem Ziel führen.« Ich schaute ihr direkt in die Augen: »Und die Ergebnisse aus dieser Beratung sind nur so gut, wie wir zusammenarbeiten. Eine passgenaue Strategie kann nur in einer sich gegenseitig befruchtenden Zusammenarbeit entstehen. Ich weiß nicht alles und ich weiß schon gar nicht, was für Sie richtig ist. Aber ich bin überzeugt, dass wir gemeinsam geniale Ideen entwickeln werden. Wollen Sie das?« Sie war jetzt ganz still und wendete den Kopf langsam zum Fenster. Ich schenkte ihr ein Wasser ein. Dann rutschte sie fest in ihren Stuhl und sah mich mit ganz klaren Augen an, während sie mit fester Stimme sagte: »Dafür bin ich hergekommen. Ich wünsche mir aus ganzem Herzen, dass ich Unterstützung erhalte. Dass jemand da ist, der mit mir zusammen überlegt, der mich bestärkt, meine Ziele zu realisieren. Wissen Sie, ich bin es so gewohnt, alles alleine zu machen, dass ich fast vergessen habe, wie es sich anfühlt, wenn sich jemand mit viel Erfahrung und Fachwissen sich Gedanken um meine Anliegen macht und man gemeinsam Ergebnisse erarbeitet.« Wir machten eine kurze Pause, öffneten das Fenster und dann legten wir gemeinsam los.

Da sie gehört hatte, dass sich Sponsoring sehr gut eignet, um auch neue Dienstleistungen effizient und kostengünstig in der Kundenzielgruppe anzubieten, erarbeiteten wir folgende Strategie für sie.

Was will sie erreichen?

Sie möchte ihre neue Spezialisierung und ihr Angebot bekannt machen und möglichst vielen Kindern und Eltern helfen. Und sie möchte neue Kunde gewinnen. Es ist ihr wichtig, sich einen Expertenstatus aufzubauen und sich von anderen Nachhilfeeinrichtungen zu unterscheiden – auch durch ihren höheren Stundensatz.

Wer ist ihre Kundenzielgruppe, und verändert sich diese mit dem neuen Angebot?

Bisher kamen die Kinder aus dem direkten Einzugsgebiet – ihrem Ort. Bei der speziellen Hilfe, die sie bietet, ist sie der Meinung, dass ihr Einzugsgebiet erweitert wird und Kinder auch mit dem Bus fahren oder Eltern sie zum Institut fahren würden. Sie entscheidet, ihr Einzugsgebiet auf bis zu fünfzehn Kilometer Umkreis auszudehnen.

Erste Strategie: Festigung der Bestandskunden

Sie entscheidet sich, die Kinderabteilung des örtlichen Sportvereins mit der größten Jugendabteilung im Alter von 11–15 Jahren zu unterstützen, da dies ihre Hauptzielgruppe ist. Sie nimmt Kontakt mit dem Vorstand auf und fragt ihn, ob er für diese Altersgruppe T-Shirts benötigt. Da die Kinder auf Turniere gehen und auf gemeinsame Ausflüge, ist er froh, nun einheitliche T-Shirts für die Kinder zu erhalten.

Die T-Shirts werden mit ihrem Logo und dem Vereinslogo bedruckt und bei einer Vereinsfeier von der Unternehmerin übergeben. So bekommen die Vereinsmitglieder auch einen persönlichen Eindruck von ihr. Bei einem Glas Wein wird sie von vielen interessierten Eltern auf ihre Arbeit angesprochen. Da die Unternehmerin ein sehr sympathisches Auftreten hat, kann sie viele neue Eltern als Kunden gewinnen.

Die Unternehmerin hat zudem ihre Mitarbeiterin mitgebracht. Diese macht von der Übergabe der T-Shirts Fotos für die Internetseite ihres Nachhilfeinstituts. Ein T-Shirt hängt in den Geschäftsräumen aus.

Kosten: etwa 250 Euro

Nutzen: Die Ausgaben wurden mehrfach wieder eingenommen. Die Unternehmerin hat sogar eine zusätzliche Mitarbeiterin eingestellt. Es erfüllt sie immer wieder mit Freude und Stolz, wenn sie die Kinder mit den T-Shirts sieht. Menschen im Ort sprechen sie an und können zuordnen, dass sie die Inhaberin des Nachhilfeinstitutes ist.

Zweite Strategie: Gewinnung von Neukunden

In der Nachbargemeinde gibt es eine Schule für WingTsun (eine chinesische Kampfkunst, die das Selbstbewusstsein und die Gesundheit stärkt), in dem viele ADHS-Kinder Mitglieder sind und unter anderem Konzentrationsübungen durchführen. Die Unternehmerin nimmt mit dem Leiter der Sportschule Kontakt auf und bietet ihm eine Kooperation an. Ihr Logo und ihre Kontaktdaten werden auf einem Banner der WingTsun-Schule veröffentlicht, im Gegenzug unterstützt die Unternehmerin mit einem Link die Sportschule. Sie legt Flyer im Eingangsbereich der Schule aus und bei einem Tag der offenen Tür an der Sportschule ist sie ebenfalls anwesend.

Kosten: Keine. Die Unternehmerin hat lediglich etwas Zeit investiert.

Nutzen: Die Unternehmerin hat ein Netzwerk aufgebaut, das auf gegenseitiger Förderung von Unternehmern beruht, Neukunden gewonnen und ihren Expertenstatus vermarktet.

Dritte Strategie:
Expertenimage aufbauen durch Öffentlichkeitsarbeit

Die Unternehmerin hält in Selbsthilfevereinen von ADHS-Kindern und Kindern mit Lernschwäche Vorträge und stellt eine Broschüre mit Lerntipps zusammen. Die Presse lädt sie zu Vorträgen ein, damit auf das Thema medienwirksam aufmerksam gemacht wird und Familien von der Hilfe erfahren, die sie bietet. Außerdem schreibt sie selbst Presseartikel und übernimmt in einem Selbsthilfeverein ein Amt in der Vorstandschaft.

Mittlerweile wird sie von Schulen und Bildungseinrichtungen gebucht, um Referate und Vorträge zu halten.

13
Tipps für Vereine und gemeinnützige Organisationen

13.1 Ist Ihr Verein zukunfts- und marktfähig?

»Wir brauchen Sponsoren« ist ein häufig gebrauchter Satz in Vereinen oder Organisationen, wenn ein Loch in der Vereinskasse klafft. Dann stellt sich die Frage, wer auf Sponsorensuche geht. Und bei dieser Frage ist es in vielen Vereinssitzungen dann so ruhig, dass Sie eine Stecknadel fallen hören könnten. Weizenbier und die Apfelsaftschorle bleiben unberührt auf den Tischen stehen und keiner bewegt sich, denn jetzt kommt das Vereinsmikado. Kennen Sie das? Wer zuerst zuckt, ist dran und hat den Job.

Und wenn erst die bekannten Kontakte und Beziehungen zu potenziellen Sponsoren »abgeklappert« sind, kommt der erste Frust. Denn die Arbeit und die Zeit für eine professionelle und zielgerichtete Sponsorensuche ist häufig eine völlig unterschätzte Komponente. Bei den erfahrenen Vereinsleuten stellt sich schnell Ernüchterung ein, wenn es um das Thema Sponsorensuche geht.

Doch ist das eigentlich bei jedem Verein so? Muss die Sponsorensuche denn immer als lästig und frustrierend empfunden werden? *Nein!* Es gibt Hoffnung, wenn Sie etwas anders machen. Sie benötigen einen Perspektivenwechsel.

Zunächst sollten Sie sich die folgenden Fragen ehrlich beantworten:

- Ist unser Verein marktfähig?
- Haben wir genügend Mitglieder?
- Wie ist unser Ruf?
- Was ist unser Angebot an die Firmen?
- Welchen Nutzen bieten wir potenziellen Sponsoren?
- Welche Emotionen decken wir ab?

Sponsoring. Katja Hofmann
Copyright © 2010 WILEY-VCH Verlag GmbH & Co. KGaA, Weinheim
ISBN: 978-3-527-50507-4

Es gibt sie wirklich, die Vereine, die ein gut funktionierendes Sponsoring haben. Bei Ihnen schließt sich der Kreis: Durch ihre gute Leistung finden sie Sponsoren und durch die Sponsoren können sie eine gute Leistung bringen, Projekte realisieren, gute Spieler aufbauen, den Zuschauern etwas bieten.

Die Frage ist: Was machen sie anders? Sie haben kein Glück, keine besonders beliebte Sportart oder eine umsatzstärkere Region. Nein, sie machen gezielt Vereins-PR, Marketing und bringen selbstverständlich eine gute Leistung. Ein Verein unterscheidet sich in dieser Hinsicht nicht von den Erfolgsregeln eines Unternehmens.

Die Öffentlichkeitsarbeit kommt bei vielen Vereinen immer noch zu kurz. Vielen ist es peinlich, über die Stärken zu berichten und sie hoffen, dass sich ihre Leistung schon automatisch herumsprechen wird. Doch dies ist eine Illusion. Tue Gutes und sprich darüber hat nicht nur für Unternehmen Gültigkeit, sondern auch für Vereine. Eine Vereinsbroschüre reicht bei 590 000 Vereinen deutschlandweit nicht aus, um auf Ihre Gruppe aufmerksam zu machen. Ein Sponsor will sicher sein, dass sein Geld und seine Hilfe einer seriösen Organisation und einem sinnvollen Zweck zugutekommen. Daher ist der gute Ruf Ihres Vereins ausschlaggebend für den Erfolg. Und es wäre fatal, dies dem Zufall zu überlassen.

Somit ist es die Aufgabe des gesamten Vereins, dafür zu sorgen, dass Werte und Ziele gezielt kommuniziert werden im gesamten Ort. Informieren Sie Abteilungsleiter, Mitglieder und binden Sie das gesamte Team mit ein.

Im Idealfall haben Vereine erkannt, dass es wichtig ist, sich marktfähig zu machen, indem sie bestehende Kontakte zu Sponsoren pflegen, Öffentlichkeitsarbeit für den Verein gezielt betreiben, das Image und die Bekanntheit aufbauen und den Sponsoren interessante Angebote bieten.

Dabei muss man kein Bundesligaverein mit Fernsehübertragung sein, auch die Kreisliga fördert Umsatz und Gewinn von Unternehmen. Eine Umfrage des Marktforschungsinstituts Ipsos ergab, dass sich 44 Prozent der Deutschen über 14 Jahre für regionalen Fußball interessieren (www.channelpartner.de/sonstiges/636002/index.html).

Es geht also um Leistung und Gegenleistung: dem Sponsor etwas bieten. Es geht um den guten Ruf, die guten Taten und darum, von den Erfolgen des Vereins zu profitieren und das Engagement bekannt zu machen. Das heißt, Öffentlichkeitsarbeit zu machen und Kontakte mit der Presse zu nutzen.

Jetzt höre ich schon die Vereinsmitglieder widersprechen: »Wir arbeiten ehrenamtlich, und was sollen wir denn noch alles machen in unserer Freizeit? Eine Marketingstruktur für unseren Verein kostet doch viel zu viel Zeit.« Recht haben sie, es kostet Zeit! Doch meine Erfahrung ist, dass der Gewinn, den diese Vereine zukünftig erzielen bei Weitem den Zeiteinsatz der Planung übertrifft.

Unsere Besten: die Ehrenamtlichen

36 Prozent aller Deutschen über 14 Jahren sind ehrenamtlich in Vereinen tätig. Das Durchschnittsalter liegt bei 43 Jahren (Quelle: www.bmfsfj.de).

Immer mehr Vereine stellen fest, dass sie »überaltern«. Das heißt, ein Wechsel in der Vorstandschaft gestalten sich oft als schwierig. Die alten Vorstände sind oft seit über 20 Jahren im Amt und viele Vereine haben akute Probleme, Nachfolger im Ehrenamt zu finden. Nun stellt sich die Frage: Sind die jungen Menschen faul, nicht mehr bereit, Zeit und Engagement im Ehrenamt zu erbringen oder ist diese Generation einfach nicht mehr so pflichtbewusst wie noch die Generation davor?

In der bundesweiten Studie, die das Bundesministerium für Familie und Jugend 2001 in Auftrag gegeben hat, zeigt sich, dass keine Rede davon sein kann, dass die Jugend kein Interesse an freiwilliger Hilfe hätte. Interessant ist auch, dass je höher der Bildungsabschluss ist, sie umso häufiger freiwillige Tätigkeiten übernehmen. Von einem Werteverfall kann also keine Rede sein, vielmehr scheint eine Werteverschiebung stattzufinden.

Die neue Generation will sich engagieren, aber nur wenn sie einen Sinn für sich erkennt. Sie engagiert sich nicht, nur weil jemand sagt, dass das jetzt ihre Aufgabe oder gar Pflicht sei. Sie ist viel kritischer, individueller und bereit, Werte und Abläufe zu hinterfragen.

Daher ist die Aufgabe von zukunftsfähigen Vereinen, Strukturen zu schaffen, die für junge Menschen Sinn bieten, ein Ziel zu schaffen, an dem sie aktiv mitgestalten und mitwirken können und Spaß haben.

In Folge einer systematischen Marketingstruktur ergeben sich für Ihren Verein zahlreiche Vorteile:

- Sie werden mehr ehrenamtlich tätige Menschen finden, die sich für einen Verein mit Werten, einem hohen Bekanntheitsgrad und einem exzellenten Ruf begeistern und engagieren wollen, als für einen Verein, der es gerade mal so schafft, zu überleben und die Abteilungen am Laufen zu halten.
- Sie werden Projekte realisieren können, weil Sie Gelder zur Verfügung haben (zum Beispiel indem im Training jedes Kind einen Ball hat, um vernünftig zu trainieren oder Fahrten zu Turnieren bezahlt werden, um auch Kindern aus sozial schwächeren Familien den Erfolg zu ermöglichen).
- Sie werden feststellen, dass Sie mehr Mitglieder bekommen, die auch im Verein bleiben.
- Die Vorstandschaft und die Mitglieder haben selbst viel mehr Freude, in einem Verein tätig zu sein, der Ziele hat und eine Vision lebt.

Fazit: Derjenige Verein wird zukunfts- und marktfähig sein, der ein unverwechselbares Profil hat, die Bedeutung der Öffentlichkeitsarbeit erkannt hat und Marketingstrategien fest in die Managementstruktur integriert.

Checkliste für Ihren Verein

- Welche Bekanntheit genießt Ihr Verein in der Bevölkerung?

_____

_____

_____

_____

_____

_____

- Welches Image haben Sie bei Ihren Mitgliedern? In der Bevölkerung?

_____
_____
_____
_____
_____
_____

- Machen Sie gezielt Presse- und Öffentlichkeitsarbeit?

_____
_____
_____
_____
_____
_____

- Gibt es einen Verantwortlichen in Ihrem Verein?

_____
_____
_____
_____
_____
_____

- Welche Eigenschaften und Emotionen vertritt Ihr Verein?

_____
_____
_____
_____
_____
_____

- Was sieht die Zielgruppe (Sponsoren und Mitglieder) als besonders glaubwürdig an?

  _____

  _____

  _____

  _____

  _____

  _____

- Welche Sponsoren passen zu Ihnen?

  _____

  _____

  _____

  _____

  _____

  _____

- Aus welchem Einzugsgebiet können Sponsoren gewonnen werden?

  _____

  _____

  _____

  _____

  _____

  _____

- Welchen Nutzen bieten Sie den Sponsoren?

  _____

  _____

  _____

  _____

  _____

  _____

13.2 So werden Sie Partner für Unternehmen und nicht Bittsteller

Wenn ich Vereine nach ihrem Sponsoring frage, antworten mir die meisten, dass es für sie unliebsam, aufwendig und oft enttäuschend ist. Woran liegt das?

Ingesamt werden pro Jahr von Unternehmen über 4,4 Milliarden Euro für Sponsoring ausgegeben. Also müsste ja auch Geld für Ihren Verein da sein, oder? Wenn jedoch Unternehmen die Sponsoringanfragen von Vereinen auch über kleine Summen wie 100 Euro ablehnen, dann liegt dies meistens nicht wirklich nur am Geld (dies ist der am häufigsten angegebene Grund, der bei der Absage von Anfragen angegeben wird, und er trifft in der Wirtschaftskrise auf volles Verständnis). Vielmehr liegt es daran, dass Unternehmen nicht den Gewinn sehen, den Ihnen diese Investition bringt.

In der Stadt bekommt ein Unternehmen durchschnittlich vier Anfragen pro Tag für eine Spende oder ein Sponsoring. Da kommt der Kindergarten, die Feuerwehr, die Schule, der Tennis- oder der Handballverein und am Abend auch noch die Behindertenwerkstatt. Also wie soll der Unternehmer hier entscheiden, wem er zusagt und wem er absagt?

Wenn er eine klare Sponsoringstrategie erstellt hat, dann kann er leicht eine gewinnbringende Entscheidung für sein Unternehmen treffen. Wenn er jedoch sein Sponsoring noch aus dem Bauch entscheidet, dann zählt häufig die Sympathie.

Wenn Sie sich in den Köpfen der Unternehmer positionieren wollen, dann ist es umso wichtiger, dass Sie sich abheben von Telefonagenturen und anderen Vereinen und ein außergewöhnliches, einprägsames und lohnendes Sponsoringangebot als Geschäft anbieten.

**Die sechs häufigsten Absagegründe
für Sponsoringanfragen bei Unternehmen**

1. Ich habe kein Geld.
2. Ich muss meinen Steuerberater fragen, er hat mir das nicht erlaubt.
3. Ich habe dieses Jahr schon so viel gemacht und kann ja nicht alles unterstützen.
4. Die Sportart gefällt mir nicht.
5. Mein Kind ist in einem anderen Verein, den ich schon unterstütze.
6. Mir bringt das nichts.

Daher ist die Aufgabe von Vereinen, sich um die Sponsoringplanung und -akquise bewusst Gedanken zu machen. Es geht darum, dass Sie als Verein mit Ihrem Sponsoringangebot gerade in Zeiten schwieriger konjunktureller Entwicklungen den Sponsor dabei unterstützen, vergleichsweise kostengünstig die Marketingziele des Unternehmens zu erreichen.

Sponsoring ist ein Geschäft auf Gegenseitigkeit. Sie sollten daher ein Geschäft anbieten und keine Bettelanfragen starten.

13.3 So landen Sponsoringanfragen nicht im Unternehmenspapierkorb

Es fällt einigen Menschen schwer, sich mit strategischer Planung anzufreunden. Sie sind Macher und haben das Gefühl, dass es zu viel Zeit am Schreibtisch erfordert, und wenn Sie dies in Ihrem Verein vorschlagen, dann hören Sie vielleicht Sätze wie: »Das haben wir schon immer so gemacht und bisher hat es doch auch geklappt« oder: »Ein Projektteam, das kostet nur Zeit und du weißt, wir haben noch viel zu tun«. Lassen Sie sich nicht verunsichern. Denn eine Strategie zu haben, bedeutet zu wissen, warum man etwas tut. Und der Vorteil liegt klar auf der Hand.

Wenn Sie im Verein so weitermachen wie bisher, werden Sie auch kein anderes Ergebnis erzielen als bisher. Daher benötigen Sie den Mut, zu neuen, erfolgreichen und zukunftsfähigen Wegen. Dies gilt für die Wirtschaft genauso wie im Vereins- und im privaten Bereich. Eine sich verändernde Welt erfordert auch die Veränderung unseres Handels. Und die Bedingungen sind einfach nicht mehr dieselben wie vor zehn oder zwanzig Jahren. Daher ist Entwicklung auch in Vereinsstrukturen gefragt.

Eine komplette Sponsoringstrategie für Vereine würde den Rahmen des Buches sprengen, daher habe ich Ihnen im Folgenden die wichtigsten sieben Schritte und Tipps aus der Praxis für Ihre Vermarktung zusammengestellt.

In sieben Schritten zu Ihrer erfolgreichen Sponsoringstrategie

1. Erstellen Sie ein Leitbild für Ihren Verein.
   Was ist Ihre Mission? Es ist der rote Faden, der zeigt, um was es geht.
2. Betreiben Sie gezielt Öffentlichkeitsarbeit, entwickeln Sie eine Strategie, um Ihr Image systematisch aufzubauen. So haben Sie es später bei der Akquise einfacher, wenn Sie auf eine aktuelle Pressemitteilung hinweisen können oder dieser eine Anfrage beilegen. Kommunizieren Sie Erfolge in Ihrem Verein auf der Homepage.
3. Erarbeiten Sie eine Analyse Ihres Umfeldes und potenzieller Sponsoren.
   Wer passt zu Ihnen, mit welchen Unternehmen haben Sie bereits Kontakt (haben Sie Kinder der Mitarbeiter eines bestimmten Unternehmens im Verein, wer sind Unternehmer und Vereinsmitglieder, wo kaufen Sie als Verein ein oder wo gehen die Mitglieder einkaufen)?
4. Planen Sie Ihre Sponsoringstrategie.
   Was ist das Ziel? Was soll erreicht werden? Was ist das Angebot? Bieten Sie verschiedene Sponsoringpakete, damit der Sponsor auswählen kann. Welche Gegenleistung bieten Sie dem Unternehmen als Werbung an? Achten Sie darauf, dass der Aufwand praxisorientiert ist und Sie sich dies im Verein auch leisten können. Arbeiten Sie auch schriftliche Unterlagen (einen Vertrag) zu Ihrem Sponsorenengagement aus.

5. Machen Sie einen Aktionsplan.
   Wer ist bei Ihnen zuständig? Wer macht die Projektplanung und muss wann von wem informiert werden? Wer schreibt die Sponsoringrechnungen?
6. Akquise:
   Wie sollen die potenziellen Sponsoren angesprochen werden? Durch eine Einladung zur Veranstaltung, durch ein telefonisches oder schriftliches Angebot? Erstellen Sie einen Leitfaden.
7. Sponsorenbindung:
   Wenn Sie dauerhaften Erfolg sichern wollen, dann benötigen Sie Bindungsstrategien. Was können Sie dem Sponsor bieten, damit er sie langfristig unterstützt, damit er echte Wertschätzung und Anerkennung für sein Sponsorenengagement bei Ihnen erfährt und Sie sich von anderen Vereinen abheben.

Die besten Praxistipps für Ihre erfolgreiche Sponsoringsuche

Laden Sie potenzielle Sponsoren zu einem Turnier oder Sommerfest ein und sorgen Sie dann auch dafür, dass sie betreut werden.

Laden Sie Sponsoren mit Mitarbeitern (maximal fünf) zu einem hochklassigen und spannenden Spiel ein auf VIP-Plätzen mit Sektempfang. Vielleicht kommt auch der Bürgermeister oder Stadtrat.

Haben Sie einen besonders prominenten Sportler im Verein (beispielsweise den örtlichen Vorzeigespieler), dann bieten Sie dem Sponsor an, dass dieser zu einer Autogrammstunde in das Unternehmen kommt.

Machen Sie Angebote, die sie von anderen Vereinen unterscheiden.

Gibt es bei Ihnen einen Titel-, Event-, Special- oder Hauptsponsor und ein Unternehmen, das die Veranstaltung oder das Projekt präsentiert?

Machen Sie Sponsoringangebote oder unterschiedliche Sponsorenpakete. So kann das Unternehmen aus verschiedenen Leistungen und Preisen wählen und Sie steigern Ihre Attraktivität.

Achten Sie auf ein faires Preis-Leistungs-Verhältnis, damit keine Vor- oder Nachteile entstehen, wenn sich verschiedene Sponsoren darüber austauschen. Achtung! Häufig machen sie das, da sie sich ja auch untereinander kennen.

Arbeiten Sie die drei bis fünf wichtigsten Imagewerte heraus und positionieren Sie Ihr Anliegen klar.

Vergeben Sie offizielle Ehrentitel.

Machen Sie persönliche Besuche.

Führen Sie professionelle Telefonkampagnen zur Sponsorengewinnung, Einladungen zu Veranstaltungen, Aktivierung von ehemaligen Sponsoren oder Spendern durch. Bitte überlegen Sie, wer von Ihnen dazu geeignet ist oder ob Sie eine Schulung benötigen beziehungsweise ob Sie ein externes Callcenter engagieren.

Gewinnen Sie einen Prominenten als Schirmherren oder Botschafter für Ihren Verein.

Die Krise als Chance – Krisen-PR nutzen: Wenden Sie sich mit Ihrer Geschichte an die Presse oder laden Sie Journalisten zu sich ein und berichten Sie von Ihrer Krise. Gemeinsam können so viele Menschen informiert und Hilfe gefunden werden; Ihre Pressemitteilung könnte zum Beispiel lauten: »Alles vorbei? Stehen die 30 Kinder des SC XY bald vor verschlossenen Türen? Dem Handballverein des SC fehlt Geld für den Erhalt und Aufbau der Jugendabteilung. 3 000 Euro werden benötigt, damit die Kids weiter in der Gemeinschaft ihren Sport betreiben können. Diese Kids kämpfen und suchen Sponsoren. Am … wollen sie einen Tag zur Rettung ihres Vereins durchführen und arbeiten kostenlos bei Unternehmen. Der Stundenlohn von mindestens 5 Euro wird dann an den Verein gespendet. Interessierte Unternehmen sollen sich beim SC XY melden.«

Bußgeldmarketing – werden Sie des Richters Lieblingsverein: Bußgelder, die Verurteilte in Rechtssprechungen bezahlen müssen, kommen in einen Topf für gemeinnützige Organisationen und Vereine. Je nachdem, in welchem Bundesland Sie ansässig sind und welcher Art Ihr Verein ist, können Sie sich um diese Töpfe »bewerben«.

Legen Sie eine Sponsorendatei an, die sowohl »Tops« als auch »Flops« umfasst. Ergänzen Sie Neuerungen und Partnerschaften aktuell.

13.4 Entwickeln Sie ein Vertrauensverhältnis zu Ihrem Sponsor

Ein Sponsor ist sensibel. Wenn er das Gefühl hat, dass er von einem Verein nur so lange freundlich behandelt wurde, bis er das Geld überwiesen oder eine kostenlose Arbeit für den Verein ausgeführt hatte und danach einfach nichts mehr hört, kann ein schaler Nachgeschmack bleiben.

Im Verkauf nennt man dies »Kaufreue«. Kein Unternehmer – und verdient er auch noch so gut – möchte als Melkkuh dienen, ansonsten stellt sich schnell das Gefühl entsprechend des Sprichworts »Undank ist der Welten Lohn« ein. Und natürlich wird er bei einer erneuten Sponsoringanfrage durch den Verein eher zögerlich oder gar ablehnend reagieren.

Wenn Sie nur einen wichtigen Punkt aus diesem Kapitel umsetzen und ab heute anders machen, dann haben Sie folgenden Gewinn:

- Sie werden Ihre bisherigen Sponsoringships wesentlich erfolgreicher machen.
- Sie werden Ihre Wiederholungsquote vergrößern.

Was ist dieser entscheidende Punkt? Richten Sie eine Ablaufstruktur nach dem Erhalt des Sponsorings ein. Danken Sie den Sponsoren und zeigen Sie Ihre ehrliche Wertschätzung. Das ist oft der unausgesprochene Teil des Vertrages.

Welche Auswirkung dieses Ausbleiben der Gegenleistung gerade bei einer Spende hat, erfuhr ich am eigenen Leibe: Vor einigen Jahren, als ich noch nicht viel Erfahrung im Sponsoring hatte, ließ ich mir am Jahresende von meiner Steuerberaterin den Unternehmensgewinn und die Steuerlast ausrechnen, dann entschied ich mich zu einer Spende für das Tierheim, das damals bei uns im Ort gerade neu gebaut wurde und Presseberichten zufolge händeringend Geld benötigte. Für mich war dies eine große Summe; ich rief dort an und eine gestresste Dame am Telefon nannte mir sehr unpersönlich eine Kontonummer, auf die ich überweisen könne. Das habe ich auch brav getan. Danach habe ich nie auch nur ein Wort, ein Schreiben, ein Danke, eine Einladung oder sonst etwas erhalten. Ich musste sogar noch anrufen, bis ich eine Spendenquittung erhielt.

Ich war sehr enttäuscht und habe dort nie mehr gespendet. Schade, oder? Vielleicht hatte der Verein gar keine Struktur und Organisation für so etwas. Doch noch bis heute bleibt mir dies in Erinnerung. Wenn ich in der Zeitung Spendenaufrufe von diesem Tierheim lese, sagt immer noch eine leise Stimme in mir: »Aber die, die nicht mehr!«

Also, machen Sie es mit Ihrem Verein cleverer und setzen Sie sich damit von anderen Vereinen ab:

- Behandeln Sie Ihre Sponsoren, wie auch Sie behandelt werden möchten.
- Machen Sie individuelle Angebote, um auf ihre Bedürfnisse einzugehen.
- Schaffen Sie Transparenz in der Verwendung Ihres Sponsorings oder der Spende.
- Teilen Sie dem Sponsoren mit, was mit seinem Geld bewegt wurde: Schicken Sie ein Foto, nennen Sie seinen Namen, laden Sie ihn zu Veranstaltungen ein, senden Sie ein kleines Präsent, schicken Sie ein Vereinskind im Laden vorbei, das sich für die neuen T-Shirts bedankt, nehmen Sie ihn in den Vereinsnewsletter mit auf et cetera.
- Informieren Sie auf jeden Fall über Projektstand und Perspektiven.
- Bedanken Sie sich. Würdigen Sie das Engagement – das ist das am häufigsten unterschätzte und gleichzeitig wichtigste Marketingtool zur Sponsorenbindung! Rufen Sie persönlich an, senden Sie ein Dankschreiben oder machen Sie einen persönlichen Besuch.

Immer wieder fragen mich Unternehmen, welchem Verein oder welcher Organisation sie ihre Spende geben können, damit ihr Geld gut angelegt ist. Unternehmen suchen auch für Weihnachtsaktionen, Jubiläen und Geburtstage immer wieder Organisationen, die mit ihrem Geld Sinnvolles tun. So habe ich bereits über eine entsprechende Plattform nachgedacht: In dieser können sich Vereine eintragen, die Sponsoren suchen und die sich auf der anderen Seite dazu verpflichten, nach einer Art »Ehrenkodex der wertschätzenden Gegenleistung« für die Sponsoren tätig zu werden.

Denn als Unternehmen den Verein zu finden, in dem Marketingziele und Emotionen passen, ist oft eine Herausforderung. Wenn Sie daran Interesse haben, Feedback und Erfahrungen auszutauschen, freue ich mich über eine Kontaktaufnahme unter info@kmu-hofmann.de.

Wiederholungssponsoring

Statt immer wieder Sponsoren neu zu suchen, wäre es für Vereine wesentlich effizienter, die bereits bekannten Sponsoren, Mitglieder und Spender langfristig zufriedenzustellen und zu binden. Noch ein Vorteil: Zufriedene Spender geben größere Summen und bleiben länger treu.

Wagen wir einen Ausblick in die Zukunft

Da überall in Vereinen Gelder fehlen, da auch die finanziellen Mittel in Kommunen und Ländern immer knapper werden, sind die Spendenmärkte internationaler und härter umkämpft, und so ist es unverantwortlich, wenn wir es uns als Verein noch immer leisten, Spender nicht zu hofieren.

Was bewegt Menschen zu sponsern?

Wenn man in Seminaren Menschen nach ihrer Motivation beim Sponsern fragt, erhält man eine ganze Bandbreite von Antworten: Sie reicht von Mitleid, dem gutem Gefühl, geholfen zu haben, über den erzielbaren Steuervorteil, die Befriedigung des Geltungsbedürfnisses bis zum Wunsch, ein Vorbild zu sein. Natürlich gibt es noch viele weitere Beweggründe, doch aus reiner Selbstlosigkeit gibt kein Unternehmer oder Mensch etwas – oder wohl nur ganz, ganz selten. Das ist auch völlig in Ordnung so. Sponsoring ist ein Win-win-Geschäft. Beide Seiten wollen von dem Geschäft profitieren.

Als Verein sollten Sie immer auch einen Marketinggedanken haben: Was wollen Sponsoren und wie können wir diese Bedürfnisse möglichst optimal befriedigen?

Suchen Sie den persönlichen Kontakt, bauen Sie ein Vertrauens-verhältnis auf und laden Sie Ihre Sponsoren ein, um möglichst viel über die Motive und Erwartungen Ihres Sponsorings bei Ihnen zu erfahren.

Es gibt viele Möglichkeiten, Sponsoren einzubinden und lang-fristig zu motivieren. Wenn Sie Ihnen als Mensch echte Wertschät-zung, Respekt und Achtung entgegenbringen, dann haben Sie be-reits einen entscheidenden Schritt in Richtung gewinnbringender Zusammenarbeit getan.

Zu guter Letzt: Ich habe noch ein besonderes Angebot für Vereine: Auf meiner Homepage www.kmu-hofmann.de finden Sie zum kos-tenlosen Download ein Arbeitsblatt »Zielformulierung«, das Sie da-bei unterstützt, Ihre Ziele zu formulieren und zu planen.

14
Perspektivenwechsel:
Ihr persönlicher Gewinn

Liebe Leser,

wir haben über zielgerichtete Unternehmensstrategien gesprochen, die Ihren Verstand gefüttert haben. Sie haben gesehen, wie sich das Marketing in Zukunft weiter verändern wird, warum Kunden eine emotionale Ansprache benötigen und warum es sich lohnt, zum Schlüsselunternehmen der Zukunft zu werden. Die Frage, die noch offen bleibt, ist: Was ist Ihr persönlicher Gewinn? Hier wird schnell klar, dass es an der Zeit ist für einen Perspektivenwechsel, um zu zeigen, was Sie mit dem Marketing der Zukunft für sich persönlich und für Ihre Zufriedenheit erreichen können.

Für mich hat sich die Umstellung meiner Unternehmenskommunikation und meines Marketings mit Sponsoring als nachhaltiger, imagesteigernder und chancenträchtiger Weg in der Wirtschaft erwiesen.

Bei den meisten meiner Projekte fließen Spenden oder Sponsoring an wohl ausgesuchte Organisationen. Ich selbst bin ehrenamtlich in verschiedenen Vereinen (auch im Vorstand) tätig und unterstütze verschiedene Hauptschulen im Bewerbungstraining »Traumjob – ich komme«. Ich halte Vorträge und gebe so mein Wissen an Vereine weiter. Mit viel Spaß und Leidenschaft bringe ich Unternehmen wieder auf Kurs. Auch wenn es sich vielleicht sentimental anhört: Ich sehne mich danach, die Welt ein bisschen besser zu machen und es macht mich stolz und zufrieden, dazu beizutragen.

Wenn ich Ihnen, lieber Leser, Lust gemacht habe und Sie jetzt den Mut haben zu handeln, Social Entrepreneur zu werden, Vereine mit Sponsoring zu unterstützen oder vielleicht selbst Projekte ins Leben zu rufen, die unsere Gesellschaft unterstützen – dann hat sich für mich die Arbeit an diesem Buch mehr als gelohnt.

Sponsoring. Katja Hofmann
Copyright © 2010 WILEY-VCH Verlag GmbH & Co. KGaA, Weinheim
ISBN: 978-3-527-50507-4

Für Sie habe ich noch meine ganz persönlichen Erfahrungen aufgeschrieben. Dies sind Aussagen von Menschen über die Wirkung der Umstellung des Unternehmens auf Nutzenmaximierung. Und das bedeutet es für sie:

- Wenn ich morgens ins Geschäft fahre, stelle ich fest, dass ich lächle, den Sonnenaufgang genieße und im Radio laut mitsinge. Ich betrete meine Firma und es sind die gleichen Menschen da, doch es fühlt sich viel lebendiger an.
- Ich habe sogar von dem Bürgermeister ein Schreiben erhalten, mit dem Lob an unsere Firma für unser Engagement.
- Ich spüre Anerkennung und Wertschätzung von Geschäftspartnern und Kunden.
- Ich entwickle Projekte, höre auf meinen Verstand und mein Herz.
- Ich gehe abends mit der Überzeugung ins Bett, der Tag war sinnvoll. Was gibt es mehr!
- Mir schlägt das Herz vor Freude höher, wenn ich Bilder von einem Verein über meine Hilfe erhalte oder Kinder mir schreiben, was sich durch meine Hilfe alles positiv verändert hat.
- Ich war völlig erstaunt, dass Kunden uns sehr hohe Trinkgelder geben, mit den Worten: »Ich möchte Ihnen gerne mehr geben, weil ich das so gut finde, was sie alles sponsern und will das unterstützen.«
- Ich hatte mehr als Bauchschmerzen vor der ersten Pressekonferenz, heute freue ich mich, wenn über uns berichtet wird und wir so eine Vorbildrolle einnehmen.
- Früher mussten wir häufig kostenintensive Stellenanzeigen schalten, heute erhalten wir immer wieder Initiativbewerbungen von Leuten, die unbedingt bei uns arbeiten wollen.
- Ganz ehrlich, ich war skeptisch, ob sich wirtschaftlicher Erfolg tatsächlich mit sozialem Engagement verbinden lässt. Doch ich bekomme Gänsehaut, wenn ich sehe, welche Türen jetzt für uns aufgehen, an denen wir vorher vergebens geklopft haben.

Jeder dieser Punkte, die ich selbst so empfinde oder in Unternehmen gehört habe, ist für mich eine weitere Motivation, die Gewohnheitszone zu verlassen, in der es uns mittelgut geht und den Weg in den Sinn zu finden, etwas mehr zu bewegen – und rein in den Erfolg zu steuern.

15
Weiterführende Hinweise und Adressen

Wenn Sie noch weitere Unterstützung und Tipps brauchen, werden Sie hier fündig.

Pressearbeit

Wünschen Sie sich Unterstützung in der Pressearbeit, dann bietet sich die Zusammenarbeit mit PR-Agenturen an. Hierzu finden Sie viele Angebot im Internet. Die Gesellschaft für Public Relations Agenturen e.V. (GPRA) gibt Orientierung, unter www.pr-guide.de sind die Mitgliedsunternehmen des PR-Agenturverbandes aufgelistet, sie müssen einen bestimmten Qualitätsstandard erfüllen.

Was kostet die externe Pressearbeit?

Die Deutsche Public Relations Gesellschaft e.V. (DPRG) hat 2005 eine Honorarumfrage in Auftrag gegeben, um die Kosten von PR-Arbeit zu ermitteln. In kleinen Agenturen (ein bis vier Angestellte) kostete dieser Studie zufolge die Beratung durchschnittlich 93 Euro, die Texterstellung beispielsweise 97 Euro. Bei mittleren und großen Agenturen (fünf und mehr Festangestellte) wurden durchschnittlich 127 Euro beziehungsweise 108 Euro berechnet.
Weiterführende Hilfestellung bietet die DPRG unter www.dprg.de. Dort finden Unternehmer auch das gesamte DPRG-Honorar- und Trendbarometer 2005 im PDF-Format.

Probeexemplare

Kostenlose Probeexemplare von zahlreichen Fachzeitschriften erhalten Sie unter www.zeitschrift-abc.de

Sponsoring. Katja Hofmann
Copyright © 2010 WILEY-VCH Verlag GmbH & Co. KGaA, Weinheim
ISBN: 978-3-527-50507-4

Vermittlung von Prominenten für Ihre PR

Auf den Seiten www.promikativ.de und www.sevenonemedia.de finden Sie Vermittlungsdienste für Prominenten, die Sie in Ihre PR-Aktionen mit einbinden können.

Gutschein

Dazu bieten wir Ihnen ein weiteres Angebot: Ich schenke Ihnen einen Gutschein für eine Ausgabe meines InfoLetters zum Thema »Pressearbeit – so kommen Sie sicher in die Medien«. Auf meiner Homepage www.kmu-hofmann.de geben Sie im Kontaktformular die Gutschein-Nr. P-2303 ein und Sie erhalten den InfoLetter völlig kostenfrei per E-Mail zugesandt.

Wettbewerbe und Awards

Businessplan-Wettbewerbe, Meisterfrau des Jahres, Entrepreneur des Jahres, Top 100, die innovativsten Unternehmen im Mittelstand … Es gibt eine große Anzahl von Wettbewerben, an denen Sie teilnehmen können.

»Wer an Wettbewerben teilnimmt, gewinnt immer«, schreibt das *Magazin für Existenzgründer*. Die Vorteile liegen auf der Hand: neue Kontakte, Geld- und Sachpreise, Öffentlichkeitsarbeit, Auseinandersetzung mit der eigenen Idee. Welcher Wettbewerb gerade läuft und für Sie geeignet ist, erfahren Sie unter www.biz-awards.de.

biz-AWARDS sucht übrigens auch Gastautoren. Wer etwas mit Business-Wettbewerben zu tun hat, ist herzlich eingeladen, sich auf biz-AWARDS schriftlich zu verewigen.

Ideen-Portale und Blogs

Für clevere Marketingideen, können Sie sich in den folgenden Blogs austauschen und dabei hervorragend Ideen sammeln:

- www.ideentower.blogs.com
- www.best-practice-business.de/blog
- www.brainr.de
  BrainR ist eine Plattform für Kreativität und Innovation im Web. Sie ermöglicht es jedem Besucher, kostenlos und ohne Anmeldung ein Online-Brainstorming durchzuführen.
  Sie müssen nur Ihre Fragestellung eingeben und schon erhalten Sie Lösungsansätze. Probieren Sie es einfach mal aus.
- www.betterplace.org
  Menschen, die Unterstützung brauchen, treffen auf Menschen, die helfen wollen.
- www.netzwirken.net
- www.lohas-guide.de
  Die neuen, kritischen Konsumenten (Lohas) finden hier auf der »ethical Website« ökologische, biologische oder ethisch-soziale Produkte und Dienstleistungen.

Testen Sie Ihre Innovationskraft

- www.bis-handwerk.de
  Auf dieser Plattform können Sie in zehn Minuten Ihre Innovationskraft testen. Dieser Test liefert Anhaltspunkte, wie Sie die Innovation in Ihrem Betrieb verbessern können, zum Beispiel in den Gebieten der strategischen Planung, Vermarktung und Mitarbeiterqualifikation.
- www.zim-bmwi.de
  Das Zentrale Innovationsprogramm (ZIM) erhält Informationen zu den wichtigsten Förderprogrammen für innovative Mittelständler. Es fördert Kooperationsprojekte zu Universitäten, Forschungsinstituten und Fachhochschulen.
- www.dihk.de
  Die Deutsche Industrie und Handelskammer (DIHK) bietet auf ihrem Innovationsportal Informationen und Studien.

Sie finden auch eine Liste mit Innovationsberatern und Kooperationspartnern.

Checken Sie Ihre Homepage mit Google Analytics

Wenn Sie eine Möglichkeit suchen, die Zahl der Besucher Ihrer Homepage statistisch zu erfassen, bietet Google zwei einfache und vor allem kostenlose Dienste an: Google Analytics und Google Webmaster-Tools.

Analytics ist ein Statistikdienst, der den sogenannten Traffic auf Ihrer Homepage erfasst. Von jedem Besucher wird unter anderem ermittelt, wann er auf Ihre Seite zugreift und sie wieder verlässt, und welche Unterseite häufig aufgerufen wird. Diese und noch viele weitere anonyme Daten werden gesammelt und Sie können sie nutzen, um die Homepage weiter zu optimieren.

Hilfen zur Preisermittlung Ihres Sponsorings

Der Fachverband Sponsoring e.V. ist der Herausgeber der »Konvention zur Ermittlung und Verrechnung von Leistungswerten im Sponsoring«, die Sie für 75 Euro über www.businessvillage.de beziehen können.

Projekt zum Umweltschutz

Wenn Sie sich an einem Projekt für den Umweltschutz beteiligen wollen, können Sie sich unter anderem wenden an:

- Organisationen mit den Schwerpunkten Umwelt- und Artenschutz wie der Bund für Umwelt- und Naturschutz in Deutschland (BUND), Greenpeace oder Robin Wood;
- internationale Tierschutzorganisationen, zum Beispiel den World Wildlife Fund (WWF);
- lokale Umweltschutzinitiativen;
- Organisationen, die den Einbezug ökologischer Belange in die Wirtschafts- und Unternehmensführungsprozesse fördern, wie den Bundesdeutschen Arbeitskreis für umweltbewusstes Management (B.A.U.M. e.V.) oder future e.V.

Weiterführende Literatur

Asgodom, S. (2009): *Eigenlob stimmt. Erfolg durch Selbst-PR*, Berlin.

Alt, F./Spiegel, P. (2009): *Gute Geschäfte – Humane Marktwirtschaft als Ausweg aus der Krise*, Berlin.

Avenarius, H. (2000): *Public Relations. Die Grundform der gesellschaftlichen Kommunikation*, Darmstadt.

Bernays, E. (2007): *Propaganda – Die Kunst der Public Relation*, Freiburg.

Bruhn, M. (2005): *Kommunikationspolitik*, München.

Bruhn, M. (2005): *Unternehmens- und Marketingkommunikation. Handbuch für ein integriertes Kommunikationsmanagement*, München.

Brookes, P. (2001): *Critical Thinking About Critical Periods.*

De, D. (2005): *Entrepreneurship. Gründung und Wachstum von kleinen und mittleren Unternehmen*, Boston u. a.

Dörfel, L. (Hrsg.) (2007): *Interne Kommunikation: Die Kraft entsteht im Maschinenraum*, Berlin.

Europäische Kommission (2007): *European Economy. Beiheft B Business Konjunkturumfrageergebnisse, Juni 2007*, 23 pp.

Fabisch, N. (2002): *Fundraising. Spenden, Sponsoring und mehr*, München.

Fallgatter, M. (2002): *Theorie des Entrepreneurship: Perspektiven zur Erforschung der Entstehung und Entwicklung junger Unternehmungen*, Wiesbaden.

Fischer, C. M. (2009): *Macht Schlagzeilen. 1000 PR-Ideen, um Kunden und Journalisten für Ihr Unternehmen zu gewinnen*, Offenbach.

Fueglistaller, U./Müller, C./Volery, T. (2004): *Entrepreneurship. Modelle – Umsetzung – Perspektiven. Mit Fallbeispielen aus Deutschland, Österreich und der Schweiz*, 2004.

Förster, A./Kreuz, P. (2007): *Alles, außer gewöhnlich – provokante Ideen für Manager, Märkte, Mitarbeiter*, Berlin.

Frenzel, K./Sottong, H./Müller, M. (2006): *Storytelling – Das Praxisbuch*, München.

Herbst, D. (2006): *Corporate Identity*, Berlin.

Hermanns, A./Bagusat, A. (2006): *Management-Handbuch Bildungssponsoring. Grundlagen – Ansätze und Fallbeispiele für Sponsoren und Gesponserte*, Berlin.

Hermanns, A./Marwitz, C. (2008): *Sponsoring. Grundlagen, Wirkungen, Management, Markenführung*, München.

Lindner et al. (2005): *Entrepreneur. Menschen, die Ideen umsetzen*, Initiative für Teaching Entrepreneurship, Wien.

Kirchner, K. (2001): *Integrierte Unternehmenskommunikation. Theoretische und empirische Bestandsaufnahme und eine Analyse amerikanischer Großunternehmen*, Stuttgart.

Sponsoring. Katja Hofmann
Copyright © 2010 WILEY-VCH Verlag GmbH & Co. KGaA, Weinheim
ISBN: 978-3-527-50507-4

Koch-Weser, M./van Lier, T. (2008): *Financing Future, Innovative funding models at work.*

Konken, M. (2000): *Pressearbeit: Mit den Medien in die Öffentlichkeit,* 2. Aufl., Limburgerhof.

Konken, M. (2007): *Pressearbeit. Journalistisch professionell in Theorie und Praxis,* Messkirch.

Kroeber-Riel, W. (1992): *Strategie und Technik der Werbung,* Stuttgart.

Leuthold, D. (2006): »Interne Unternehmenskommunikation – Herausforderung und Chancen«, in: *Schriftenreihe des AMW,* Band 4.

Lutz, N. (2007): *Praxisbuch Pressearbeit. Für Selbstständige, Gründer, kleine Organisationen und Verbände,* Wien.

Mast, C. (2006): *Unternehmenskommunikation. Ein Leitfaden,* Stuttgart.

Rosenstiel, L./Lang-von Wins, T. (Hrsg.) (1999): *Existenzgründung und Unternehmertum: Themen, Trends und Perspektive,* Stuttgart.

Schmid, B. F./Lyczek, B. (Hrsg.) (2006): *Unternehmenskommunikation. Kommunikationsmanagement aus Sicht der Unternehmensführung,* Wiesbaden.

Spiegel, P./Richter, R. (2008): *The Power of Dignity – Die Kraft der Würde,* Bielefeld.

Wiedemann, M. (2004): *Sportsponsoring und Vermarktung,* Pfaffenweiler.

Wilcox, D. L./Cameron, G. T. (2006): *Public Relations: Strategies and Tactics,* 8th edn., Boston.

Yunus, M. (2008): *Die Armut besiegen,* München.

Zerfaß, A. (2004): *Unternehmensführung und Öffentlichkeitsarbeit. Grundlegung einer Theorie der Unternehmenskommunikation und Public Relations,* Wiesbaden.

Stichwortverzeichnis

Sponsoring. Katja Hofmann
Copyright © 2010 WILEY-VCH Verlag GmbH & Co. KGaA, Weinheim
ISBN: 978-3-527-50507-4